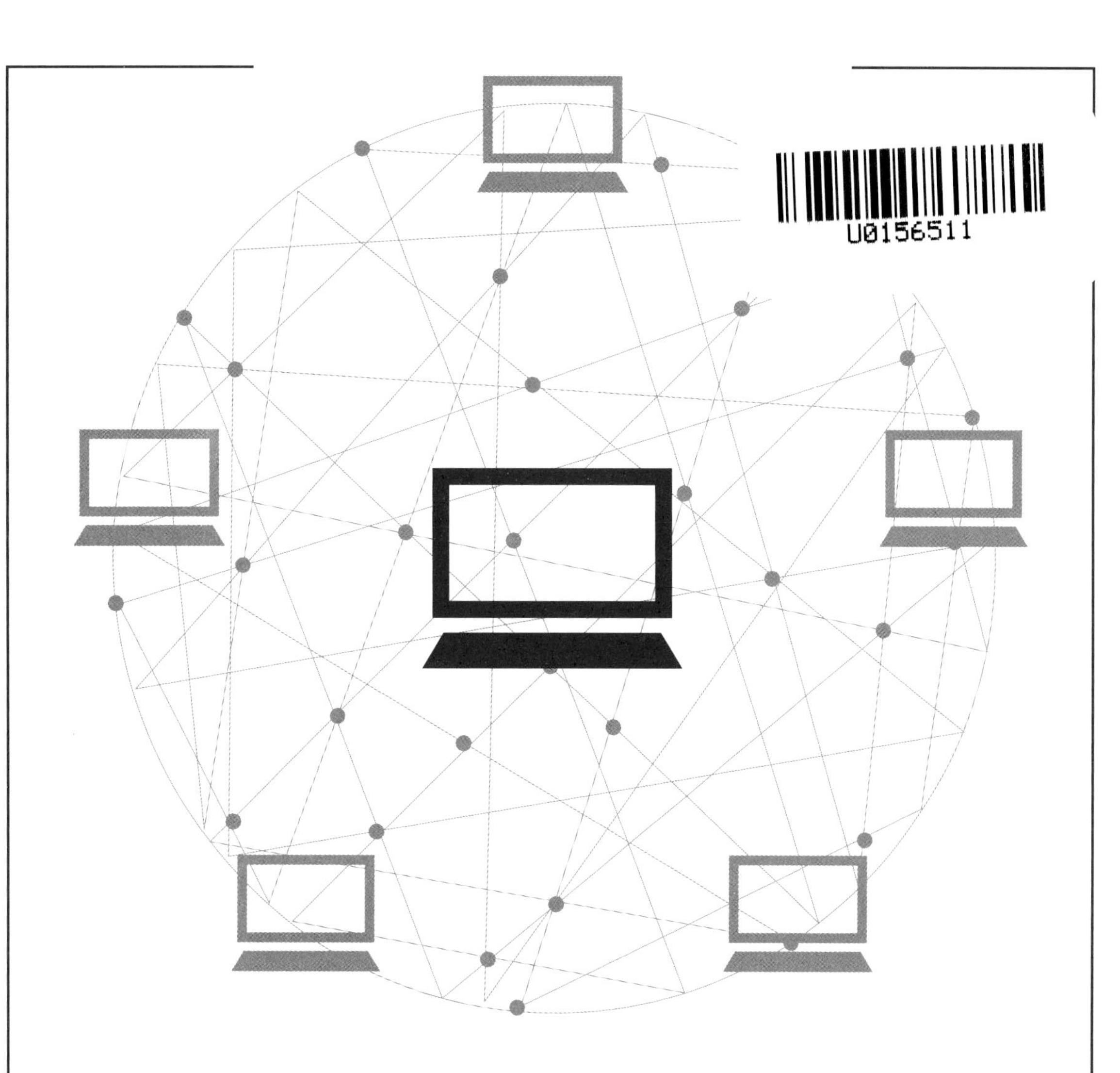

实用组网技术

张超 主编

成立 言娟 副主编

清华大学出版社

北 京

内容简介

本书从职业教育的特点和高职学生的知识结构出发，运用先进的职教理念，用项目化的方式编排内容。本书内容涵盖网络基本原理、组网技术、交换机、路由器和常见服务器配置等几方面的实践内容。本书从常用网络命令的使用着手，讲解了网络的基本故障；介绍了主流网络设备生产商 Cisco、华为及 H3C 的交换机和路由器，并在网络模拟器上以大量实例对交换机和路由器基本操作、vlan 划分、单臂路由、静态路由配置、RIP 路由配置、OSPF 路由配置、EIGRP 路由配置和访问控制列表（ACL）配置等方面进行了重点介绍。

本书可作为高职院校计算机、信息管理与信息系统、电子商务等相关专业的实验教学用书，也可以作为企业工程人员的参考用书。

图书在版编目(CIP)数据

实用组网技术/张超主编. —北京：清华大学出版社，2021.1（2023.1 重印）
ISBN 978-7-302-56126-2

Ⅰ. ①实… Ⅱ. ①张… Ⅲ. ①局域网 Ⅳ. ①TP393.1

中国版本图书馆 CIP 数据核字(2020)第 141327 号

责任编辑：杜　晓
封面设计：傅瑞学
责任校对：刘　静
责任印制：曹婉颖

出版发行：清华大学出版社
网　　址：http://www.tup.com.cn，http://www.wqbook.com
地　　址：北京清华大学学研大厦 A 座　　**邮　　编**：100084
社 总 机：010-83470000　　**邮　　购**：010-62786544
投稿与读者服务：010-62776969，c-service@tup.tsinghua.edu.cn
质量反馈：010-62772015，zhiliang@tup.tsinghua.edu.cn
课件下载：http://www.tup.com.cn，010-83470410
印 装 者：三河市龙大印装有限公司
经　　销：全国新华书店
开　　本：185mm×260mm　　**印　　张**：13　　**字　　数**：315 千字
版　　次：2021 年 1 月第 1 版　　**印　　次**：2023 年 1 月第 3 次印刷
定　　价：49.00 元

产品编号：089675-01

前 言

网络的普及给人们的生活、工作、学习带来了巨大的改变,目前许多高校开设了计算机网络相关专业,同时社会上对网络技术人才的需求也越来越大。计算机网络相关课程的教学越来越受到重视,其中对学生动手能力和实践能力的培养显得尤为重要。

本书内容涵盖网络基本原理、组网技术、交换机、路由器和常见服务器配置等几方面的实践内容。具体内容如下。

项目1是组建局域网,主要介绍了计算机网络组成、TCP/IP体系结构、子网划分的算法以及网络硬件的识别与选择,要求读者能独立完成子网的划分和绘制网络拓扑结构图。

项目2是网络维护,主要介绍了ping、netstat、ipconfig、arp、nbtstat、route等常用网络命令以及Wireshark、Sniffer分析软件,要求读者能排除常见网络故障。

项目3是架设和管理服务器,主要介绍了DNS、Web、Active Directory、FTP、DHCP、邮件服务器等常见服务器的配置,要求能正确配置、发布服务器。

项目4是配置Cisco交换机,主要介绍了vlan的配置及实现vlan间的路由,要求能正确划分vlan,并实现vlan间的通信。

项目5是配置Cisco路由器,主要介绍了单臂路由、静态路由、动态路由、访问控制列表及NAT的配置方法,要求能独立组建网络,并配置相关的访问控制规则。

本书项目1由江苏城乡建设职业学院言娟编写,项目2、项目3由江苏城乡建设职业学院成立编写,项目4、项目5由江苏城乡建设职业学院张超编写,全书由张超负责统稿。

本书从职业教育的特点和高职学生的知识结构出发,运用先进的职教理念,用项目化的方式编排内容。采用任务驱动、探索式学习、过程性评价等方式,让学习者通过具体项目的实施来掌握计算机网络组建与维护的要求和方法,充分体现以学生为主体、以教师为主导的教学理念,实现“做中学、学中做”。

本书可作为高职院校计算机、信息管理与信息系统、电子商务等相关专业的实验教学用书，也可以作为企业工程人员的参考用书。

由于编者水平有限，书中不足之处在所难免，敬请广大读者批评、指正。

编　者

2020年5月

目 录

项目 1 组建局域网 …………………………………………………… 1
任务 1.1 网络基础知识 ………………………………………… 1
任务 1.2 IP 地址的使用 ……………………………………… 17
任务 1.3 网络硬件的识别与选择 …………………………… 27

项目 2 网络维护 …………………………………………………… 37
任务 2.1 ping 命令的使用 …………………………………… 37
任务 2.2 netstat 命令的使用 ………………………………… 40
任务 2.3 ipconfig 命令的使用 ……………………………… 42
任务 2.4 arp 命令的使用 …………………………………… 45
任务 2.5 nbtstat 命令的使用 ………………………………… 47
任务 2.6 route 命令的使用 ………………………………… 49
任务 2.7 Wireshark 分析软件的使用 ……………………… 52
任务 2.8 Sniffer 分析软件的使用 ………………………… 56

项目 3 架设和管理服务器 ………………………………………… 60
任务 3.1 配置 DNS 服务器 ………………………………… 60
任务 3.2 配置 Web 服务器 ………………………………… 69
任务 3.3 配置 Active Directory 域服务器 ………………… 74
任务 3.4 配置 FTP 服务器 ………………………………… 82
任务 3.5 配置 DHCP 服务器 ………………………………… 88
任务 3.6 配置邮件服务器 …………………………………… 96

项目 4 配置 Cisco 交换机 ……………………………………… 105
任务 4.1 搭建试验机 ………………………………………… 105
任务 4.2 交换机的基本配置 ………………………………… 115
任务 4.3 配置单交换机 vlan ………………………………… 132
任务 4.4 配置跨交换机 vlan ………………………………… 138
任务 4.5 配置 vlan 间的路由 ………………………………… 147

项目 5　配置 Cisco 路由器 …… 154
任务 5.1　路由器基本配置命令的使用 …… 154
任务 5.2　配置单臂路由 …… 166
任务 5.3　配置静态路由 …… 169
任务 5.4　配置 RIP …… 174
任务 5.5　配置 OSPF 协议 …… 178
任务 5.6　配置 EIGRP …… 181
任务 5.7　配置访问控制列表 …… 184
任务 5.8　配置 NAT …… 194

参考文献 …… 202

项目1　组建局域网

学习目标

（1）掌握 TCP/IP 体系结构、体系结构中各层的协议及工作原理。
（2）掌握 IP 地址的层次结构、IP 广播地址和网络地址。
（3）掌握子网划分的算法。
（4）掌握网络硬件的识别与选择方法，能独立绘制网络拓扑结构图。
（5）了解 OSI 体系结构及工作原理。
（6）了解 IP 地址的作用。

任务 1.1　网络基础知识

知识目标

掌握 TCP/IP 体系结构及工作原理。

技能目标

能独立绘制网络拓扑结构图。

职业素质目标

（1）具有明晰的职业生涯规划和良好的职业道德操守。
（2）具备勤于思考、勇于探索、敢于创新的职业精神。

任务实施

1. 认识计算机网络

今天的社会是一个高度信息化的社会，信息对人们的生活变得越来越重要，信息与人们的生活息息相关。信息传输的速度常常可以决定人们的经济利益，人们对信息了解得多少，将关系到人们对形势分析的正确性，关系到人们事业发展的好坏以及做某件事的成败。可以说信息就是金钱，就是财富。所以人们对信息也越来越重视，对信息获取的速度则要求越来越快。

信息可以储存，可以处理，可以传输。过去，信息的传播一直有三大媒体，即广播、报纸和电视，现在又多了一大媒体，那就是因特网（Internet）。因特网又称国际互联网，它虽然没有前三种媒体的历史长久，从诞生到现在也就几十年的时间，但它却是发展最快的一种传播媒体，而且有后来居上的趋势。现在，因特网已深入普及到人们的生活中，对人们的生活产生着不可估量的影响。俗话说“秀才不出门，全知天下事”，而现在则是真正地实现了这一说法。人们只要坐在家里，打开计算机，在因特网上就可以从中获取大量所需要的最新信息。此外，人们还可以利用它发布信息，让全世界都知道其想要表达的内容，这是因为它还是一种可交互的信息传媒，这也是前面三大媒体所不具备的功能。另外，因特网除了可以传递信息，还可以供人们娱乐和学习，所以它越来越受人们的欢迎。

世界因特网用户增速很快，有许多人可能很少看报，很少听广播，却离不开因特网。由此可见，因特网有多大的吸引力。因特网之所以能发展得如此之快，一方面是它的功能所致，另一方面则是完全依靠通信技术和计算机技术结合的产物——计算机网络的发展。可以说，没有计算机网络就没有今天的因特网。如果说是劳动创造了人类，那么也可以说是信息促进了计算机网络的发展。

网络就其字面解释，是一种点和线的连接结构。例如，城市中的交通网络是由马路和交叉口组成的。而人们使用的电话通信网，则是由电话机、交换机和电话线组成的网络。在人的身体内也有网络，即神经系统网络、血液循环系统网络、呼吸系统网络等。计算机网络是通信技术和计算机技术结合的产物，也就是说，计算机网络完成两方面的任务，即数据处理和数据传输。计算机从事数据处理，而传输就必须有传输介质。当若干台计算机或其他通信设备用电缆连接起来时，就组成了计算机网络。

由于计算机网络是一个复杂的系统，不是简单地靠电缆连起来就能通信的，还需要一些规定和控制，因此在这里将计算机网络定义为：把分布在不同地理位置的相对独立的计算机、终端通过通信设备和线路连接起来，以功能完善的网络软件(网络通信协议、信息交换方式及网络操作系统等)实现数据通信和资源共享的系统。这里强调三点：一是能独立工作的计算机(或其他的设备如打印机、传真机等)；二是必须遵守共同的协议(否则不同的网络就无法通信)；三是能达到资源共享、相互通信的目的。各种通信手段包括数字的和模拟的，各种介质则包括有线的和无线的。

2. 计算机网络的发展

电子计算机给数据处理领域带来了一场革命。随着计算机技术的不断发展，计算机的数据处理速度不断提高，处理的数据量越来越大，人们对计算机网络产生了许多新的需求。人们需要迅速得到异地计算机的信息、使不同计算机间的信息能够共享，靠电话、电报、信件已无法解决这些问题。这就促使了计算机通信技术的产生和应用。这样的应用最早出现在美国，在 20 世纪 60 年代，美国就开始使用一台计算机作为中央处理机，通过使用调制解调器经电话线将其连接到各地的终端，使全国可以进行飞机票的统一售票，就像现在的铁路售票及民航售票一样。这种售票的优点是显而易见的。当然，当时的计算机网络是不能和现在的网络相比的。当时的网络系统主要有以下缺点：一是主机负荷重，既要处理数据又要控制通信；二是通信线路利用率低，因为它是独占电话线路；三是数据处理和控制集中于一台主机，因此可靠性低。当时的计算机价格太昂贵，但是它却为计算机技术和通信技术的结合开创了先例，为后来计算机网络的发展奠定了基础。

1964 年，英国人巴兰首先提出了分组交换的概念，就是不再依靠电话线，而是用通信电缆将需要通信的计算机连接起来，将一台计算机要传输给另一台计算机的数据分成一个个数据包，通过电缆发给目标计算机。在这种传输中，一条线路可以同时为几台计算机服务，传输不同用户的数据。分组的好处是：网络上的计算机可以轮流发送分组，不会因为一台计算机的数据多，而使其他计算机长时间等待。如果一个分组丢失，只要重发这个分组即可，而不需要重发整个数据。根据网络的通信情况，各分组可以走不同的路径到达目标主机，从而提高了效率。数据分组的提出奠定了现代计算机网络的技术基础。利用这一技术，美国军方在1969年建立了世界上第一个分组交换网，也就是因特网的前身——ARPANET(阿帕网)。起初这个网络只有四个节点，也就是四台计算机，是运用存储转发方式进行数据交换的。存储转发是指数据到达网络中的一台计算机后，暂存在这台计算机的缓冲区中，然后再由这台计算机将数据发送到下一个节点，这样逐个节点传下去，直到目标主机。从此开创了新一代的计算机网络，这也标志着现代计算机网络通信时代的开始。

随着TCP/IP在ARPANET上的运用，不同种类的计算机网络也能够连接到一起，ARPANET从军事用途转变成了商业性质的网络，并更改了名称。这样的网络越来越多，整个网络越来越大。到了20世纪80年代，这个网络从美国发展到了全世界，很快就发展成了当今的因特网。

我国从20世纪80年代开始大规模引进个人计算机，1989年11月CNPAC建成运行，1993年建成CHINAPAC，1993年下半年开始规划实施“金桥”“金卡”“金关”的三金工程。我国的计算机网络早期主要从事的是信息管理。随着科学技术的发展，人们对现代化管理水平的要求不断提高，各行各业为了提高效率和提高竞争力，都在强化管理手段，其主要的途径就是通过计算机网络的应用提高其信息化管理水平。局域网的应用得到了迅速的普及，进一步发展为网络的互联。1994年，我国先后建成了中国科学技术网(CSTNET)、中国公用计算机互联网(CHINANET)、中国教育和科研计算机网(CERNET)及中国金桥网(CHINAGBN)等几大互联网络，并通过这些网络接入因特网。

现在从国家政府机关到公共事业单位，从学校到企业，只要初具规模的单位都会建立自己的计算机网络，对内进行管理，对外进行通信和连接互联网捕获信息。许多团体还在互联网上建立了自己的网站，向外宣传自己，提高知名度，争取更多的业务往来，以便有更大的发展。

今天，我们随处都可以感受到计算机网络的存在。当使用移动电话和别人通话时，就离不开计算机网络；去银行存钱或取钱时，每个储蓄员前面都有一台计算机连接到计算机网络上；去医院看病时，挂号的窗口里都在使用计算机进行挂号，每台计算机也都连在计算机网络上；去学校读书时，学校将把学生的一切情况输入计算机网络中；用IC卡去食堂吃饭时，也离不开计算机网络。可以说我们已经生活在了一个计算机网络的世界里。然而计算机网络的发展时间并不长，才经历了四十多年，而它在未来的发展会更快，与我们的生活会更加密切相关。

近年来，第五代移动通信系统5G已经成为通信业和学术界探讨的热点。5G移动网络与早期的2G、3G和4G移动网络一样，是数字蜂窝网络，在这种网络中，供应商覆盖的服务区域被划分为许多被称为蜂窝的小地理区域。表示声音和图像的模拟信号在手机中被数字化，由模数转换器转换并作为比特流传输。蜂窝中的所有5G无线设备通过无线电波与蜂窝中的本地天线阵和低功率自动收发器(发射机和接收机)进行通信。收发器从公共频率池分配频道，这些频道在地理上分离的蜂窝中可以重复使用。本地天线通过高带宽光纤或无线回程连接与电话网络和互联网连接。与现有的手机一样，当用户从一个蜂窝穿越到另一个蜂窝时，他们的移动设备将自动“切换”到新蜂窝中的天线。

5G网络的主要优势在于，数据传输速率远远高于以前的蜂窝网络，最高可达10Gbit/s，比当前的有线互联网要快，比先前的4G蜂窝网络快100倍。另一个优势是具有较低的网络延迟（更快的响应时间），延迟时间低于1ms，而4G为30～70ms。由于数据传输更快，5G网络将不仅为手机提供服务，而且还将成为一般性的家庭和办公网络提供商，与有线网络提供商竞争。以前的蜂窝网络提供了适用于手机的低数据率互联网接入，但是一个手机发射塔不能经济地提供足够的带宽作为家用计算机的一般互联网供应商。

3. 计算机网络的分类

计算机网络的分类方法有很多，从不同的角度出发，会有不同的分类方法。按照其覆盖的地理范围进行分类，可以较好地反映不同类型网络的技术特征。按照覆盖的地理范围，计算机网络可以分为以下几种。

(1) 局域网(Local Area Network，LAN)。它一般是在较小范围内的一个单位或一个建筑物内，将有限的计算机及其他设备连接起来的计算机网络。例如，有十几台计算机的一个公司，联成一个网络，共享信息，相互通信，这就可以组成一个局域网。但是就目前的网络应用情况来看，又常常把一个单位的内部网络称为局域网。尽管它已不再是一个局域网，而常常是若干局域网的互联，准确地说应该是内部网，即INTRANET。INTRANET在许多地方和因特网是很相似的，如它也用IP地址，也可以用浏览器模式进行信息浏览，也可以设置电子邮箱等，这是因为它就是应用因特网的模式建立的内部计算机网络，通常又称企业网。在这个网络中就有跨网络的通信，即从一个局域网到另一个局域网的信息传输。局域网的主要特点可以归纳如下。

① 地理范围有限，参加组网的计算机通常处在1～2km的范围内。

② 信道的带宽大，数据传输率高，一般为4Mbit/s～10Gbit/s。

③ 数据传输可靠，误码率高。

④ 局域网大多采用星状、总线或环状拓扑结构，结构简单，容易实现。

⑤ 通常网络归一个单一组织所拥有和使用，不受任何公共网络当局的规定约束，容易进行设备的更新和新技术的引用，从而不断增强网络功能。

(2) 城域网(Metropolitan Area Network，MAN)。它是介于局域网与广域网之间的一种高速网络。最初，城域网的主要应用是互连城市范围内的许多局域网，目前城域网的应用范围已大大扩展，能用来传输不同类型的业务，包括实时数据、语音和视频等。城域网能有效地工作于多种环境，其主要特点可以归纳如下。

① 地理覆盖范围可达100km。

② 数据传输速率为50Kbit/s～2.5Gbit/s。

③ 工作站数大于500个。

④ 传输介质主要是光纤。

⑤ 既可用于专用网，又可用于公用网。

(3) 广域网(Wide Area Network，WAN)。它是一个非常大的网，可以把许多局域网及更大的网络互联起来。其范围从几十千米到几千千米，以至全世界。典型的广域网就是因特网，因特网之所以又称国际互联网，是因为它连接着全世界各种各样、大大小小的计算机网络和主机。广域网的主要特点可以归纳如下。

① 分布范围广，一般从几十千米到几千千米。

② 数据传输率差别较大，范围是 9.6Kbit/s～22.5Gbit/s。

③ 采用不规则的网状拓扑结构。

④ 属于公用网络。

以地理范围的大小来进行网络的分类并不一定很科学，因为它不能准确地区分网络的实质性差别。事实上，现在所说的局域网基本上是依据物理地址来通信的网络，而广域网则是以 IP 地址来寻址的网络。按传输技术分类有广播式网络、点对点网络，按使用范围有公用网、专用网，按传输介质分有线网、无线网。

计算机网络通常由计算机、服务器、通信介质、网络互联设备(如集线器、交换机和路由器等)组成。计算机网络的专业人士又把计算机、外部设备、网络协议和网络软件等统称为资源子网，而把通信设备、传输介质、网络连接设备、通信控制软件等统称为通信子网。资源子网负责收集、存储、处理和输出信息，为用户提供网络服务和资源共享，通信子网完成信息交换、传输和通信处理。它们形成内外两层，内层为通信子网，外层为资源子网。

4. 计算机网络的拓扑结构

网络拓扑结构是指把网络电缆等各种传输媒体的物理连接等物理布局特征，通过借用几何学中的点与线这两种最基本的图形元素描述，抽象地来讨论网络系统中各个端点相互连接的方法、形式与几何形状，可表示网络服务器、工作站、网络设备的网络配置和互相之间的连接。它的拓扑结构主要有总线拓扑结构、星状拓扑结构、环状拓扑结构、树状拓扑结构、网状拓扑结构，如图 1-1 所示。

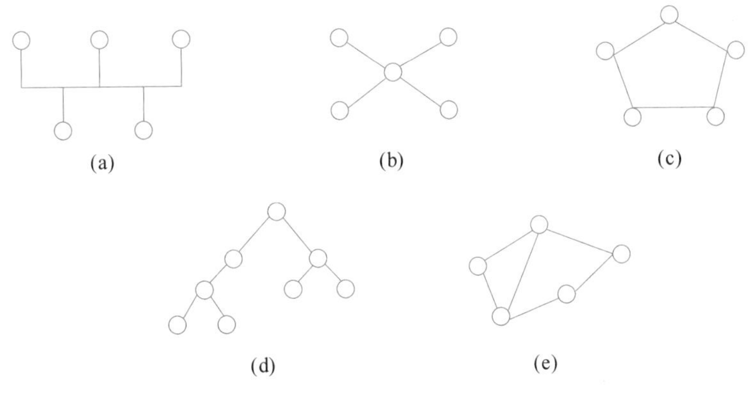

图 1-1 计算机网络的拓扑结构

1) 总线拓扑结构

总线拓扑结构如图 1-1(a)所示。总线拓扑结构中，各节点通过一个或多个通信线路与公共总线连接，其结构简单、扩展容易，网络中任何节点的故障都不会造成全网的故障，可靠性较高。

总线拓扑结构是从多机系统的总线互连结构演变而来的，如果采用单根传输线作为传输介质，则称为单总线结构；有多根传输线的称为多总线结构。局域网一般是单总线结构，整根电缆连接网络中所有的站点，所有的站点都通过相应的硬件接口直接连接到传输介质或总线上，如图 1-2 所示。

可以看出，任何一个站点的发送信号都可以沿着介质传播而且能被其他所有站点接收。

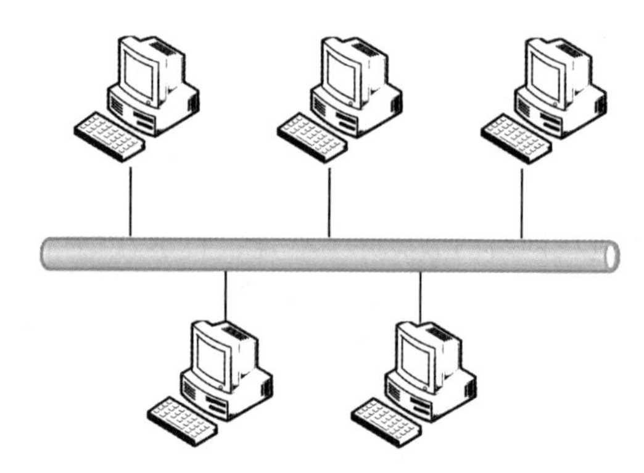

图 1-2 总线拓扑结构

网络中所有站点都通过总线实现相互通信，整个通信容量被每个站点共享，所以一次只能由一个设备传输。这就需要某种形式的访问控制策略来决定下一次哪一个站点可以发送，通常采取分布式控制策略，常用的有 CSMA/CD 和令牌总线访问控制方式。

总线的负载能力有限，因此总线的长度是有限的。如需增加长度，可在网络中通过中继器等设备加上一个附加段，从而实现总线拓扑结构的扩展，这样也增加了总线上连接的计算机数目。另外，在总线网络上的计算机发出的信号是从网络的一端传递到另一端，当信号传递到总线电缆的终端时会发生信号的反射。这种反射信号在网络中是有害的噪波，它反射回来后与其他计算机发出的信号互相干扰而导致信号无法被其他计算机所识别，影响了计算机信号的正常发送和接收，使网络无法使用。为防止这种现象的产生，可在网络中采用终接器或类似的器件来吸收这种干扰信号。

(1) 总线拓扑结构的优点

① 电缆长度短，易于布线和维护。因为所有的站点都接到一个公共数据通道，所以只需要很短的电缆长度，减少了安装费用，易于布线和维护。

② 可靠性高。总线结构简单，传输介质又是无源元件，从硬件的角度来看，十分可靠。

③ 可扩充性强。增加新的站点，只需在总线的任何点将其接入即可；如需增加长度，可通过中继器加上一个附加段。

④ 费用开支少。组网所用设备少，可以共享整个网络资源，并且便于广播式工作。

(2) 总线拓扑结构的缺点

① 故障诊断困难。因为总线拓扑结构网络不是集中控制，所以一旦出现故障，故障的检测需在网上各个站点进行。

② 故障隔离困难。在总线拓扑结构网络中，如果故障发生在站点，则只需将该站点从总线上去掉即可；如果是传输介质故障，则故障的隔离比较困难，整个总线都要切断。

③ 在扩展总线的干线长度时，需重新配置中继器、剪裁电缆、调整终端器等。总线上的站点需要介质访问控制功能，这就增加了站点的硬件和软件费用。

④ 实时性不强。所有的计算机在同一条总线上，发送信息比较容易发生冲突，所以这种拓扑结构的网络实时性不强。

2) 星状拓扑结构

星状拓扑结构如图 1-1(b)所示。星状拓扑结构的中央节点是主节点，它接收各分散节点的信息，然后再转发给相应节点，具有中继交换和数据处理功能。星状拓扑结构的结构简单，建网容易，但可靠性差，中央节点是网络的瓶颈，一旦出现故障则全网瘫痪。

星状拓扑结构的访问采用集中式控制策略，中央节点(如 HUB)接收各个分散计算机的信息负担很大，而且还必须具有中继交换和数据处理能力，所以中央节点相当复杂，是星型网络的传输核心。采用星状拓扑结构的交换方式有线路交换和报文交换，尤以线路交换更为普遍。一旦建立了通道连接，就可以没有延迟地在连通的两个站之间传送数据，如图 1-3 所示。

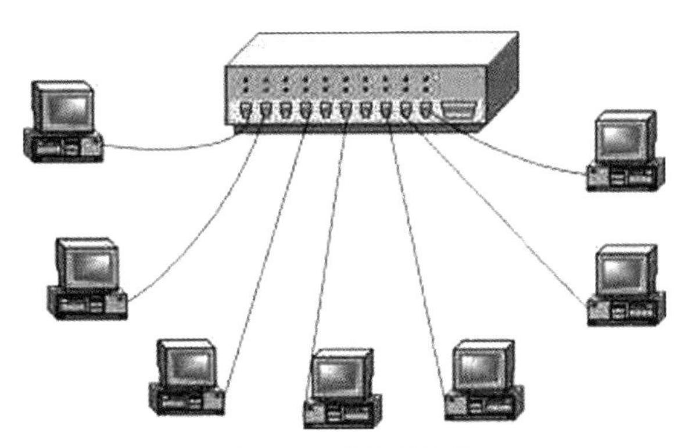

图 1-3　星状拓扑结构

星状拓扑结构广泛应用于网络中智能集中于中央节点的场合，目前在传统的数据通信中，这种拓扑结构还是占支配地位。

(1) 星状拓扑结构的优点

① 方便服务。利用中央节点可方便地提供服务和重新配置网络。

② 每个连接只接一个设备。在网络中，连接点往往容易产生故障，在星状拓扑结构中，单个连接的故障只影响一个设备，不会影响全网。

③ 集中控制和故障诊断。由于每个站点直接连接到中央节点，所以故障容易检测和隔离，可以很方便地将有故障的站点从系统中删除。

④ 简单的访问协议。在星状拓扑结构中，任何一个连接都只涉及中央节点和一个站点，所以控制介质访问的方法很简单，从而访问协议也十分简单。

(2) 星状拓扑结构的缺点

① 每个站点直接与中央节点相连，需要大量电缆，维护、安装等一系列的费用很高。

② 扩展困难。要增加新的站点，就要增加到中央节点的连接，这就需要在初始安装时放置大量冗余的电缆，配置更多的连接点；如需连接的站点很远，则还要加长原来安装的电缆。

③ 依赖于中央节点。如果中央节点产生故障，则全网不能工作，所以对中央节点的可靠性和冗余度要求很高。另外，计算机之间是点对点的连接，所以不能有效地共享整个网络的数据。

3) 环状拓扑结构

环状拓扑结构如图 1-1(c)所示。网络中节点计算机连成环状就成为环状网络。环路上，信息单向从一个节点传送到另一个节点，传送路径固定，没有路径选择问题。环状网络实现简单，适用于传输信息量不大的场合。由于信息从源节点到目的节点都要经过环路中的每个节点,因此任何节点的故障均会导致环路不能正常工作,可靠性较差。

环状拓扑结构是由连接成封闭回路的网络节点组成的。在环状拓扑结构中,每个节点与其相邻两个节点连接,最终构成一个环,结构如图 1-4 所示。

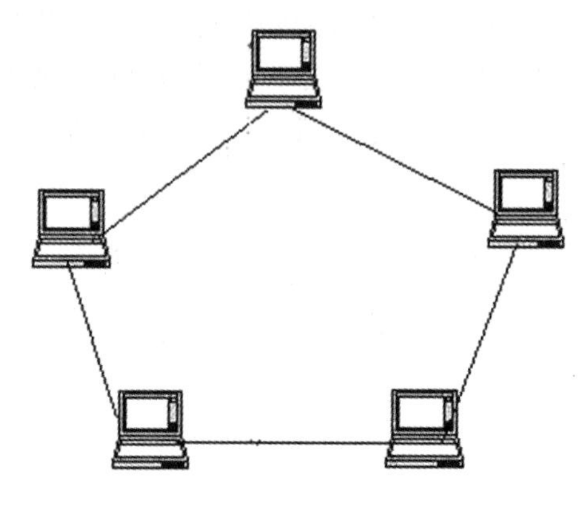

图 1-4 环状拓扑结构

环型网络常使用令牌环来决定哪个节点可以访问通信系统。任何节点要与其他节点通信,必须通过环路向着一个方向发送数据,其他节点接收数据并给出响应,然后继续传递数据,直到源节点。源节点收回数据,停止继续发送。为了决定环上哪个站点可以发送信息,平时在环上流通着一个称为令牌的特殊信息包,只有得到令牌的站点才可发送信息,当一个站点发送完信息后就把令牌向下传送,以便下游站点可以得到发送信息的机会。

环状拓扑结构一般采用分散式管理,在物理上它本身就是一个环,适合采用令牌环访问控制方法。当然,也可以沿两个方向发送数据的环路(即双环路),它提高了通信速率,但费用比较昂贵,控制也很复杂。

(1) 环状拓扑结构的优点

① 电缆长度短。电缆长度与总线拓扑结构相当,但比星状拓扑结构要短得多。

② 适用于光纤。光纤传输速度快,没有电磁干扰,环状拓扑结构是单方向传输,十分适用于光纤传输介质。

③ 网络的实时性好。每两台计算机之间只有一条通道,所以在信息流动方向上,路径选择简化,运行速度快,而且可以避免不少冲突。

(2) 环状拓扑结构的缺点

① 网络扩展配置困难。要扩充环的配置较困难,同样要关掉一部分已接入网的站点也不容易。

② 节点故障引起全网故障。在环上数据传输通过接在环上的每一个站点,如果环中某一节点出现故障,则会引起全网故障。

③ 故障诊断困难。某个节点发生故障会引起整个网络的故障,出现故障时需要对每一个节点都进行检测。

④ 拓扑结构影响访问协议。环上每个节点接到数据后,都要负责将其发送至环上,这意味着要同时考虑访问控制协议;节点发送数据前,必须事先知道传输介质对它是可用的。

4) 树状拓扑结构

树状拓扑结构如图 1-1(d)所示。树状拓扑结构是分层结构,适用于分级管理和控制系统。

与星状拓扑结构相比,它的通信线路长度较长,成本低、易推广,但结构较星状拓扑结构复杂。网络中,除叶节点及其连线外,任一节点或连线的故障均影响其所在支路网络的正常工作。

树状拓扑结构属于一种分层结构,如图 1-5 所示,是从总线拓扑结构演变过来的,即在总线网络上加上分支而形成,每个分支还可延伸出子分支,如图 1-5 所示。这种拓扑结构和带有几个段的总线拓扑结构的主要区别在于根的存在,根部吸收计算机的发送信息信号,然后再重新广播到整个网络中。

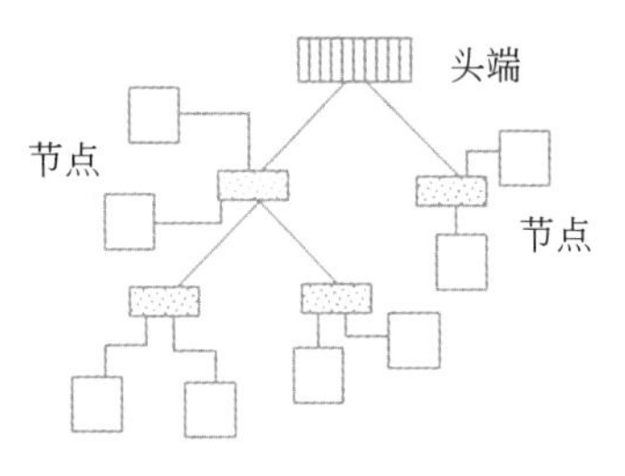

图 1-5 树状拓扑结构

树状拓扑结构的优缺点大多和总线拓扑结构的优缺点相同,但也有一些特殊之处。

(1) 树状拓扑结构的优点

① 易于扩展。从本质上看,这种结构可以延伸出很多分支和子分支,新的节点和新的分支易加入网内。

② 故障隔离方便。如果某一分支的节点或线路发生故障,则很容易将这个分支和整个系统隔离开来。

(2) 树状拓扑结构的缺点

对根的依赖性太大,如果根发生故障,则全网不能正常工作,其可靠性问题和星状拓扑结构相似。

5) 网状拓扑结构

网状拓扑结构又称不规则拓扑结构,网络中各节点的连接没有一定的规则。一般当节点地理分散,而通信线路是设计中的主要考虑因素时,采用网状拓扑结构,如图 1-1(e)所示。

网状拓扑结构的两个节点间存在多条传输通道,具有较高的可靠性;其缺点是结构复杂,实现起来费用较高,不易管理和维护。

5. 计算机网络体系结构

计算机网络体系结构精确定义了计算机网络及其组成部分的功能和各部分之间的交互功能。计算机网络体系结构采用分层对等结构,对等层之间有交互作用。计算机网络是一种十分复杂的系统,应从逻辑、物理和软件结构方面来描述其体系结构。具体来说,逻辑结构是指执行各种网络操作任务所需的功能;物理结构是指实现网络逻辑功能的各种网络系统和设备;软件结构是指网络软件的结构,这些网络软件就是在各网络部件中执行网络功能的程序。

1) 基本概念

(1) 协议。计算机网络由多个互连的节点组成,节点之间需要不断地交换数据与控制信息。要做到有条不紊地交换数据,每个节点都必须遵守一些事先约定好的规则。这些规则明确地规定了所交换数据的格式和时序。这些为网络数据交换而制定的规则、约定与标准被称为网络协议。

网络协议是计算机之间进行通信所必需的。因为各种计算机或相关设备出自不同厂家,软件与硬件各不相同,连在同一个计算机网络上,必须采取互相“兼容”的措施,才能互相通信。这需要在信息转换、信息控制和信息管理方面制定一个共同遵守的协议。任何一种通信协议都包括三个组成部分:语法、语义和时序。

- 语法规定通信双方“如何讲”,即确定用户数据与控制信息的结构与格式。
- 语义规定通信双方准备“讲什么”,即确定需要发出的控制信息,以及完成的动作与做出的响应。
- 时序规定双方“何时进行通信”,即对事件实现顺序的详细说明。

(2) 层次。在计算机网络的通信中,通信双方除了必须遵守共同的协议之外,还必须遵守一系列基本的通信步骤。例如,一台计算机要发信息给另一台计算机,它必须按下列步骤进行。

- 将数据分解成较小的块(又称数据包)。
- 将发送方地址和接收方地址放在包头上,以识别目的计算机和源计算机。
- 将数据送到网卡,以便通过介质传输出去。

接收方计算机则按相反的步骤进行。

- 从网卡上接收数据。
- 去掉发送方添加的信息。
- 将数据包重新组装,得到原来的信息。

通信双方共同遵守了以上步骤,才能达到互相通信的目的。这些步骤必须是标准的,是各种机器、各种结构的系统都可以参照执行的,是可以解决一些相对独立的问题的。这些步骤称为层次。

层次是人们对复杂问题处理的基本方法。人们对于一些难以处理的复杂问题,通常是将其分解为若干个较容易处理的小一些的问题。在计算机网络中,将总体要实现的功能分配在不同的模块中,每个模块要完成的服务及服务实现的过程都有明确的规定。每个模块称为一个层次,不同的网络体系分成相同的层次;不同系统的同等层具有相同的功能;高层使用低层提供的服务时,并不需要知道低层服务的具体实现方法。这种层次结构可以大大降低复杂问题处理的难度,因此,层次是计算机网络体系结构中一个重要与基本的概念。

在层次结构中,各层有各层的协议。一台机器上的第 n 层与另一台机器上的第 n 层进行通话,通话的规则就是第 n 层协议。图 1-6 说明了一个 n 层协议的层次结构。

实际上,数据并不是从一台计算机的第 n 层直接传送到另一台计算机的第 n 层,而是每一层都把数据和控制信息交给它的下一层,由底层进行实际的通信。

分层的基本原则如下。

① 网络中的每一个节点都具有相同的分层结构,同一个节点的相邻层之间有一个明确规定的接口,该接口定义下层向上层提供的服务。

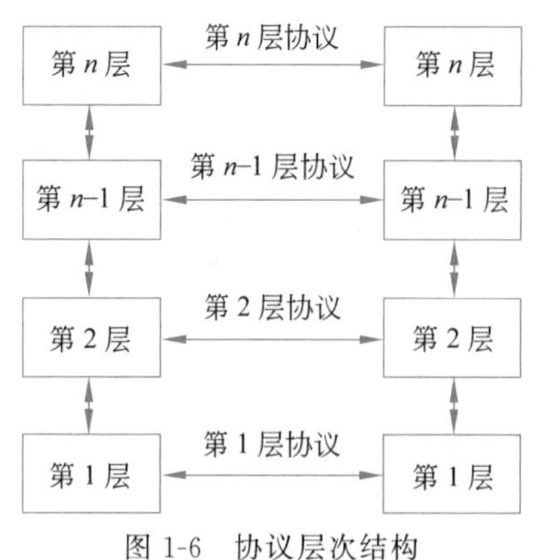

图 1-6 协议层次结构

② 每一层完成一组特定的有明确含义的协议功能,并尽可能地减少在相邻层间传递信息的数量。

③ 同一节点中的每一层能够同相邻层通信,但不准跨层进行通信。两个节点间的通信除底层为水平通信外,其他各层都是垂直通信,即网络中各个节点之间的直接接口只能是底层。

计算机网络中采用层次结构具有以下优点。

① 各层之间互相独立。高层并不需要知道低层是如何实现的,仅需要知道该层通过层间的接口所提供的服务。

② 灵活性好。当任何一层发生变化时，例如由于技术的进步促进实现技术的变化，只要接口保持不变，则在这层以上或以下的各层均不受影响。另外，当某层提供的服务不再需要时，甚至可将这层取消。

③ 各层都可以采用最合适的技术来实现，各层实现技术的改变不影响其他层。

④ 易于实现和维护。因为整个系统已被分解为若干个易于处理的部分，这种结构使一个庞大而又复杂系统的实现和维护变得容易控制。

⑤ 有利于促进标准化。这主要是因为每一层的功能和所提供的服务都已有了精确的说明。

(3) 接口。接口是同一节点内相邻层之间交换信息的连接点。同一个节点的相邻层之间存在着明确规定的接口，低层向高层通过接口提供服务。只要接口条件不变、低层功能不变，低层功能的具体实现方法与技术的变化就不会影响整个系统的工作。

(4) 网络体系结构。网络协议对计算机网络是不可缺少的，一个功能完备的计算机网络需要制定一整套复杂的协议集。对于结构复杂的网络协议来说，最好的组织方式是层次结构模型。计算机网络协议就是按照层次结构模型来组织的。将网络层次结构模型与各层协议的集合定义为计算机网络体系结构。

2) OSI 参考模型

由于历史原因，计算机和通信工业界的组织机构和厂商在网络产品方面制定了不同的协议和标准，如 IBM 公司的 SNA、DEC 公司的 DNA。为了协调这些协议和标准，提高网络行业的标准化水平，以适应不同网络系统的相互通信，CCITT 和 ISO 认识到有必要使网络体系机构标准化，于 1997 年提出的开放系统互连(Open System Interconnection，OSI)参考模型，习惯上称为 ISO/OSI 参考模型。它兼容于现有网络标准，为不同网络体系提供参照，将不同机制的计算机系统联合起来，使它们之间可以相互通信。OSI 参考模型从底层往上层分别为：物理层、数据链路层、网络层、传输层、会话层、表示层和应用层，如图 1-7 所示。

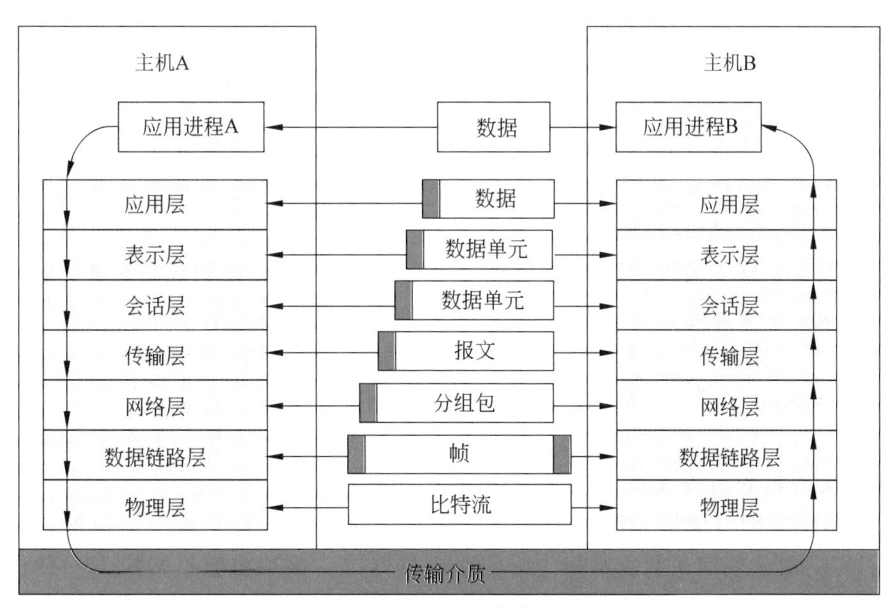

图 1-7 OSI 参考模型

下面分别讨论这七层模型的实际意义。

(1) 物理层。物理层是设备之间的物理接口，位于 OSI 分层体系结构中的底层，主要定义了物理链路所要求的机械、电气、功能和规程等。

假设将两台计算机相连，进行相互通信。在这个最简单的计算机网络中，要达到两台计算机的通信，必须要有一种传输介质，才能建立两台计算机的物理连接，使数据信号通过物理介质从一台计算机传输到另一台计算机中。这是不难理解的。但是，仅仅建立了物理连接还不能达到通信的目的，由于计算机输出的是二进制的“0”和“1”，而“0”和“1”是不可能从传输介质上通过的。只有当二进制的“0”和“1”被转换成电磁波信号以后，才能通过传输介质到达另一端的计算机。要把二进制的“0”和“1”变成电信号，也就是上面所说的编码。编码中的“1”用什么样的脉冲来表示？“0”用什么样的脉冲来表示？这是双方必须统一的，否则接收方无法将电信号恢复成源计算机端的数据。另外，接收方怎样知道发送方开始发送数据？又何时结束数据发送？到此为止，为了实现两台计算机的通信，一共提出了四个方面的问题。

- 要建立物理连接。
- 要进行编码。
- 要规定编码规则。
- 进行双方的同步。

这就是 OSI 参考模型的第一层——物理层要解决的问题。物理层建立在物理传输介质的基础上，为数据链路层提供物理连接，以便透明地传输比特流，是计算机网络通信的基础。

(2) 数据链路层。数据链路层是 OSI 参考模型的第二层，它控制网络层与物理层之间的通信。其主要功能是将从网络层接收到的数据分割成特定的可被物理层传输的帧。

在两台计算机的通信中，一个发送数据，一个接收数据，没有可选择的对象。但是计算机网络中不可能只有两台计算机。当一台计算机要发送数据时，必须指明谁是接收者。这就要为网络中的每台计算机定义一个名称，就像发信件时必须有收信人地址一样。因为计算机都是通过网卡连接到网络中的，因此在每块网卡上都定义了一个物理地址，又称 MAC 地址。这解决了计算机的名称问题，但是发送数据的计算机如何使数据到达指定的计算机呢？而网络中的计算机又怎么知道网络上传输的数据是发给自己的呢？这些问题是物理层不能解决的，必须通过数据链路层来解决。

数据链路层是建立数据链路连接，进行信息帧传送，采用差错和数据流量控制方法使有差错的物理线路变成无差错的数据链路；链路层负责把要发送的数据加上目的地址封装成数据帧，然后交给物理层发送到网上。接收时，链路层从物理层得到数据流，恢复成发送方的数据帧，并检测数据帧中的物理地址，判断是否是本机的物理地址，是的就留下，并上传给主机；不是的就抛弃。这样数据就通过各个节点传送到了目标主机。工作在数据链路层的设备有两层交换机和网桥。

(3) 网络层。网络层是 OSI 参考模型的第三层，其主要功能是将网络地址翻译成对应的物理地址，并决定如何将数据从发送方路由到接收方。该层将数据转换为一种称为数据包的数据单元，每一个数据包中都含有目的地址和源地址，以满足路由的需要。

有了物理层和数据链路层，在局域网中就可以实现计算机与计算机之间的通信了。但是，现在的计算机网络已经远远不是一个局域网了，当一台计算机要将数据发送到其他网络时，就会产生物理层和数据链路层所不能解决的问题。由于数据不是发送在本网络中，在本网络中就找不到目的主机。这时候就需要在地址中增加一个网络地址，所以就要增加一层功能，这就是网络层。这时为了加入网络地址，网络层先将网络地址封装在数据包中，再将数据包传递给数据链路层。数据链路层还和原先一样把网络层传来的数据包作为数据，再加入 MAC 地址封装成数据帧，送到物理层。

网络层又称通信子网层，是通信子网与资源子网的一个接口，具有实现路由选择、拥塞控制和网络互联等功能。这层数据单位为数据包，工作在这一层的设备有路由器和具有路由功能的三层交换机。

（4）传输层。传输层位于网络层和会话层之间，主要任务是提供网络节点之间的可靠数据传输，把应用层与其他数据传输的各层隔离出来。该层负责将数据转换成网络传输所需的格式，检测传输结果，并纠正不成功的传输。传输层把从会话层接收的数据划分成网络层所要求的数据包进行传输，并在接收端再把经网络层传来的数据包进行重新装配，提供给会话层。

实际上，传输层是整个协议层次结构中的核心层。它的作用是为发送端和接收端之间提供性能可靠的数据传输，而与当前实际使用的网络无关。可以这样说，如果没有传输层，整个分层协议的概念就没有多大的意义了。

（5）会话层。会话层在两个不同系统互相通信的应用进程之间建立、组织和协调交互，使其会话保持同步，确定通信是双工工作还是半双工工作，故障恢复时确定从何处开始重新会话。会话层负责建立、管理、终止进程之间的会话，一次连接就称为一次会话。它还利用在数据中插入校验点来实现数据的同步，以便在系统崩溃之后还能恢复。

（6）表示层。表示层位于会话层的上方，确保一个应用程序的命令和数据能被网络上其他计算机理解，也就是将一种格式转换为另一种格式的数据转换，使用户之间的通信尽可能简化，与设备无关。这些格式转换包括打印机的网络接口、视频显示和文件格式等。

表示层以下的各层只关心可靠地传输比特流，而表示层关心的是所传输信息的语法和语义。

表示层服务的一个典型例子就是用一种大家一致同意的标准方法对数据进行编码。大多数用户程序之间并不是交换随机的比特流，而是诸如人名、日期、货币数量和发票之类的信息。这些对象以字符串、整型、浮点数的形式，以及由几种简单类型组成的数据结构来表示。不同的机器用不同的代码来表示字符串、整型等。为了让采用不同表示法的计算机之间能进行通信，互换中使用的数据结构可以用抽象的方式来定义，并且使用标准的编码方式。表示层管理这些抽象数据结构，并且在计算机内部表示法和网络的标准表示法之间进行转换。

（7）应用层。应用层是 OSI 参考模型中的最高层，它直接面向用户，是用户访问网络的接口层。其主要任务是提供计算机网络与最终用户的界面，提供完成特定网络服务功能所需的各种应用程序协议。其他六个层次解决了网络通信和表示的问题，应用层则解决应用程序相互请求数据和服务，包括文件传输、数据库管理和网络管理等问题。电子邮件服务、WWW 服务都是应用层的软件。

在 OSI 参考模型中，通信是在系统进程之间进行的。需要注意的是，除物理层外，在各对等层之间只有逻辑上的通信，并无直接的通信，较高层间的通信要使用较低层提供的服务。在物理层以上，每个协议实体顺序向下送到较低层，以便使数据最终通过物理信道到达它的对等层实体。

下面以网络一端的用户 A 向另一端的用户 B 发送电子邮件为例来说明信息的流动过程。其中包括用户 A 向用户 B 的电子邮件服务器发送邮件和用户 B 通过服务器从自己的电子邮箱读取邮件两次通信过程。

用户 A 首先要把电子邮件的内容通过电子邮件应用程序发出，在应用层(电子邮件应用程序的一个进程)把一个报头(PCI，协议控制信息)附加于用户数据上，这个控制信息是第七层应用层协议所要求的，组成第七层的协议数据单元。然后把第七层的协议数据单元(用户数据和控制信息作为一个单元整体)传送给表示层的一个实体。表示层又把这个单元附加上自己的报头组成第六层表示层的协议数据单元再向下层传送。重复这一过程直到数据链路层，数据链路层将网络层送来的协议数据单元封装成帧，然后通过物理层传送到传输介质。当这一帧数据被用户 B 所登录的电子邮件系统服务器接收后，逐层进行理解，并执行相应层次协议控制信息的内容，开始相反的过程。数据从较低层向较高层传输，每层都拆掉其最外层的报头，而把剩余的部分向上传输，一直到服务器电子邮件系统运行的某个进程(对等的应用层)，把用户 A 的邮件存放到服务器上用户 B 的电子邮箱中。

当用户 B 在自己的机器上运行电子邮件应用程序，从电子邮箱中读取邮件时，执行的是从电子邮箱所在的服务器向用户 B 的计算机传送数据的通信过程。这个过程可能不只传送用户 A 的邮件，同时传送的还有其他用户发送给用户 B 的邮件。这个过程是两台计算机上运行的电子邮件应用系统进程实体相互理解并执行的过程，即应用层功能。但双方的高层都用到了其他各层的服务。

3) TCP/IP 模型

OSI 参考模型理论完整，即全世界的计算机网络都遵循这个统一的标准，但是实际上完全遵从 OSI 参考模型的协议几乎没有。因此网络体系结构就从 OSI 走向了 TCP/IP 模型。它是 20 世纪 70 年代中期，美国国防部为其 ARPANET 广域网开发的网络体系结构和协议标准，其名字是由这些协议中的两个主要协议组成的，即传输控制协议(TCP)和网际协议(IP)。实际上，TCP/IP 框架包含了大量的协议和应用，TCP/IP 是多个独立定义的协议的集合，简称 TCP/IP 协议集。虽然 TCP/IP 不是 ISO 标准，但它的使用已经越来越广泛，可以说，TCP/IP 是一种“事实上的标准”。TCP/IP 模型由四个层次组成，TCP/IP 模型与 OSI 参考模型之间的关系如图 1-8 所示。

(1) 应用层。应用层的作用是为用户提供网络应用，并为这些应用提供网络支撑服务，把用户的数据发送到低层，为应用程序提供网络接口。由于 TCP/IP 将所有与应用相关的内容都归为一层，所以在应用层要处理高层协议、数据表达和对话控制等任务。

(2) 传输层。传输层的作用是提供可靠的点到点的数据传输，能够确保源节点传送的数据报正确到达目标节点。为保证数据传输的可靠性，传输层协议也提供了确认、差错控制和流量控制等机制。传输层从应用层接收数据，并在必要的时候把它分成较小的单元，传递给网络层，且确保到达对方的各段信息正确无误。

(3) 网络层。网络层的主要功能是负责通过网络接口层发生 IP 数据报，或接收来自网络接口层的帧并将其转为 IP 数据报，然后把 IP 数据报发往网络中的目的节点。为正确地

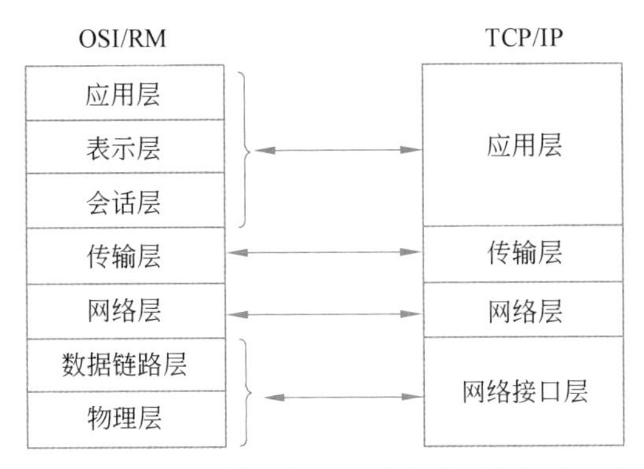

图 1-8　TCP/IP 模型与 OSI 参考模型之间的关系

发送数据，网络层还具有路由选择、拥塞控制的功能。这些数据报到达顺序和发送顺序可能不同，因此如果需要按顺序发送及接收时，传输层必须对数据报进行排序。

(4) 网络接口层。网络接口层是指各种计算机网络，相当于 OSI 中的最低两层，也可看作 TCP/IP 利用 OSI 的下两层。它是指任何一个能传输数据报的通信系统，这些系统大到广域网、小到局域网甚至点到点连接。正是这一点使 TCP/IP 具有相当的灵活性。

从以上体系结构分析，TCP/IP 模型是 OSI 参考模型的简化。与 OSI 参考模型一样，TCP/IP 网络上源主机的协议层与目的主机的同层协议层之间，通过下层提供的服务实现对话。源主机和目的主机的同层实体称为对等实体或对等进程，它们之间的对话实际上是在源主机协议层上从上到下，然后穿越网络到达目的主机后再在协议层从下到上达到相应层的过程。图 1-9 给出了 TCP/IP 的基本工作原理。

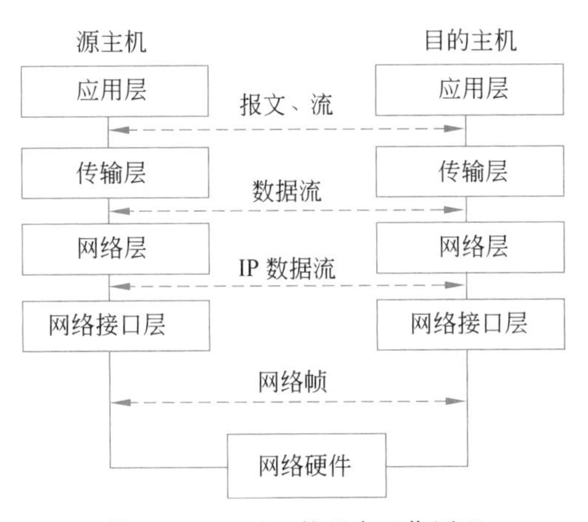

图 1-9　TCP/IP 的基本工作原理

下面以 TCP/IP 协议传送文件为例，说明 TCP/IP 的工作原理。

- 在源主机上，应用层将一串字节流传给传输层。
- 传输层将字节流分成 TCP 段，加上 TCP 自己的报头信息交给网络层。
- 网络层生成数据包，将 TCP 段放入其数据域中，并加上源主机和目的主机的 IP 包头交给网络接口层。
- 网络接口层将 IP 数据包装入帧的数据部分，并加上相应的帧头及校验位，发往目的主机或 IP 路由器。

- 在目的主机，网络接口层将相应帧头去掉，得到 IP 数据包，交给网络层。
- 网络层检查 IP 包头，如果 IP 包头中的校验和与计算机出来的不一致，则丢弃该包。
- 如果校验和一致，网络层去掉 IP 包头，将 TCP 段交给传输层。传输层检查顺序号，判断是否为正确的 TCP 段。
- 传输层计算机 TCP 段的头信息和数据，如果不对，传输层丢弃该 TCP 段，否则向源主机发送确认信息。
- 传输层去掉 TCP 头，将字节传送给应用程序。

最终，应用程序收到了源主机发来的字节流，和源主机应用程序发送的相同。

实际上，每往下一层，便多加了一个报头，而这个报头对上层来说是不透明的，上层根本感觉不到下层报头的存在。如图 1-10 所示，假设物理网络是以太网，上述基于 TCP/IP 的文件传输应用加入报头的过程便是一个逐层封装的过程，当到达目的主机时，则是从下而上去掉报头的一个解封装的过程。

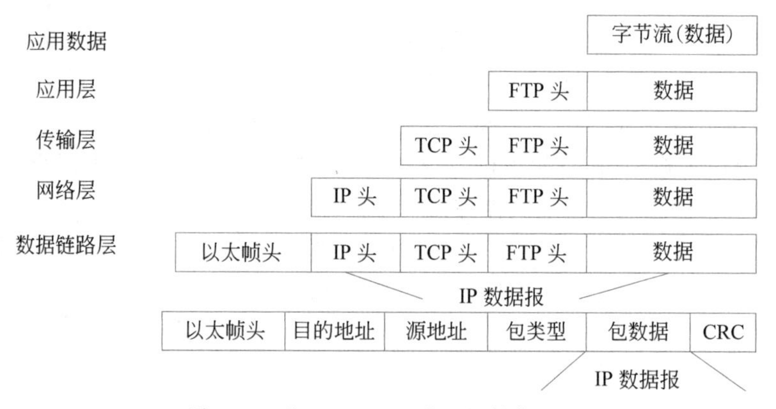

图 1-10 基于 TCP/IP 的逐层封装过程

从用户角度来看，TCP/IP 协议提供一组应用程序，包括电子邮件、文件传送、远程登录等，用户使用它可以很方便地获取相应网络服务；从程序员的角度来看，TCP/IP 主要提供两种服务，包括无连接报文分组递送服务和面向连接的可靠数据流传输服务，程序员可以用它们来开发适合相应应用环境的应用程序；从设计的角度来看，TCP/IP 主要涉及寻址、路由选择和协议的具体实现。

4）TCP/IP 与 OSI 的比较

（1）相同点

- OSI 参考模型和 TCP/IP 参考模型都采用了层次结构的概念。
- 都能够提供面向连接和无连接两种通信服务机制。

（2）不同点

- 前者是四层模型，后者是七层模型。
- 对可靠性要求不同，TCP/IP 的要求更高。
- OSI 参考模型是在协议开发前设计的，具有通用性；TCP/IP 是先有协议集然后建立模型，不适用于非 TCP/IP 协议。

- 实际市场应用不同，OSI 参考模型只是理论上的模型，并没有成熟的产品，而 TCP/IP 已经成为“实际上的国际标准”。

5）TCP/IP 五层模型

虽然 TCP/IP 模型应用性强，现在得到了广泛的使用，但它的模型研究却比较薄弱。因为 TCP/IP 模型实际上只有应用层、传输层和网络互联层三层，最下面的网络接口层并没有什么具体内容。随后一种折中的方案——五层协议的体系结构就此诞生了，如图 1-11 所示。

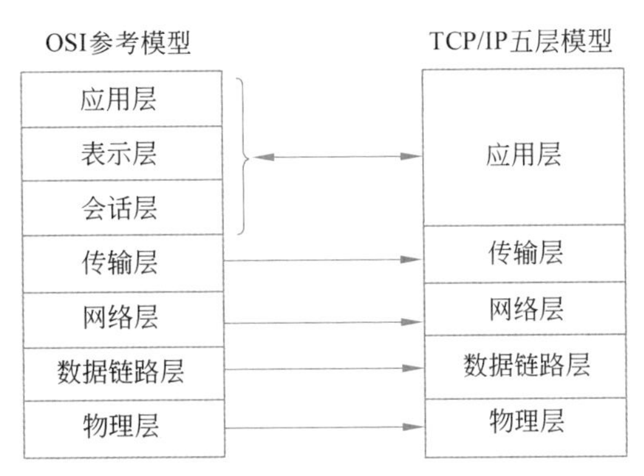

图 1-11 TCP/IP 五层模型

它包括物理层、数据链路层、网络层、传输层和应用层。

下面以一个实例“计算机 1 向计算机 2 发送数据”来说明数据在五层模型中的传输过程。应用进程数据先传送到应用层，在数据前端加上应用层首部，成为应用层 PDU；应用层 PDU 传送到传输层，加上传输层首部，成为传输层报文；传输层报文传送到网络层，加上网络层首部，成为 IP 数据报（或分组）；IP 数据报传送到数据链路层，加上链路层首部和尾部，成为数据链路层帧；数据链路层帧传送到物理层，最下面的物理层把比特流传送到物理媒体。随后电信号（或光信号）从发送端物理层传送到接收端物理层；计算机 2 的物理层收到比特流后交给数据链路层；数据链路层剥去帧首部和尾部后把帧的数据部分交给网络层；网络层剥去分组首部后把分组的数据部分交给传输层；传输层剥去报文首部后把报文的数据部分交给应用层；应用层剥去应用层 PDU 首部后把应用程序数据交给应用进程；此时计算机 2 收到了计算机 1 发来的应用程序数据。

任务 1.2 IP 地址的使用

知识目标

掌握 IP 地址的层次结构。

技能目标

能区分不同类型的 IP 地址。

职业素质目标

(1) 具有明晰的职业生涯规划和良好的职业道德操守。

(2) 具备勤于思考、勇于探索、敢于创新的职业精神。

任务实施

1.2.1 知识准备

1. IP 地址的概念

日常生活中,电话是一个常用的通信工具,当我们打电话之前,都要先拨对方的电话号码,和对方接通后才开始说话。我们写信时都要写上对方的地址,这样邮递员才知道送到哪里。在巨大的广域网中,我们要把信息从一台计算机发送到另一台计算机,就要依据每台计算机上的 IP 地址来找到目标计算机,它就像电话号码一样。IP 地址唯一定义了一个在因特网上的路由器或主机,它是一个 32 位的地址,用二进制地址格式表示。例如,某台计算机的 IP 地址为:

11001010 01100110 10000110 01000100

很明显,这些数字不易记忆。人们为了方便记忆,采用点分十进制 IP 地址格式,就是将组成计算机 IP 地址的 32 位二进制数分成 4 段,每段 8 位,中间用小数点隔开,然后将每 8 位二进制数转换为十进制数,这样上述计算机的 IP 地址就变成了 202.102.134.68。显然这里每一个十进制数都不会超过 255。

在一个特定的计算机网络中,每一台主机都有一个唯一的 IP 地址。IP 地址分为动态和静态两种。静态的 IP 地址设置好后就不变了,在因特网中,那些别人经常访问的网站的 IP 地址就是静态的,是不能变的。动态的 IP 地址一般是网络中的一台名为 DHCP 的服务器分配的,例如,采用拨号方式上网的计算机,它的 IP 地址就是 DHCP 服务器为用户配置的,每次都是变化的。

2. IP 地址的组成

每一个 IP 地址包含 4 字节(32 位),它定义了网络 ID 和主机 ID,这两部分的长度是可变的,这主要取决于地址的类型。

(1) 网络 ID:IP 地址的第一部分是网络 ID,标识计算机所属的网络。在同一段上的所有的计算机必须有相同的网络 ID。

(2) 主机 ID:IP 地址的第二部分是主机 ID,标识一网段内的 TCP/IP 节点。每台主机的主机 ID 在同一个网络 ID 内必须是唯一的。

例如,某服务器的 IP 地址为 202.102.134.68,对于该 IP 地址,可以把它分成网络 ID 和主机 ID 两部分,这样上述 IP 地址就可以写成以下形式。

网络 ID:202.102.134。

主机 ID:68。

由于网络中包含的计算机有可能不一样多,有的网络可能包含较多的计算机,也有的网络包含较少的计算机,于是人们按照网络规模的大小,把 32 位地址信息设成五种定位的划分方式，分别对应于A类、B类、C类、D类、E类。常用的三种类型如表1-1所示。

表1-1 三类IP地址网络域和主机域对照表

类型	网络位数	主机位数	网络总数	对应一个网络号的主机总数
A	8	24	127	16777214
B	16	16	16384	65534
C	24	8	2097152	254

1）A类IP地址

一个A类IP地址是指在IP地址的4段号码中，第一段号码为网络标识，剩下的三段号码为本地计算机的主机标识。如果用二进制表示IP地址，则A类IP地址就是由1字节网络标识和3字节主机标识组成的，IP地址的最高位必须是“0”。A类IP地址中的网络标识长度为7位，主机标识长度为24位，如表1-2所示。A类IP地址的编号范围是1.0.0.0～127.255.255.255。A类网络地址数量较少，可以用于主机数达1600多万台的大型网络。

表1-2 五类IP地址网络域和主机域与字节的对应关系

类型	第一字节	第二字节	第三字节	第四字节
A	0×××××××	00000000	00000000	00000000
B	10×××××××	×××××××××	00000000	00000000
C	110××××××	×××××××××	×××××××××	00000000
D	1110	多播地址		
E	11110	保留地址		

2）B类IP地址

一个B类IP地址是指在IP地址的4段号码中，前两段号码为网络标识，剩下的两段号码为本地计算机的主机标识。如果用二进制表示IP地址，则B类IP地址就是由2字节网络标识和2字节主机标识组成的，IP地址的最高位必须是“10”。B类IP地址中的网络标识长度为14位，主机标识长度为16位，如表1-2所示。B类IP地址的编号范围是128.0.0.0～191.255.255.255。B类网络地址适用于中等规模的网络，每个网络所能容纳的计算机数为6万多台。

3）C类IP地址

一个C类IP地址是指在IP地址的4段号码中，前三段号码为网络标识，剩下的一段号码为本地计算机的主机标识。如果用二进制表示IP地址，则C类IP地址就是由3字节网络标识和1字节主机标识组成的，IP地址的最高位必须是“110”。C类IP地址中的网络标识长度为21位，主机标识长度为8位，如表1-2所示。C类IP地址的编号范围是192.0.0.0～223.255.255.255。C类网络地址数量较多，适用于小规模局域网络，每个网络最多只能包含254台计算机。

4）D类IP地址

D类IP地址的第一个字节以“1110”开始，它是一个专门保留的地址。它并不是指向特定的网络，目前这一类地址被用在多点广播中。多点广播地址用来一次寻址一组计算机，它标识共享同一协议的一组计算机，如表 1-2 所示。

5）E 类 IP 地址

E 类 IP 地址以“11110”开始，为将来使用保留，如表 1-2 所示。

6）特殊的 IP 地址

在 IP 地址中有一些是特殊的 IP 地址，使用时需要特别注意，表 1-3 列出了常见的一些特殊的 IP 地址。

表 1-3 特殊的 IP 地址

网络 ID	主机 ID	源地址	目的地址	代表的意思
0	0	可以	不可	本网络的本主机
0	主机 ID	可以	不可	本网络的某个主机
全 1	全 1	不可	可以	本地广播地址对本网络内广播(路由器不转发)
网络 ID	全 1	不可	可以	直接广播地址对网络 ID 内的所有主机广播
127	任何数	可以	可以	用作本地软件环回测试

另外还有一种特殊的 IP 地址，它们属于 A 类、B 类和 C 类地址，但是却有特殊的用途，这类地址称为私有地址，私有 IP 地址和公有 IP 地址是相对的。由于在因特网中任何一个接入设备都需要有一个属于自己的 IP 地址，随着因特网的迅速发展出现了 IP 地址不够用的情况，因此人们将 A 类、B 类、C 类地址的一部分保留下来作为私有 IP 地址，专门用于各类专有网络(如企业网、校园网、行政网)的使用。它们分别如下。

A 类地址：10.0.0.0～10.255.255.255。

B 类地址：172.16.0.0～172.31.255.255。

C 类地址：192.168.0.0～192.168.255.255。

这是网络管理员可以为内部网络设置的 IP 地址。

3. IP 地址的分类

IP 地址除了有动态 IP 和静态 IP 之分，还可以分为公网 IP 和私网 IP。

(1) 公网 IP：公网、私网是两种因特网的接入方式。公网接入方式：上网的计算机得到的 IP 地址是因特网上的非保留地址，公网的计算机和因特网上的其他计算机可随意互相访问。

(2) 私网 IP：上网的计算机得到的 IP 地址是因特网上的保留地址，保留地址有以下三种形式。

- A 类：10.×.×.×，即 10.0.0.0～10.255.255.255。
- B 类：172.16.×.×～172.31.×.×，即 172.16.0.0～172.31.255.255。
- C 类：192.168.×.×，即 192.168.0.0～192.168.255.255。

其中，127.0.0.0～127.255.255.255 为系统环回地址。

私网的计算机以 NAT(网络地址转换)协议通过一个公共的网关访问因特网。私网的计算机可向因特网上的其他计算机发送连接请求，但因特网上其他的计算机无法向私网的计算机发送连接请求。

(3) 动态 IP：因为 IP 地址资源非常短缺，通过电话拨号上网或普通宽带上网用户一般不具备固定 IP 地址，而是由 ISP 动态分配暂时的一个 IP 地址。

（4）静态 IP：在因特网上有千百万台主机，为了区分这些主机，人们给每台主机都分配了一个专门的地址，称为 IP 地址。通过 IP 地址就可以访问到每一台主机。

4. 子网掩码的设置及应用

1）子网的概念

从表 1-1 中可以看出，一个 IP 地址分为网络和主机两个部分，即网络域和主机域。对应 A 类地址中的一个网络号，可以有 16777214 个主机号；对应 B 类地址中的一个网络号，可以有 65534 个主机号；对应 C 类地址中的一个网络号，最少也有 254 个主机号。

在一般的局域网中，主机数并不需要太多，而且也不宜太多，太多就会影响网络的传输效率。对于一个较大的组织而言，常常需要按部门组成各自独立的局域网，相互不允许直接互访。然后再将这些局域网互联起来，组成这个单位的内部网。这样在配置 IP 地址时，如果每个局域网都用一个网络号，就要用到许多网络号，而一个网络号中仅用少数的主机地址，这样就会有很多主机地址浪费掉。例如，一个局域网只要 8 个主机 IP 地址，但它必须用一个网络号，此时即使用 C 类网，也会有 246 个地址被浪费掉。本来 IP 地址资源就很紧张，这样就更加贫乏了。为了解决这个问题，就出现了子网的概念。

从 1985 年起，在 IP 地址中增加了一个“子网号字段”。子网就是在主机号中划分出一部分位数作为子网号，这样 IP 地址就从原来的两层变成三层，即网络号、子网号、主机号。这样也就提高了 IP 地址的利用效率。不在同一子网中的计算机不能直接通信。子网号是从主机号中分离出来的，子网的个数与主机的个数有着密切的联系，子网个数越多，可以分配的主机数就越少。凡是从其他网络发送给本单位某个主机的 IP 数据报，仍然是根据 IP 数据报的目的网络号，先找到连接在本单位网络上的路由器，然后此路由器在收到 IP 数据报后，再根据目的网络号和子网号找到目的子网，最后将 IP 数据报直接交付给目的主机。

2）子网掩码

从一个 IP 数据报的首部并不能判断源主机或目的主机所连接的网络是否进行了子网的划分，所以就有了子网掩码的概念。掩码是用来确定网络和子网的位置的，换句话说是确定网络号和子网号的长度的，即 32 位二进制中哪些位是表示网络号和子网号的，哪些位是表示主机号的。一般如果没有子网，则从第一个字节就能确定网络域和主机域了，从而也就知道网络号是多少，主机号是多少，掩码有没有似乎并不重要。但有了子网后，因为子网是占用主机号空间的，如果没有掩码，就不知道 IP 地址中有没有子网。所以通常设置了一个 IP 地址后，都会设置掩码，把掩码转换成二进制后，可以看到，用“1”表示的各位所对应的 IP 地址中的各位，是网络号和子网号，而用“0”表示的各位所对应的 IP 地址中相应的位，表示的则是主机号，如图 1-12 所示。例如，掩码 255. 255. 255. 192 转换为二进制为 11111111. 11111111.11111111.11000000，前三字节是网络号，而第四字节的前两位就是从主机号中分离出来的子网号，子网位数为 2，后面的 6 个“0”才表示的是主机号。6 位二进制本来可以表示 64 个主机号，减去全“0”和全“1”两个号就只有 62 个主机号了。

子网掩码是用来判断任意两台计算机的 IP 地址是否属于同一广播域的根据。最为简单的理解就是两台计算机各自的 IP 地址与子网掩码进行 AND 运算（与运算）后，如果得出的结果是相同的，则说明这两台计算机是处于同一广播域的，可以进行直接的通信。例如，某网络中有如下三台主机。

IP 地址的各字段和子网掩码

	← 因特网部分 →	← 本地部分 →	
两级 IP 地址	网络号 Net-id	主机号 Host-id	
	← 因特网部分 →	← 本地部分 →	
三级 IP 地址	Net-id	Subnet-id	Host-id
	← 网络号 →	← 子网号 →	← 主机号 →
子网掩码	1111111111111111	11111111	00000000
划分子网时的网络地址	网络号	子网号	主机号全为 0

图 1-12　子网掩码的表示方法

(1) 主机 1：IP 地址 192.168.0.1，子网掩码 255.255.255.0。

转化为二进制进行运算：

IP 地址　　11000000.10101000.00000000.00000001

子网掩码　11111111.11111111.11111111.00000000

AND 运算　11000000.10101000.00000000.00000000

转换为十进制后为 192.168.0.0。

(2) 主机 2：IP 地址 192.168.0.254，子网掩码 255.255.255.0。

转换为二进制进行运算：

IP 地址　　11000000.10101000.00000000.11111110

子网掩码　11111111.11111111.11111111.00000000

AND 运算　11000000.10101000.00000000.00000000

转化为十进制后为 192.168.0.0。

(3) 主机 3：IP 地址 192.168.0.4，子网掩码 255.255.255.0。

转化为二进制进行运算：

IP 地址　　11000000.10101000.00000000.00000100

子网掩码　11111111.11111111.11111111.00000000

AND 运算　11000000.10101000.00000000.00000000

转换为十进制后为 192.168.0.0。

通过以上对三组计算机 IP 地址与子网掩码的 AND 运算后，得到的运算结果是一样的，计算机就会把这三台计算机视为同一广播域，可以通过相关的协议把数据包直接发送到目标主机；如果网络标识不同，表明目标主机在远程网络上，那么数据包将会发送给本网络上的路由器，由路由器将数据包发送到其他网络，直至到达目的地。

为了弄清子网和子网掩码，下面举例来说明 IP 地址的网络号、子网号和主机号的关系及子网掩码的作用。

【例 1-1】

	网络	网络	网络	子网	主机
源地址 160.149.115.8	10100000	10010101	011100	11	00001000
目标地址 160.149.114.66	10100000	10010101	011100	10	01000010
掩码 255.255.252.0	11111111	11111111	111111	00	00000000

分析：本例中的源地址和目标地址都是 B 类网，它们的第一个字节二进制都是以“10”开头，因为是 B 类网，那么第三个字节就应该是主机号了，而从掩码的二进制中，可以看出第三个字节为 252，换算成二进制为“11111100”，前 6 位均为“1”，它表示的就是子网域，子网域用了 6 位，主机号就减少为 10 位。可以看出源地址和目标地址在同一个网络中，而且也在同一个子网中，因为它们的网络号和子网号都一样。如果这里不用掩码，那么就不知道有子网号，就会以为它们是一个网络中的两台主机，主机号就为 115.8 和 14.66 了，而实际上它们的主机号一个是 3.8，另一个则是 2.66。

【例 1-2】

	网络	网络	网络	子网	主机
源地址 192.168.17.129	11000000	10101000	00010001	10	000001
目标地址 192.168.17.68	11000000	10101000	00010001	01	000100
掩码 255.255.255.192	11111111	11111111	11111111	11	000000

分析：本例中的源地址和目标地址都是 C 类网，它们的第一个字节的二进制都是以“110”开头，因此前三个字节都是网络号，从掩码可以看出，第四个字节的前两位为子网域，主机号就为 6 位，还可以看出源地址和目标地址在同一个网络中，但不在同一个子网中，因为它们的网络号相同，而子网号不一样。一个为 2 号子网，一个为 1 号子网。前者为 1 号主机，后者为 4 号主机。

3）子网划分

下面通过一个 B 类地址子网划分的实例来说明子网是如何划分的。例如，在某区域网络申请到了 B 类 IP 地址为 169.12.0.0/16，该 32 位 IP 地址中的前 16 位是网络号固定的，后 16 位可以自己支配。网络管理员可以将这 16 位分成两部分，一部分作为子网标识，另一部分作为主机标识。作为子网标识的比特数可以从 2 到 14，如果子网标识的位数为 m，则该网络一共可以划分为(2^m-2)个子网(注意子网标识不能全为“1”，也不能全为“0”)，与之对应的主机标识的位数为 $16-m$，每个子网中可以容纳($2^{16-m}-2$)个主机(注意主机标识不能全为“1”，也不能全为“0”)。表 1-4 列出了 B 类地址的子网划分选择。

表 1-4 B 类地址的子网划分选择

子网标识的比特数	子网掩码	子网数	主机数/子网
2	255.255.192.0	2	16382
3	255.255.224.0	6	8190
4	255.255.240.0	14	4094
5	255.255.248.0	30	2046
6	255.255.252.0	62	1022

续表

子网标识的比特数	子 网 掩 码	子网数	主机数/子网
7	255.255.254.0	126	510
8	255.255.255.0	254	254
9	255.255.255.128	510	126
10	255.255.255.192	1022	62
11	255.255.255.224	2046	30
12	255.255.255.240	4094	14
13	255.255.255.248	8190	6
14	255.255.255.252	16382	2

由表 1-4 可以看出，当用子网掩码进行了子网划分之后，整个 B 类网络中可以容纳的主机数量(即可以分配给主机的 IP 地址数量)减少了。

用子网掩码划分子网的一般步骤如下。

(1) 确定子网的数量 m，并将 m 加 1 后转换为二进制数，然后确定位数 n。

(2) 按照 IP 地址的类型写出其默认子网掩码。

(3) 将默认子网掩码中主机标识的前 n 位对应的位置置 1，其余位置置 0。

(4) 写出各子网的子网标识和相应的 IP 地址。

1.2.2 实验过程

1. 用子网掩码划分子网

假设取得网络地址 200.200.200.0，子网掩码为 255.255.255.0。现在在该网络中需要划分 6 个子网，每个子网中 30 台主机，如何划分子网才能满足要求？请写出 6 个子网的子网掩码、网络地址、第一个主机地址、最后一个主机地址、广播地址。

(1) 本题目要划分 6 个子网，6 加 1 等于 7，7 转换为二进制数为 111，位数 $n=3$。

(2) 网络地址 200.200.200.0，是 C 类 IP 地址，默认子网掩码为 255.255.255.0，二进制形式为 11111111 11111111 11111111 00000000。

(3) 将默认子网掩码中主机标识的前 n 位对应位置置 1，其余位置置 0。得到划分子网后的子网掩码为 11111111 11111111 11111111 11100000，转换为十进制为 255.255.255.224。每个 IP 地址中后 5 位为主机标识，每个子网中有 $2^5-2=30$ 个主机，符合题目要求。

(4) 写出各个子网的子网标识和相应的 IP 地址，由子网掩码的确定可以看出，在本网络中原 C 类 IP 地址主机标识的前三位被当作子网标识，子网标识不能全为 0，也不能全为 1，而主机标识全为 0 时，代表一个网络，所以得到第一个子网为：

11001000 11001000 11001000 00100000

其中，11001000 11001000 11001000 是网络标识，001 是子网标识，00000 是主机标识，转换为十进制为 200.200.200.32。

子网中主机标识全为 1 时，代表该子网的广播地址，所以得到第一个子网的广播地址为 11001000 11001000 11001000 00111111，转换为十进制为 200.200.200.63。

子网中第一个可用的 IP 地址为 11001000 11001000 11001000 00100001，转换为十进制为 200.200.200.33，最后一个可用的 IP 地址为 11001000 11001000 11001000 00111110，转换为十进制为 200.200.200.62。

表 1-5 列出了本例中各子网的子网掩码、网络地址、第一个主机地址、最后一个主机地址、广播地址。

表 1-5 各子网 IP 地址的分配

子网	子网掩码	网络地址	第一个主机地址	最后一个主机地址	广播地址
第 1 个子网	255.255.255.224	200.200.200.32	200.200.200.33	200.200.200.62	200.200.200.63
第 2 个子网	255.255.255.224	200.200.200.64	200.200.200.65	200.200.200.94	200.200.200.95
第 3 个子网	255.255.255.224	200.200.200.96	200.200.200.97	200.200.200.126	200.200.200.127
第 4 个子网	255.255.255.224	200.200.200.128	200.200.200.129	200.200.200.158	200.200.200.159
第 5 个子网	255.255.255.224	200.200.200.160	200.200.200.161	200.200.200.190	200.200.200.191
第 6 个子网	255.255.255.224	200.200.200.192	200.200.200.193	200.200.200.222	200.200.200.223

2. 配置计算机的 IP 地址和子网掩码

（1）配置 IP 地址和子网掩码，如图 1-13 所示。

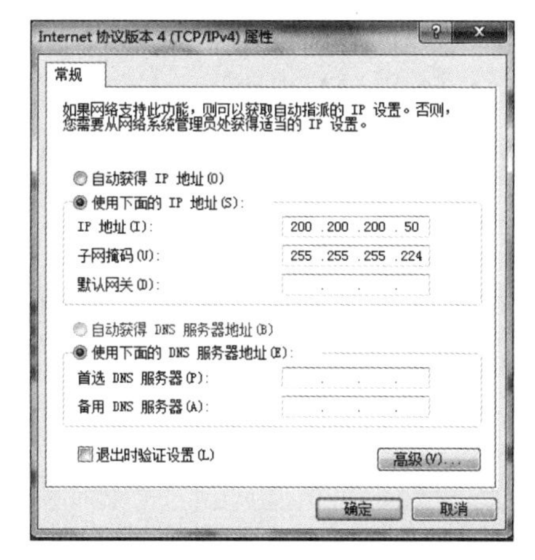

图 1-13 配置 IP 地址和子网掩码

（2）利用 ipconfig 查看网络配置，如图 1-14 所示。

（3）测试子网划分、IP 分配和计算机配置是否正确。

① 处于同一子网的计算机是否能够通信？

利用 ping 命令（如利用 IP 地址为 192.168.1.17 的计算机去 ping IP 地址为 192.168.1.19 的计算机）。

观察 ping 命令输出结果。

② 处于不同子网的计算机是否能够通信？

利用 ping 命令（如利用 IP 地址为 192.168.1.17 的计算机去 ping IP 地址为 192.168.1.162 的计算机）。

观察 ping 命令输出结果。

图 1-14　利用 ipconfig 查看网络配置

自主练习部分

1. 划分子网

网络地址为 192.168.2.0/29，划分子网，完成表 1-6。

子网掩码为 255.255.255.[248]→[1 | 1 | 1 | 1 | 1 | 0 | 0 | 0]。

表 1-6　子网分配表

子网	子网掩码	IP 地址范围	子网地址	直接广播
1				
2				
3				
4				
5				
6				
7				
8				
9				
10				
11				
12				
13				
14				

2. 分配 IP 地址

每 4 人一小组，每小组“组 1、组 2、组 3……”分别以“子网 1、子网 2、子网 3……”内的 IP 地址范围配置计算机 IP 地址。

3. 测试

(1) 处于同一子网的计算机是否能够通信？

① 利用 ping 命令。

② 观察 ping 命令输出结果。

(2) 处于不同子网的计算机是否能够通信？

① 利用 ping 命令。

② 观察 ping 命令输出结果。

任务 1.3 网络硬件的识别与选择

知识目标

掌握常见的网络硬件及适用范围。

技能目标

能绘制网络拓扑结构图。

职业素质目标

(1) 具有明晰的职业生涯规划和良好的职业道德操守。

(2) 具备勤于思考、勇于探索、敢于创新的职业精神。

任务实施

1.3.1 知识准备

1. 服务器

服务器(Sever)是指在网络环境中为用户提供各种服务的、特殊的专用计算机。在网络中，服务器承担着数据的存储、转发、发布等关键任务。如果把共享数据放在某一个用户的计算机中，当这台计算机关闭时，其他计算机就无法使用这些共享数据，特别是有些数据量很大，如果放在一个用户中，那么网络中的用户都去访问该用户，就会使该用户无法正常处理自己的工作，而服务器就是专门承担这项工作的。服务器在网络中的应用如下。

(1) 存储共享数据的仓库。如数据库服务器，可作为大型数据库存放数据之用，SQL Server 和 Oracle 等就是常用的大型数据库。它们都放在服务器中，用户端仅负责数据的输入和输出。例如，火车票售票系统中，服务器中的数据库存放所有要发售的车票，各用户都可以到库里去取，无论哪个用户取走了某张票，其他用户就不可能再买这张票了，这样就保证了数据的唯一性，这也是网络售票的特点。在一些大型企业中，配置一个数据库服务器，用来存放整个企业的共享数据，并对其进行统一管理，这样可保证数据的安全性、唯一性和准确性。

（2）作为网站发布网页之用，即 Web 服务器。Web 服务器存放了要在网上发布的网页，当用户要访问某网站时，就可以输入这个 Web 服务器的地址，Web 服务器负责把用户所需要的网页发送到用户的计算机。好的 Web 服务器可以为许多人同时提供服务。在因特网上有成千上万的 Web 服务器为用户不断地提供信息。企业内部也可以建立 Web 服务器，供企业内部发布信息之用。

（3）网络管理控制中心。在局域网中用服务器对整个网络进行管理，包括用户管理、网络中共享文件的管理、网络中共享设备的管理。常把网络用户需要共享的文件放在服务器中供用户存取，有时还对这些文件设置一些权限，规定哪些用户可以读它，哪些用户不能打开它，这都是需要在服务器中实现的。另外，还常在网络服务器中设置网络打印机，供用户共享打印，这就是硬件资源的共享。

（4）代理服务器。为了使整个网络中的用户能够访问因特网，且不会造成外网对内部网络的攻击，另一方面为了节省上网的费用，可以用一台计算机上因特网，在这台计算机中安装两个网卡，一个连接因特网，一个连接内部网络，这就是常说的代理服务器。代理服务器在内网和外网的中间起一个中转转发的作用。它既保证了内网的安全，又保证了内网可以访问外网。

其他还有文件服务器和备份服务器等。服务器在网络中的作用不同，其配置也不相同，有的服务器可以用档次稍高一些的计算机来代替，而有的则必须用专用服务器才能保证网络的正常运行。作为一台服务器，首先要达到的要求就是"可靠性"。因为服务器存储的是整个网络的重要数据，一旦丢失后果不堪设想。例如，银行、证券公司的服务器就必须绝对可靠。另一方面是稳定性要好，网络中的服务器常常必须保证不间断的工作，它必须随时为用户提供连接服务，不能频繁地出故障，否则就会影响网络的正常工作。所以有的服务器一旦投入使用，就不能关机。根据整个服务器的综合性能，服务器可分为入门级服务器、工作组级服务器、部门级服务器、企业级服务器。

1）入门级服务器

入门级服务器是最低档的服务器。随着 PC 技术的日益提高，许多入门级服务器与 PC 的配置差不多，入门级服务器可以充分满足中小型网络用户的文件共享、数据处理、因特网接入及简单数据库应用的需求。这种服务器与一般的 PC 很相似，所以这种服务器无论在性能上还是价格上都与一台高性能 PC 品牌机相差无几。入门级服务器所连的终端是有限的，在稳定性、可扩展性及容错冗余性能方面都较差，仅适用于没有大型数据库数据交换的场合。入门级服务器适用于日常工作中网络流量不是太大，无须长时间不间断开机的场合。

2）工作组级服务器

这是一类比入门级高一个层次的服务器，其稳定性一般，功能较全面，有一定的管理功能，且易于维护，有一定的可靠性。可采用 Windows/NetWare 网络操作系统，也可采用 UNIX 系列操作系统。一般用磁盘阵列等保证其数据的可靠性。

3）部门级服务器

部门级服务器属于中档服务器，一般都支持双 CPU 以上的对称处理器结构，具备比较完全的硬件配置，如磁盘阵列、存储托架等。部门级服务器的最大特点就是，除了具有工作组服务器的全部服务器特点以外，还集成了大量的监测及管理电路，具有全面的服务器管理能力，可监测如温度、电压、风扇、机箱等状态参数，结合标准服务器管理软件，使管理人员及时了解服务器的工作状况。同时，大多数部门级服务器具有优良的系统扩展性。部门级服务器一般采用IBM和HP各自开发的CPU芯片，这类芯片一般是RISC（精简指令集）结构，所采用的操作系统一般是UNIX系列操作系统，现在的Linux也在部门级服务器中得到了广泛应用。它适用于对处理速度和系统可靠性要求高一些的中小型企业网络，其硬件配置相对较高，其可靠性比工作组级服务器要高一些，当然其价格也较高。

4）企业级服务器

企业级服务器属于高档服务器，采用4个以上CPU的对称处理器结构，有的高达几十个。另外，它一般还具有独立的双PCI通道和内存扩展板设计，具有高内存带宽、大容量热插拔硬盘和热插拔电源、超强的数据处理能力和群集性能等。企业级服务器产品除了具有部门级服务器的全部服务器特性以外，还具有高度的容错能力、优良的扩展性能、故障预报警功能、在线诊断和RAM、PCI、CPU等的热插拔性能。有的企业级服务器还引入了大型计算机的许多优良特性，如IBM和SUN公司的企业级服务器。企业级服务器所采用的芯片也都是几大服务器开发、生产厂商自己开发的独有CPU芯片，所采用的操作系统一般也是UNIX或Linux。

2. 调制解调器

调制解调器又称MODEM，就是通常所说的“猫”，主要用来进行拨号上网，它是通过现有的通信网络（如公共电话网）来传输计算机信息的一种通信设备。

计算机输出的数据是由二进制转换的脉冲信号。这个脉冲信号要通过传输模拟信号的电话线传输给另一台计算机，是不能直接传输的，必须经过处理，使脉冲信号变成能够在模拟信道上传输的模拟信号，然后送到电话线上进行传输，这个过程就称为调制。所谓调制，就是用计算机发出的脉冲信号来改变模拟信道中模拟信号的状态，达到把信息加载到模拟信号上的目的。到了接收方再根据信号的变化，恢复并分离出脉冲信号，再输入计算机中，这一过程称为解调。一个调制解调器可以同时完成这两项工作，所以称为调制解调器。

调制解调器主要用于远程通信，可以说调制解调器的历史和计算机网络的发展历史几乎一样长，早期的单机多终端网络系统就是依赖于调制解调器通过电话线进行远程通信的。现在调制解调器还是用来通过电话线进行计算机的数据通信。

现在用得比较多的是内置式调制解调器，主要用于连接因特网。另外，笔记本电脑中通常都配置了调制解调器，当人们出差在外时，如果带上一台笔记本电脑，只要有可通电话的地方，就能随时连上因特网。如果单位里有远程登录服务器，用户也可以随时登录本单位的计算机网络。

另外有一种名为Cable的调制解调器，这是一种使用电缆代替电话线的调制解调器，所以又称线缆调制解调器。它主要是通过有线电视网进行数据传输。这种调制解调器也分为内置和外置两种，形状和一般的调制解调器很像，但它上面有线缆插座，包括有线电视网和计算机两端的接口部分。Cable调制解调器可在两个不同方向接收和发送数据，两个方向采用不同的调制方式。其传输速度可达到3～50Mbit/s，距离为100km。

3. 网络适配器

网络适配器又称网卡，简称NIC（Network Interface Card），它是一种将计算机和网络相连接的接口设备，也是计算机网络中的基础设备。计算机要接入网络就必须安装网卡，网卡上都有一个 RJ-45 接口，是供双绞线接入的，如图 1-15(a)所示。

注意

网卡和内置式调制解调器从外形上看很像，但是网卡仅有一个 RJ-45 接口，而内置式的调制解调器则有两个电话线插口。电话线的插口比 RJ-45 接口要小。老的网卡还有一个 BNC 接口，是供同轴电缆接入用的。

PC 上的网卡多数采用 PCI 总线，是 64 位 66MHz，最大数据传输率可达 267Mbit/s，可适应高速 CPU 对数据的需求和多媒体应用的需求。目前也有一些计算机已将网卡集成在主板上。还有一种名为 PCMCIA 的网卡，如图 1-15(b)所示，是用在笔记本电脑上的。网卡的速率一般有 10Mbit/s、100Mbit/s、10/100Mbit/s 自适应、1000Mbit/s 等。所谓自适应，是指网卡上应用了一种名为“自动协商”的管理机制，可根据网络环境自动确定在哪种速率下工作。

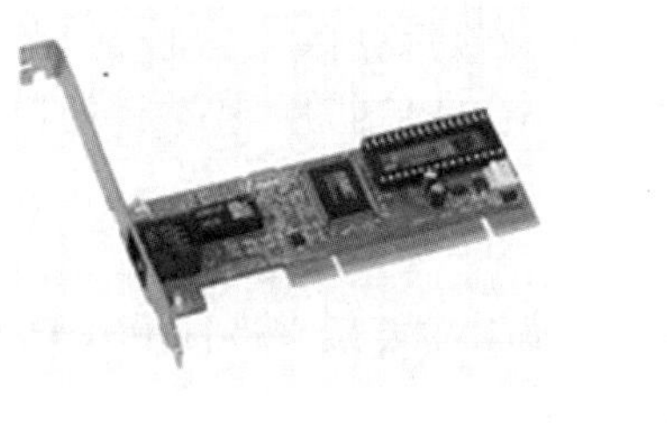

(a)

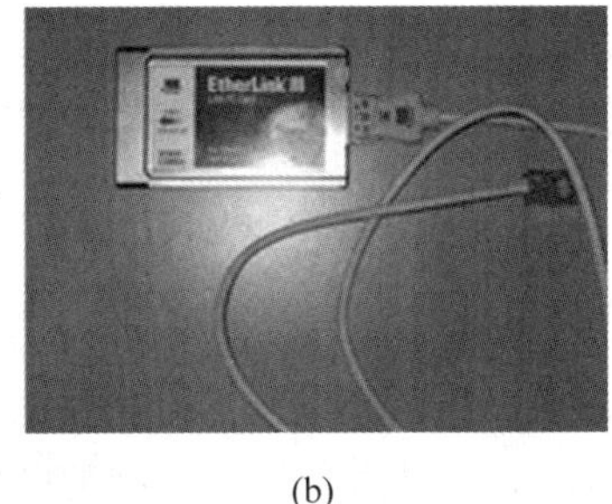

(b)

图 1-15　网络适配器

网络适配器的作用主要是将计算机中的数据转变成可在线缆中传输的电信号，送到网上传输，接收时又将网上传来的电信号转变成数据送到计算机中。其次，它根据自身所带的物理地址和网络上传来的数据帧中的物理地址相比较来判断该数据是否是发给本机的，如果是本机的就传送给本机处理，如果不是就丢弃。网卡通常被称为二层设备，即链路层设备。

4. 中继器

中继器(Repeater)是一种网络物理层的连接设备，常用于网络中两个节点之间物理信号的双向转发工作。由于在网络传输中存在各种干扰，或是由于传输距离较远，使信号衰减，为了纠正这种信号的失真，就可以使用中继器，把它串接在网络线中。它在网络中完成信号的恢复、调整和放大功能。它就像一个加油站。使用中继器的目的是延长信号的传输距离。通常在线路中使用多少个中继器是有规定的，不可以无限使用。例如在 IEEE 802.3 标准中，最多允许连接 4 个中继器。一般情况下，中继器的两端连接的是相同的媒体，但有的中继器也可以完成不同媒体的转接工作。

5. 集线器

集线器又称 HUB，如图 1-16 所示，是物理层连接设备，但是它和中继器不同，它有许多端口。通常将一个局域网中的设备通过双绞线连接到集线器上进行信息传递。集线器主要是以广播方式进行信息传递，当

图 1-16　集线器

一个端口收到信息后，向所有端口进行广播，各端口对广播的数据进行检测，如果数据的目标 MAC 地址是本端口的就收下，送到与该端口连接的计算机，不是就扔掉。由于它的这种广播工作方式，当两个用户同时发送数据包时，就会产生碰撞，所以就要通过控制协议来控制，但是在用户通信密集的情况下，会降低网络传输效率。在集线器连接中，一根双绞线出了问题，仅影响一台计算机，不影响整个网络。集线器通常有 8 端口、16 端口、24 端口甚至更多。

集线器的种类有以下三种。

1）独立型集线器

独立型集线器是带有许多端口的单个盒子式的产品。它是最便宜的集线器，常常是不加管理的。独立型集线器适用于小型独立的场合，使用比较方便，其端口可以从 4 个到 32 个，如果仅仅连接一个网络，共享资源没有特别的要求，这是比较合适的。它适用于工作小组、部门或者办公室。

2）模块化集线器

模块化集线器在网络中是比较流行的，因为它扩充方便且备有管理选件。模块化集线器可靠性较高，但价格昂贵。

3）堆叠式集线器

堆叠式集线器除了可以将多个集线器"堆叠"或者用短的电缆线连在一起之外，其外形和功能均与独立型集线器相似。当它们连接在一起时，其作用就像一个模块化集线器一样，可以当作一个单元设备来进行管理。

此外，集线器还可分为有源集线器和无源集线器。在集线器的发展中，也有一些集线器有类似交换机的功能，这里不做介绍。集线器目前已经逐渐被交换机所取代。

6. 网桥

网桥是工作在数据链路层的设备，又称二层设备。网桥可以将两个或更多的同类局域网连接在一起进行相互通信。所谓同类，是指使用的网络操作系统相同，或高层协议相同。同时，它又隔离了这些局域网之间的干扰。每个局域网连接到网桥的一个端口。

当网桥的一个端口收到数据后，它检查收到的数据帧的源地址和目的地址，如果它们不在一个局域网内，即不是一个端口的，就把这个帧发送到目的地址所在的网络中；如果是一个局域网的，则不转发。这里的地址是 MAC 地址，网桥通过学习，了解各端口的局域网中各站点的 MAC 地址和网桥各端口的对应关系，以便把数据从一个端口传到另一个端口。目前网桥已逐步被交换机取代。

7. 交换机

集线器是以广播方式工作的，所以网络传输效率低。网桥可以识别 MAC 地址，可以隔离子网之间的干扰，但网桥的端口有限。而交换机则吸取了集线器的多端口长处，也有网桥的 MAC 地址识别功能，如图 1-17 所示。所以它在计算机网络中得到了广泛的应用。交换机又称 SWITCH，在计算机网络中是一个非常重要的设备。它和网桥一样也是工作在数据链路层，所以它又称多端口网桥。交换机的外形与集线器很相似，有 8 端口、16 端口、24 端口甚至更多。但交换机的工作原理和集线器完全

图 1-17　交换机

不同。

与网桥一样,交换机工作在数据链路层上,交换机也有 MAC 地址(即计算机物理地址)识别能力。当它接收到一个端口发来的数据帧时,读出该数据帧的目的地址,并根据交换机中保存的 MAC 地址和端口对应表,将数据帧转发到相应的端口。如果该数据帧的目的地址和源地址同在一个端口,则不转发数据并将其丢弃。当两台或多台计算机连接在一台集线器上,再通过集线器连接到交换机上的一个端口时,就是这样一种情况。所以交换机也有隔离子网干扰的功能。

交换机可按不同的端口分成几个互不干扰的虚拟子网(vlan),又称逻辑子网。这对于网络的配置来说非常方便,它可以不受网络用户地理位置的影响而进行子网组合,也可以根据主机的 MAC 地址来定义虚拟子网。这种定义方法更灵活,即使主机改变了端口,其所在的子网也不会改变。要定义虚拟子网,需在交换机上进行设置,将同一子网的端口或 MAC 地址定义为一个子网名即可。某些低档的交换机不具备这样的功能。交换机允许多对计算机间同时交换数据,即支持并行处理。交换机的端口可以连接一台主机,也可以连接一台集线器,即一个子网。

(1) 交换机所采用的转发方式。

① 直接交换方式:在这种交换方式中,交换机一旦接收到数据帧,只要检测到目的地址就立即将该帧发送出去,而不管该帧是否出错。这种交换方式速度快,但无差错检测功能,且不支持不同速度端口之间的帧转发。

② 存储转发交换方式:在这种交换方式中,交换机在收到数据帧后,先对数据帧进行检测,如果是正确的就转发出去,否则不转发。这种交换方式能支持不同速度端口的数据转发,但交换延迟较长。

③ 改进的直接交换方式:这种交换方式吸取了上面两种交换方式的优点,在该交换方式中,交换机仅对收到的帧的前 64 个字节进行检测,判断是否正确,正确即转发,否则不转发,这样就缩短了延迟,也进行了检测。

(2) 交换机的主要特点。

① 比网桥和路由器的延迟短。传输延迟一般为几十微秒,网桥为几百微秒,而路由器则为几千微秒。

② 高传输带宽。如果交换机上只有两个端口在通信,则这两个端口享有整个交换机的带宽。如果是工作在全双工状态下,则带宽可增加一倍。

③ 允许不同的传输速率共存。即两个端口的传输速率不一样时不影响数据交换。

④ 可组建虚拟局域网服务。

现在已经有了第三层交换机,又称网络层交换机。这种交换机因为是第三层交换机,所以它具备了网络地址的识别能力,有路由选择的功能,也就可以作为路由器来使用。

8. 路由器

路由器是计算机网络中的第三层设备,即网络层设备,常见的路由器如图 1-18 所示。

图 1-18 路由器

它是计算机网络中的一个重要设备。如果只是一个局域网的内部通信,是不需要路由器的,但如果是跨网络的通信,如从一个局域网发送数据到另一个不同类型的局域网,或将一个局域网和广域网相连,需要进行网络地址识别时,就要用到路由器。路由器是一种将两个或更多的网络互联的设备,它能将不同网络或网段之间的数据信息进行“翻译”,使它们能够相互“读”懂对方的数据,从而构成一个更大的网络。路由器为源网络或源主机发出的数据选择一条到达目标网络的最优路径。路由器是一个多端口设备。

路由器接到数据包后要做两件事:一个是路由选择,另一个是 MAC 地址交换。当数据包经过路由器时,路由器打开数据包,检测数据包中的 IP 地址,根据路由器中的路由表确定数据该发往路由器的哪个端口,路由器的每个端口都连接一个不同的网络,这时有两种情况。第一种情况:数据的网络地址就是该端口的网络地址,说明该数据包是该端口所在网络的,这时就进行 MAC 地址转换,将目标主机的 MAC 地址封装到该数据帧内,发送到本端口所在网络的下一个节点。第二种情况:数据的网络地址不是该网络的网络地址,但是在这个端口所对应的路径中,这时路由器将沿该路径的下一个路由器的 MAC 地址封装在数据帧中,再把数据发往下一个路由器。从上面的两种情况可以看出,当一个数据包在网络中传输时,数据包中的 IP 地址始终不变,这是数据到达目标主机的依据。而 MAC 地址在不断改变,被不断地改变为下一个路由器的 MAC 地址,到了最后一个路由器后,才改变成目标主机的 MAC 地址。

路由器有以下主要功能。

(1) 协议转换:对使用不同协议的网络进行协议转换,使其可以相互通信。

(2) 路由选择:当数据包经过路由器时,路由器根据路由策略为数据包选择最佳路径。

(3) 分片和重组:当路由器收到的分组大于下一个网络的数据包时,必须将该分组重新封装成合适的大小,再发送到下一个路由器。

(4) 防火墙功能:路由器有数据包过滤的功能,它可以拒绝非法的数据包通过,所以在某种程度上起着防火墙的作用。

1.3.2 实验过程

绘制网络拓扑结构图。

1. 实验准备

Visio 软件。

2. 实验步骤

(1) 打开 Visio 软件,选择绘图类型,如图 1-19 所示。

(2) 新建文件夹。选择“模板”中的“详细网络图”选项,新建一张绘图页,同时窗口左侧显示“形状”栏。

(3) 设置绘图页页面。选择“文件”→“页面设置”命令,弹出“页面设置”对话框,可对各种相关参数进行设置。

(4) 在绘图页中添加图形。在“形状”栏中选择“计算机和显示器”选项,打开具体的图形元素列表,选择 PC 图形元素,将其拖入右侧绘图页,如图 1-20 所示。

(5) 调整图形元素。选中绘图页中的图形元素,拖曳图形周边的 8 个绿色方形锚点可以改变图形元素的大小。将鼠标指针移动到圆形锚点上,按住鼠标左键的同时移动,可以旋

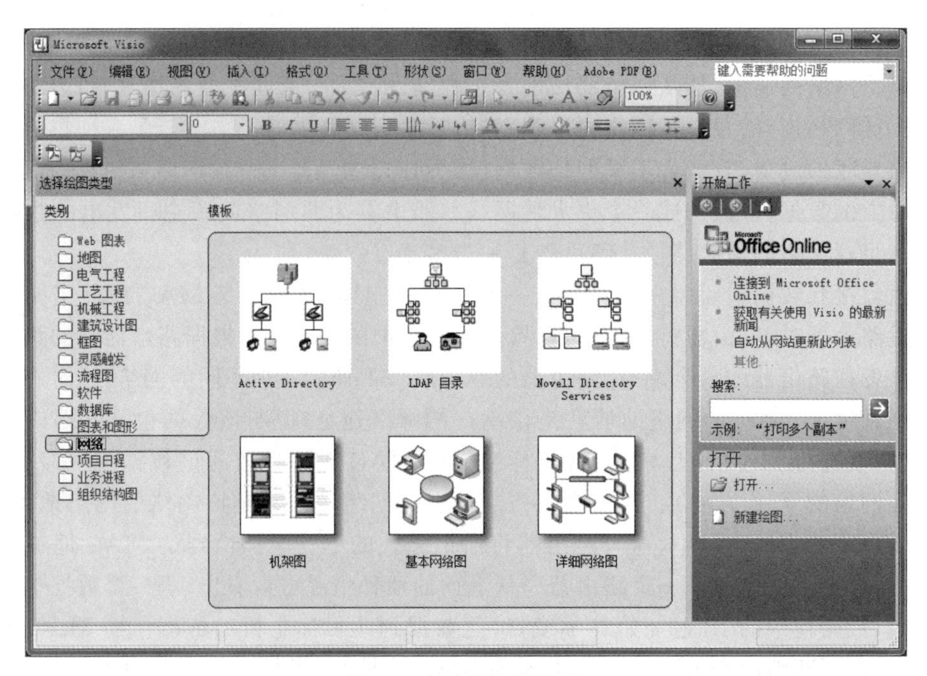

图 1-19　选择绘图类型

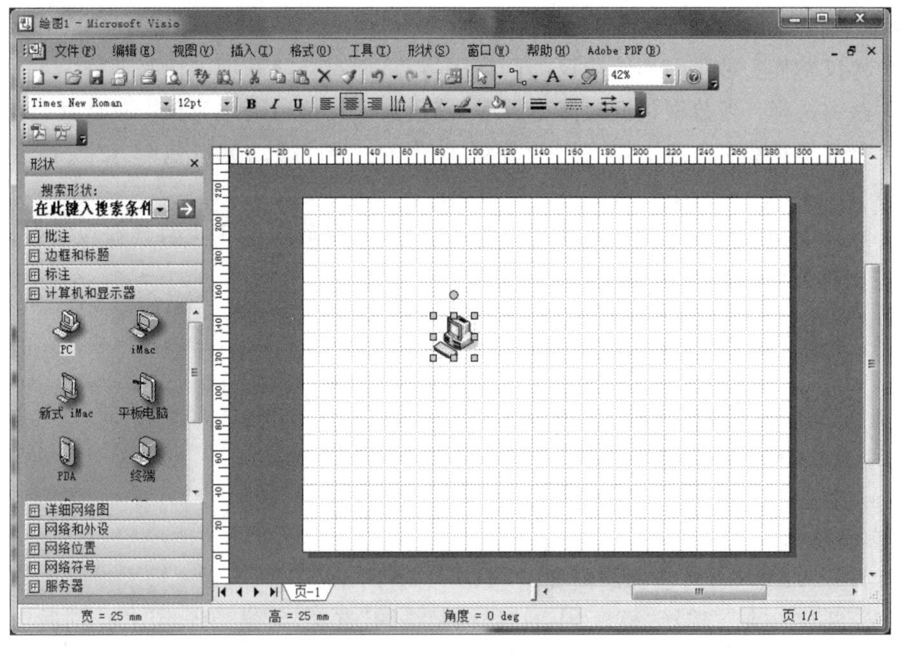

图 1-20　绘图页添加图形

转该图形元素;这时将鼠标指针移动到图形元素中央,指针呈圆圈加十字形状,按住鼠标左键的同时移动,可以改变图形元素的旋转中心位置。

(6) 添加或修改图形元素标注文字。

(7) 图形元素连接。移动图形元素,连接线会自动延长或修改,如图 1-21 所示。

(8) 选择 PC 图形元素,右击,在弹出的快捷菜单中选择“形状”→“置于顶层”命令。

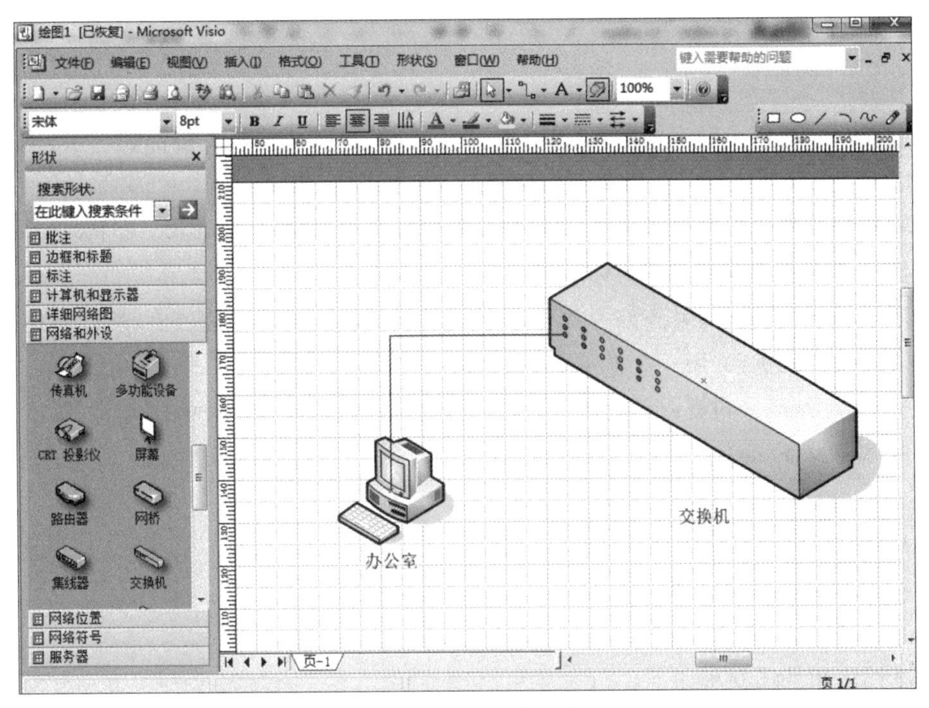

图 1-21 图形元素连接

(9) 用上述方法绘制其他内容。再拖入两个 PC 图形元素,按照上面的方法绘制图形,并且在两个 PC 图形元素中间绘制省略号。

(10) 多个图形元素的选择及组合,如图 1-22 所示。

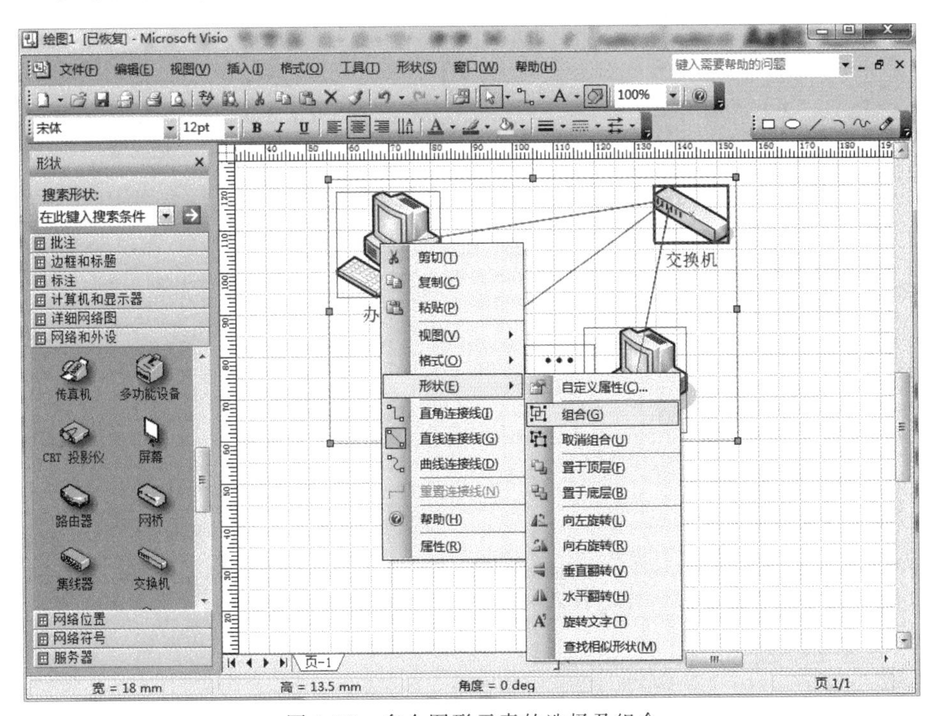

图 1-22 多个图形元素的选择及组合

自主练习部分

某公司一共租用了写字楼的两层，有 5 个部门，工程部和技术支持部在一层，每个部门 30 个信息点；市场部、总务部、财务部在现两层，共 25 个信息点。

绘制拓扑结构图时没有必要将所有的信息点画出来，简单地画出 2～3 个标示即可，但是各个信息点之间的逻辑关系要标示清楚。

由于市场部、总务部、财务部一共有 25 个信息点，并且在同一楼层上，所以不用每个部门都配置一个交换机，共用一个就可以了。

服务器方面，该公司有内部的服务器，并且访问因特网需要相关的服务器，所以要绘制相关的服务器设备。

1. 想一想，论一论

(1) 该拓扑结构是什么类型的拓扑结构？

(2) 交换机、路由器是节点吗？

2. 项目实施的要求

基本网络拓扑图要求如下。

(1) 绘制页面大小为 A4。

(2) 每个元素都有标注。

(3) 尽量不出现连接线交叉、图形重叠现象。

(4) 输出格式为.vsd。

网络拓扑结构如图 1-23 所示。

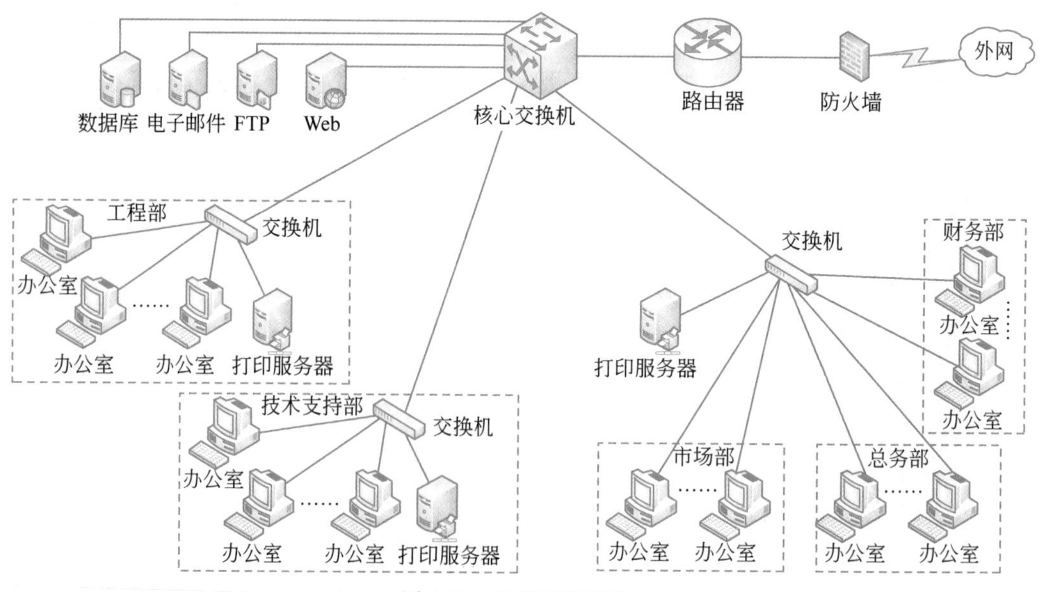

图 1-23 网络拓扑结构

项目2　网络维护

学习目标

(1) 掌握 ping 命令的使用方法。
(2) 掌握 netstat 命令的使用方法。
(3) 掌握 ipconfig 命令的使用方法。
(4) 掌握 arp 命令的使用方法。
(5) 掌握 nbtstat 命令的使用方法。
(6) 掌握 route 命令的使用方法。
(7) 掌握 Wireshark 分析软件的使用方法。
(8) 掌握 Sniffer 分析软件的使用方法。

任务 2.1　ping 命令的使用

知识目标

掌握 ping 命令的使用方法。

技能目标

能独立使用 ping 命令。

职业素质目标

(1) 培养与人合作的意识。
(2) 能正确表达自己的思想，学会理解和分析问题。

任务实施

2.1.1　知识准备

ping(Packet InterNet Groper)是一个使用频率极高的 ICMP 协议的程序，用于确定本地主机能否与另一台主机交换(发送与接收)数据报。根据返回的信息，就可以推断 TCP/IP 参数设置是否正确以及运行是否正常。需要注意的是，成功地与另一台主机进行一次或两次数据报交换并不表示 TCP/IP 配置就是正确的，必须执行大量的本地主机与远程主机的数据报交换，才能确定 TCP/IP 的正确性。当然，对方也有可能通过防火墙等设置对 ping

包进行阻挡。

简单地说，ping 就是一个连通性测试程序，如果能 ping 通目标，就可以排除网络访问层、网卡、线缆和路由器等存在的故障；如果 ping 目标 A 通而 ping 目标 B 不通，则网络故障发生在 A 与 B 之间的链路上或 B 上，从而缩小了故障的范围。如果目标 B 设置了对 ping 包的阻挡，也是 ping 不通的，但并不存在网络故障。

按照默认设置，Windows 上运行的 ping 命令发送 4 个 ICMP（Internet Control Message Protocol，网际控制报文协议）回送请求，每个 32Byts 数据，如果一切正常，应能得到 4 个回送应答。ping 能够以毫秒为单位显示发送回送请求到返回回送应答之间的时间量。如果应答时间短，表示数据报不必通过太多的路由器或网络连接速度比较快。ping 还能显示 TTL（Time To Live，存在时间）值，可以通过 TTL 值推算一下数据包已经通过了多少个路由器。TTL 的初值通常是系统默认值，是包头中的 8 位的域。TTL 的最初设想是确定一个时间范围，超过此时间就把包丢弃。由于经过每个路由器都至少要把 TTL 域减 1，TTL 通常表示包在被丢弃前最多能经过的路由器个数。当计数到 0 时，路由器决定丢弃该包，并发送一个 ICMP 报文给最初的发送者。

2.1.2 实验过程

1. ping 检测网络故障的典型步骤

正常情况下，当使用 ping 命令来查找问题所在或检验网络运行情况时，需要执行多次 ping 命令，如果所有都运行正确，就可以相信基本的连通性和配置参数没有问题；如果某些 ping 命令出现运行故障，它也可以指明到何处去查找问题。下面给出一个典型的检测次序及对应的可能故障。

1）ping 127.0.0.1

ping 环回地址，验证是否在本地计算机上正确地安装 TCP/IP 协议。

2）ping 本机 IP

这个命令被送到计算机所配置的 IP 地址，计算机始终都应该对该 ping 命令做出应答，如果没有，则表示本地配置或安装存在问题。

3）ping 局域网内其他 IP

这个命令应该离开用户的计算机，经过网卡及网络线缆到达其他计算机，再返回。收到回送应答表明本地网络中的网卡和载体运行正确。但如果收到 0 个回送应答，那么表示子网掩码（进行子网分割时，将 IP 地址的网络部分与主机部分分开的代码）不正确或网卡配置错误或电缆系统有问题。

4）ping 网关 IP

这个命令如果应答正确，则表示局域网中的网关路由器正在运行并能够做出应答。

5）ping 远程 IP

如果收到 4 个应答，则表示成功地使用了默认网关。

6）ping localhost

localhost 是操作系统的网络保留名，它是 127.0.0.1 的别名，每台计算机都应该能够将该名字转换成该地址。如果没有做到这一点，则表示主机文件（Windows/host）中存在问题。

7) ping www.×××.com(如 www.163.com 网易)

执行 ping www.×××.com 地址,通常是通过 DNS 域名服务器解析域名,如果这里出现故障,则表示本机 DNS 的 IP 地址配置不正确或 DNS 服务器有故障(对于拨号上网用户,某些 ISP 已经不需要设置 DNS 服务器)。另外,也可以利用该命令实现域名对 IP 地址的转换功能。

如果上面所列出的所有 ping 命令都能正常运行,那么对自己的计算机进行本地和远程通信的功能基本就可以放心了。但是,这些命令的成功并不表示所有的网络配置都没有问题,例如,某些子网掩码错误就可能无法用这些方法检测到。

2. ping 命令的常用参数选项

(1) -t:对指定的计算机一直进行 ping 操作,直到按 Ctrl+C 组合键中断为止。

(2) -a:将 IP 地址解析为计算机 NetBIOS 名称。

(3) -n:发送指定数量的 ECHO 数据包。这个命令可以自定义发送数据包的个数,对测试网络速度有帮助,默认值为 4。

(4) -l size Send buffer size:定义 echo 数据包大小,在默认的情况下,Windows 的 ping 发送的数据包大小为 32Byts。也可以自己定义它的大小,如 64Byts,但最大不能超过 65500Byts。

(5) -i TTL Time To Live:指定 TTL 值,TTL 的作用是限制 IP 数据包在计算机网络中存在的时间。TTL 的最大值是 255,TTL 的一个推荐值是 64。

3. ping 命令返回结果

如果 ping 命令成功连接到对方,则显示图 2-1(Windows 7 系统)所示结果。

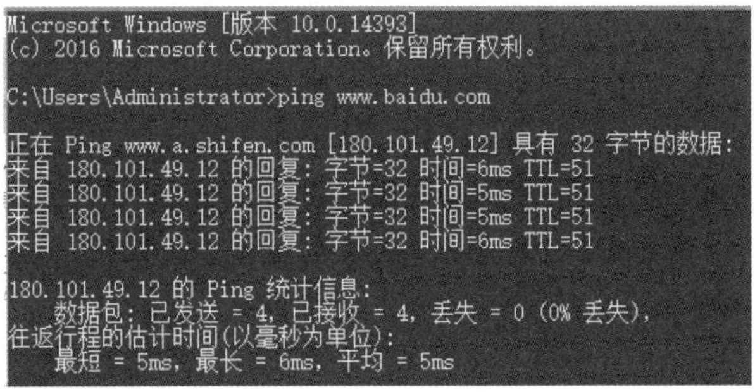

```
Microsoft Windows [版本 10.0.14393]
(c) 2016 Microsoft Corporation。保留所有权利。

C:\Users\Administrator>ping www.baidu.com

正在 Ping www.a.shifen.com [180.101.49.12] 具有 32 字节的数据:
来自 180.101.49.12 的回复: 字节=32 时间=6ms TTL=51
来自 180.101.49.12 的回复: 字节=32 时间=5ms TTL=51
来自 180.101.49.12 的回复: 字节=32 时间=5ms TTL=51
来自 180.101.49.12 的回复: 字节=32 时间=6ms TTL=51

180.101.49.12 的 Ping 统计信息:
    数据包: 已发送 = 4, 已接收 = 4, 丢失 = 0 (0% 丢失),
往返行程的估计时间(以毫秒为单位):
    最短 = 5ms, 最长 = 6ms, 平均 = 5ms
```

图 2-1 ping 命令连接成功显示结果

如果连接对方不成功,则返回以下几种显示结果。

(1) request timed out(请求超时,无响应)。这是常见的提示信息,一般有以下几种情况。

- 对方已经关机,或者网络上不存在该地址。
- 对方与自己不在同一网段内,通过路由也无法找到对方,但有时对方确实是存在的。
- 对方确实存在,但设置了 ICMP 数据包过滤(如防火墙设置)。判断对方是否存在,可以用带参数-a 的 ping 命令探测对方,如果能得到对方的 NetBIOS 名称,则说明对方是存在的,且有防火墙设置;如果得不到,多半是对方不存在或关机,或不在同一网段内。
- 错误设置 IP 地址。正常情况下,一台主机应该有一个网卡、一个 IP 地址,或多个网卡、多个 IP 地址(这些地址一定要处于不同的 IP 子网)。但如果一台计算机的 TCP/IP 设置中,设置了一个与网卡 IP 地址处于同一子网的 IP 地址,这样在 IP 层协议看来,这台主机就有两个不同的接口处于同一网段内。

(2) destination host unreachable(目的主机不可达)。一般有以下两种情况。

- 对方与自己不在同一网段内,而自己又未设置默认的路由。
- 网线出了故障。

这里要说明一下 destination host unreachable 和 time out 的区别,如果所经过的路由器的路由表中具有到达目标的路由,而目标因为其他原因不可到达,这时会出现 time out;如果路由表中连到达目标的路由都没有,就会出现 destination host unreachable。

(3) bad IP address("坏"的 IP 地址)。这个信息表示可能没有连接到 DNS 域名服务器,所以无法解析这个 IP 地址,也可能是 IP 地址不存在。

(4) source quench received(接收源终止)。这个信息比较特殊,它出现的概率很小,表示对方或中途的服务器繁忙,无法回应。

(5) unknown host(不知名主机)。这种出错信息的意思是,该远程主机的名字不能被域名服务器(DNS)转换成 IP 地址。故障原因可能是域名服务器有故障,或者其名字不正确,或者网络管理员的系统与远程主机之间的通信线路有故障。

(6) no answer(无响应)。这种故障说明本地系统有一条通向中心主机的路由,但却接收不到它发给该中心主机的任何信息。故障原因可能是下列之一:中心主机没有工作;本地或中心主机网络配置不正确;本地或中心的路由器没有工作;通信线路有故障;中心主机存在路由选择问题。

(7) ping127.0.0.1(127.0.0.1 是本地循环地址)。如果本地址无法 ping 通,则表明本地机 TCP/IP 协议不能正常工作。

(8) no rout to host(网卡工作不正常)。

(9) transmit failed,error code(10043 网卡驱动不正常)。

自主练习部分

(1) ping 本机 IP 地址。

(2) ping 局域网内其他计算机 IP 地址。

(3) ping 搜狐公司域名 www.sohu.com,得出其对应的 IP 地址为________。

任务 2.2 netstat 命令的使用

知识目标

掌握 netstat 命令的使用方法。

技能目标

能独立使用 netstat 命令。

职业素质目标

（1）培养与人合作的意识。

（2）能正确表达自己的思想，学会理解和分析问题。

任务实施

2.2.1 知识准备

netstat 命令用于显示与 IP、TCP、UDP 和 ICMP 协议相关的统计数据，一般用于检验本机各端口的网络连接情况，计算机有时接收到的数据报会导致出错（数据删除或故障），TCP/IP 可以容许这些类型的错误，并能够自动重发数据报。但如果累计的出错情况数目占到所接收的 IP 数据报相当大的百分比，或者出错的数目正迅速增加，那么就应该使用 netstat 命令查一查为什么会出现这些情况。

2.2.2 实验过程

1. netstat 命令格式

在 Windows 环境下，netstat 命令的语法格式为

```
netstat [-a] [-b] [-e] [-n] [-o] [-p protocol] [-r] [-s] [-v] [-internval]
```

netstat 命令的常用参数含义说明如下。

（1）-a：显示一个所有的有效连接信息列表，包括已建立的连接（established），也包括监听连接请求（listening）的连接。

（2）-e：用于显示关于以太网的统计数据。它列出的项目包括传送的数据报的总字节数、错误数、删除数、数据报的数量和广播的数量。这些统计数据既有发送的数据报数量，也有接收的数据报数量。该选项可以用来统计一些基本的网络流量。

（3）-n：显示所有已建立的有效连接。

（4）-s：显示每个协议的统计。默认情况下，显示 IP、IPv6、ICMP、ICMPv6、TCP、TCPv6、UDP 和 UDPv6。

（5）-t：能够按照各个协议分别显示其统计数据。如果应用程序（如 Web 浏览器）运行速度比较慢，或者不能显示 Web 页之类的数据，那么就可以用该选项来查看所显示的信息。需要仔细查看统计数据的各行，找到出错的关键字，进而确定问题所在。

（6）-r：可以显示关于路由表的信息，除了显示有效路由外，还显示当前有效的连接。

2. netstat 命令的典型应用

（1）-e：显示关于以太网的统计数据。显示结果如图 2-2 所示。

（2）-n：显示所有已建立的有效连接。显示结果如图 2-3 所示。

```
Microsoft Windows [版本 10.0.14393]
(c) 2016 Microsoft Corporation。保留所有权利。

C:\Users\Administrator>netstat -e
接口统计

                          接收的            发送的

字节                    792006664         480171762
单播数据包              934174          1382923
非单播数据包          297532           8544
丢弃                         0                 0
错误                           0                 0
未知协议                0
```

图 2-2　netstat -e 命令的显示结果

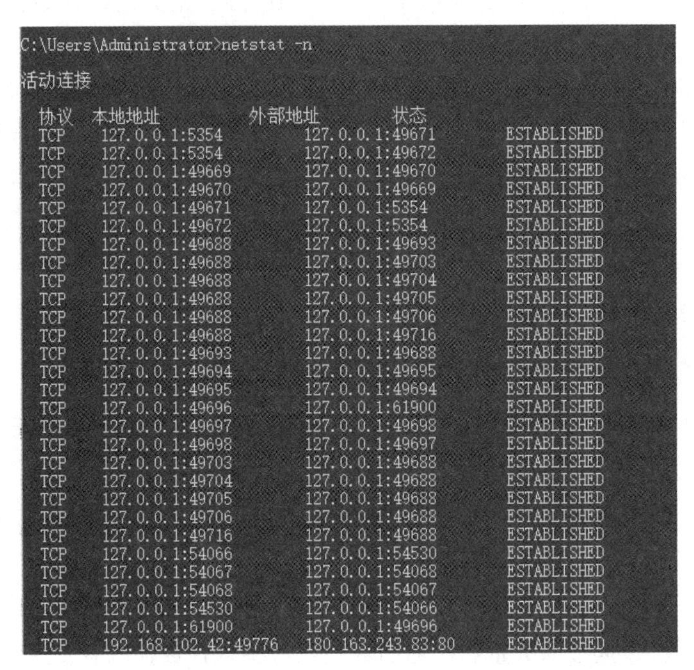

```
C:\Users\Administrator>netstat -n

活动连接

  协议  本地地址              外部地址          状态
  TCP    127.0.0.1:5354         127.0.0.1:49671        ESTABLISHED
  TCP    127.0.0.1:5354         127.0.0.1:49672        ESTABLISHED
  TCP    127.0.0.1:49669        127.0.0.1:49670        ESTABLISHED
  TCP    127.0.0.1:49670        127.0.0.1:49669        ESTABLISHED
  TCP    127.0.0.1:49671        127.0.0.1:5354         ESTABLISHED
  TCP    127.0.0.1:49672        127.0.0.1:5354         ESTABLISHED
  TCP    127.0.0.1:49688        127.0.0.1:49693        ESTABLISHED
  TCP    127.0.0.1:49688        127.0.0.1:49703        ESTABLISHED
  TCP    127.0.0.1:49688        127.0.0.1:49704        ESTABLISHED
  TCP    127.0.0.1:49688        127.0.0.1:49705        ESTABLISHED
  TCP    127.0.0.1:49688        127.0.0.1:49706        ESTABLISHED
  TCP    127.0.0.1:49688        127.0.0.1:49716        ESTABLISHED
  TCP    127.0.0.1:49693        127.0.0.1:49688        ESTABLISHED
  TCP    127.0.0.1:49694        127.0.0.1:49695        ESTABLISHED
  TCP    127.0.0.1:49695        127.0.0.1:49694        ESTABLISHED
  TCP    127.0.0.1:49696        127.0.0.1:61900        ESTABLISHED
  TCP    127.0.0.1:49697        127.0.0.1:49698        ESTABLISHED
  TCP    127.0.0.1:49698        127.0.0.1:49697        ESTABLISHED
  TCP    127.0.0.1:49703        127.0.0.1:49688        ESTABLISHED
  TCP    127.0.0.1:49704        127.0.0.1:49688        ESTABLISHED
  TCP    127.0.0.1:49705        127.0.0.1:49688        ESTABLISHED
  TCP    127.0.0.1:49706        127.0.0.1:49688        ESTABLISHED
  TCP    127.0.0.1:49716        127.0.0.1:49688        ESTABLISHED
  TCP    127.0.0.1:54066        127.0.0.1:54530        ESTABLISHED
  TCP    127.0.0.1:54067        127.0.0.1:54068        ESTABLISHED
  TCP    127.0.0.1:54068        127.0.0.1:54067        ESTABLISHED
  TCP    127.0.0.1:54530        127.0.0.1:54066        ESTABLISHED
  TCP    127.0.0.1:61900        127.0.0.1:49696        ESTABLISHED
  TCP    192.168.102.42:49776   180.163.243.83:80      ESTABLISHED
```

图 2-3　netstat -n 命令的显示结果

自主练习部分

（1）使用 netstat 命令实现本机显示以太网统计信息，如发送和接收的字节数、数据包数等相关信息。

（2）使用 netstat 命令实现本机每 5s 显示一次活动的 TCP 连接和进程 ID 信息。

任务 2.3　ipconfig 命令的使用

知识目标

掌握 ipconfig 命令的使用方法。

技能目标

能独立使用 ipconfig 命令。

职业素质目标

（1）培养与人合作的意识。

（2）能正确表达自己的思想，学会理解和分析问题。

任务实施

2.3.1　知识准备

ipconfig 命令显示当前所有的 TCP/IP 配置值（如 IP 地址、网关、子网掩码）、刷新动态主机配置协议（DHCP）和域名系统（DNS）设置。

在 Windows 环境下，ipconfig 命令的语法格式为

```
ipconfig [/all] [/renew [adapter]][/release [adapter]] [/flushdns] [/displaydns]
[/registerdns] [/showclassid adapter] [/setclassid adapter[classid]]
```

ipconfig 命令的常用参数含义说明如下。

（1）-all：显示所有适配器的完整 TCP/IP 配置信息。在没有该参数的情况下，ipconfig 只显示 IP 地址、子网掩码和各个适配器的默认网关值。

（2）/renew[adapter]：更新所有适配器（不带 adapter 参数）或特定适配器（带有 adapter 参数）的 DHCP 配置。该参数仅在具有配置为自动获取 IP 地址的网卡的计算机上使用。要指定适配器名称，输入使用不带参数的 ipconfig 命令显示的适配器名称。

（3）/release[adapter]：发送 DHCPRELEASE 消息到 DHCP 服务器，以释放所有适配器（不带 adapter 参数）或特定适配器（带有 adapter 参数）的当前 DHCP 配置并丢弃 IP 地址配置。该参数可以禁用配置为自动获取 IP 地址的适配器的 TCP/IP。要指定适配器名称，输入使用不带参数的 ipconfig 命令显示的适配器名称。

2.3.2　实验过程

ipconfig 命令最适用于配置为自动获取 IP 地址的计算机。它使用户可以确定哪些 TCP/IP 配置值是由 DHCP、自动专用 IP 寻址（APIPA）和其他配置方式设置的。

如果 Adapter 名称包含空格，要在该适配器名称两边使用引号（即 Adapter 名称）。

对于适配器名称，ipconfig 可以使用星号（*）通配符字符指定名称为指定字符串开头的适配器，或名称包含有指定字符串的适配器。例如，Local * 可以匹配所有以字符串 Local 开头的适配器，而 * Con * 可以匹配所有包含字符串 Con 的适配器。

（1）使用带/all 选型的 ipconfig 命令，给出所有接口的详细配置信息，如本机 IP 地址、子网掩码、网关、DNS、硬件地址（MAC 地址）等，显示结果如图 2-4 所示。

（2）对于启动 DHCP 的客户端，使用 ipconfig/renew 命令可以刷新配置，向 DHCP 服

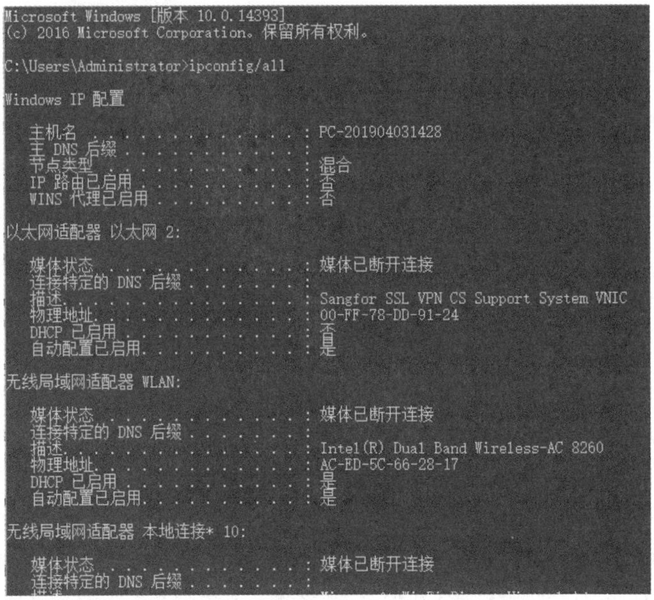

```
Microsoft Windows [版本 10.0.14393]
(c) 2016 Microsoft Corporation。保留所有权利。

C:\Users\Administrator>ipconfig/all

Windows IP 配置

   主机名  . . . . . . . . . . . . . : PC-201904031428
   主 DNS 后缀 . . . . . . . . . . . :
   节点类型  . . . . . . . . . . . . : 混合
   IP 路由已启用 . . . . . . . . . . : 否
   WINS 代理已启用 . . . . . . . . . : 否

以太网适配器 以太网 2:

   媒体状态  . . . . . . . . . . . . : 媒体已断开连接
   连接特定的 DNS 后缀 . . . . . . . :
   描述. . . . . . . . . . . . . . . : Sangfor SSL VPN CS Support System VNIC
   物理地址. . . . . . . . . . . . . : 00-FF-78-DD-91-24
   DHCP 已启用 . . . . . . . . . . . : 否
   自动配置已启用. . . . . . . . . . : 是

无线局域网适配器 WLAN:

   媒体状态  . . . . . . . . . . . . : 媒体已断开连接
   连接特定的 DNS 后缀 . . . . . . . :
   描述. . . . . . . . . . . . . . . : Intel(R) Dual Band Wireless-AC 8260
   物理地址. . . . . . . . . . . . . : AC-ED-5C-66-28-17
   DHCP 已启用 . . . . . . . . . . . : 是
   自动配置已启用. . . . . . . . . . : 是

无线局域网适配器 本地连接* 10:

   媒体状态  . . . . . . . . . . . . : 媒体已断开连接
   连接特定的 DNS 后缀 . . . . . . . :
```

图 2-4　ipconfig/all 命令的显示结果

务器重新租用一个 IP 地址，大多数情况下网卡将被重新赋予和以前所赋予的相同的 IP 地址，如图 2-5 所示。

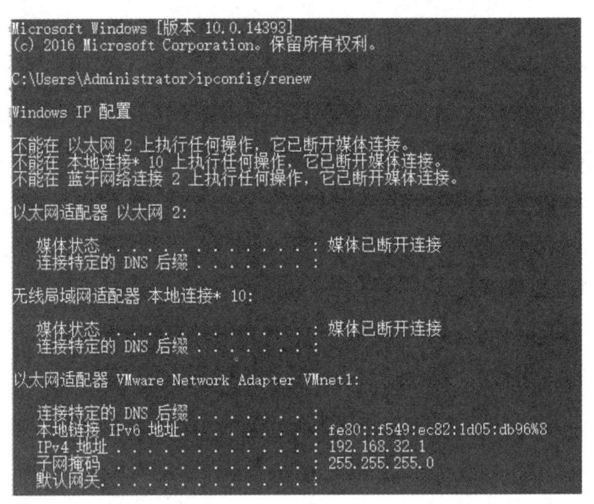

图 2-5　ipconfig/renew 命令的显示结果

自主练习部分

(1) 利用 ipconfig 命令实现显示本机的 IP 地址、子网掩码及默认网关，并完成表 2-1。

表 2-1　本机 IP 地址、子网掩码及默认网关

IP 地址	
子网掩码及默认网关	

(2) 利用 ipconfig 命令实现显示本机访问站点的域名与 IP 地址解析表,并完成表 2-2。

表 2-2 本机访问站点的域名及 IP 地址解析表

记录名称	
记录类型	
生存时间	
数据长度	
部分	
A(主机)记录	

任务 2.4 arp 命令的使用

知识目标

掌握 arp 命令的使用方法。

技能目标

能独立使用 arp 命令。

职业素质目标

(1) 培养与人合作的意识。
(2) 能正确表达自己的思想,学会理解和分析问题。

任务实施

2.4.1 知识准备

ARP(Address Resolution Protocol)是一个重要的 TCP/IP 协议,对应的 arp 命令用于查看和绑定 IP 地址和网卡物理地址。使用 arp 命令能够查看本地计算机或另一台计算机的 arp 高速缓存中的当前内容。此外,使用 arp 命令也可以用人工方式输入静态的网卡物理 IP 地址对,可以使用这种方式为默认网关和本地服务器等常用主机进行绑定,有助于减少网络上的信息量。

按照默认设置,arp 高速缓存中的项目是动态的,每当发送一个指定地点的数据报且高速缓存中不存在当前项目时,arp 便会自动添加该项目。一旦高速缓存的项目被输入,它们就已经开始走向失效状态,失效时间为 2～10min 不等。因此,如果 arp 高速缓存中的项目很少或根本没有时,请不要奇怪,通过另一台计算机或路由器的 ping 命令即可添加。所以需要通过 arp 命令查看高速缓存中的内容时,最好先 ping 此台计算机(不能是本机发送 ping 命令)。

2.4.2 实验过程

1. arp 命令格式

在 Windows 环境下，arp 命令的语法格式为

```
arp [-a [InetAddr] [-N IfaceAddr] [-g InetAddr] [-N IfaceAddr]] [-d InetAddr
[IfaceAddr]] [-s InetAddr EtherAddr [IfaceAddr]]
```

arp 命令的常用参数含义说明如下。

(1) -s：向 arp 高速缓存中人工输入一个静态项目。其目的是让 IP 地址对应的 MAC 地址静态化，这样病毒或攻击者就无法伪造 MAC 地址而破坏局域网。

(2) -d：删除指定的 IP 地址项。

(3) -a：用于查看高速缓存中的所有项目。-a 和 -g 参数的结果是一样的，多年来 -g 一直是 UNIX 平台上用来显示 arp 高速缓存中所有项目的选型，而 Windows 用的是 arp -a(-a 可被视为 all，即全部的意思)，但它也可以接受比较传统的-g 选项。

(4) /?：在命令提示符下显示帮助。

2. arp 命令的应用

利用参数-a 查看高速缓存中的所有项目，如图 2-6 所示。

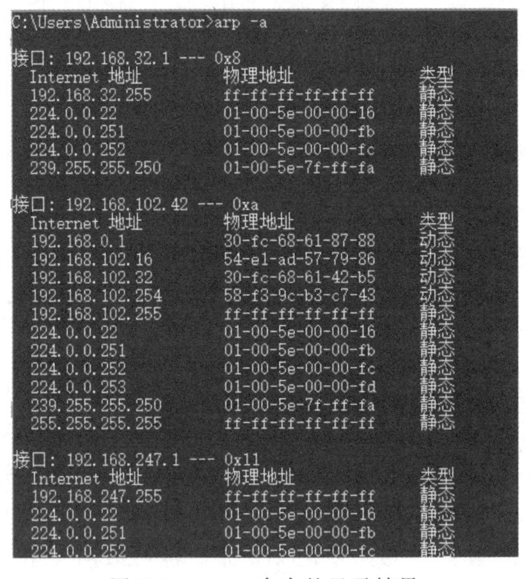

图 2-6 arp -a 命令的显示结果

自主练习部分

(1) 利用 ipconfig 命令查看本机 IP 地址，使用 arp 并显示本机 IP 地址的 ARP 解析记录。

(2) 利用 ipconfig 命令查看本机的 IP 地址及 MAC 地址，利用 arp 命令将本机地址加入 ARP 转换表，以绑定 IP 地址和网卡地址，防止 IP 被盗用，完成表 2-3。

表 2-3 本机 IP 地址及 MAC 地址

IP 地址	
MAC 地址	

任务 2.5 nbtstat 命令的使用

知识目标

掌握 nbtstat 命令的使用方法。

技能目标

能独立使用 nbtstat 命令。

职业素质目标

(1) 培养与人合作的意识。

(2) 能正确表达自己的思想,学会理解和分析问题。

任务实施

2.5.1 知识准备

使用 nbtstat 命令释放和刷新 NetBIOS 名称。nbtstat(TCPP 上的 NetBIOS 统计数据)实用程序用于提供关于 NetBIOS 的统计数据。运用 NetBIOS 可以查看本地计算机或远程计算机上的 NetBIOS 名称表格。

在 Windows 环境下,nbtstat 的语法格式为

```
nbtstat [-a RemoteName] [-A IP address] [-c] [-n] [-r] [-R] [-RR] [-s] [-S]
[interval]
```

nbtstat 命令的常用参数含义说明如下。

(1) -a:通过 RR 显示另一台计算机的物理地址和名字列表,所显示的内容就像对方计算机自己运行 nbtstat -n 一样。

(2) -c:显示高速缓存的内容。高速缓存用于存放与本计算机最近进行通信的其他计算机的 NetBIOS 名称和 IP 地址对。

(3) -n:显示寄存在本地的名字和服务程序。

(4) -r:用于清除和重新加载高速缓存。

(5) -s:显示使用其 IP 地址的另一台计算机的 NetBIOS 连接表。例如,在命令提示符下输入 nbtstat -RR,释放和刷新过程的进度以命令行输出的形式显示。该信息表明当前注

册在该计算机的 WINS 中的所有本地 NetBIOS 名称是否已经使用 WINS 服务器释放和续订了注册。

2.5.2 实验过程

1. nbtstat -n 命令的应用

本命令用于显示寄存在本地的名字和服务程序，如图 2-7 所示。

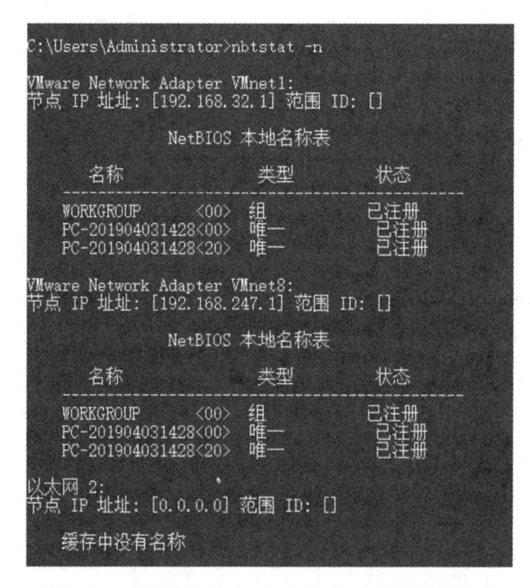

图 2-7 显示寄存在本地的名字和服务程序

2. nbtstat -r 命令的应用

本命令用于清除名称缓存，然后从 Lmhhosts 文件重新加载，如图 2-8 所示。

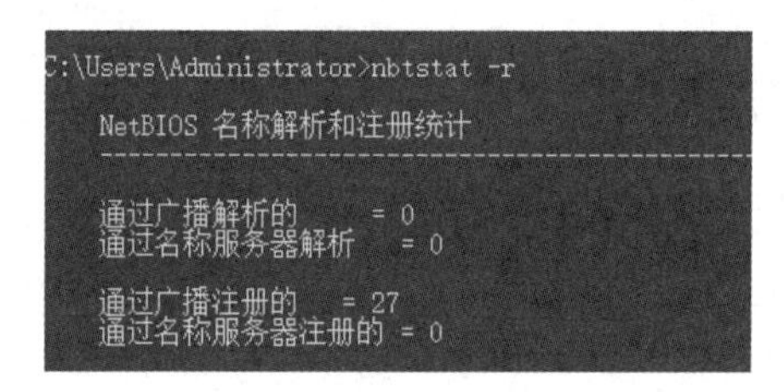

图 2-8 清除和重新加载高速缓存

自主练习部分

利用 nbtstat 命令查看同桌主机 IP 地址对应的 MAC 地址，完成表 2-4。

表 2-4 同桌主机的 IP 地址及 MAC 地址

对方主机 IP 地址	对方主机 MAC 地址

任务 2.6　route 命令的使用

知识目标

掌握 route 命令的使用方法。

技能目标

能独立使用 route 命令。

职业素质目标

(1) 培养与人合作的意识。

(2) 能正确表达自己的思想，学会理解和分析问题。

任务实施

2.6.1　知识准备

使用 route 命令行工具查看并编辑计算机的 IP 路由表。route 命令的语法格式为

```
route [-f] [-p] [command] [destination] [mask netmask] [gateway] [metric metric]
[if interface]
```

route 命令的常用参数含义说明如下。

(1) -f：清除所有网关入口的路由表。如果该参数与某个命令组合使用，路由表将在运行命令前清除。

(2) -p：与 add 命令一起使用时使路由具有永久性。该参数与 add 命令一起使用时，将使路由在系统引导程序之间持久存在。默认情况下，系统重新启动时不保留路由。与 print 命令一起使用时，显示已注册的持久路由列表。所有其他的命令都忽略此参数。

(3) command：指定要运行的命令，这些命令可以是 add、change、delete 或 print。其中，add 用于添加路由；change 用于更改现存路由；delete 用于删除路由；print 用于打印路由。

(4) destination：指定路由的网络目标地址。目标地址可以是一个 IP 网络地址（其中网络地址的主机地址位设置为 0），对于主机路由是 IP 地址，对于默认路由是 0.0.0.0。

(5) mask netmask：指定与网络目标地址相关联的网掩码（又称为子网掩码）。子网掩码对于 IP 网络地址可以是一适当的子网掩码，对于主机路由是 255.255.255.255，对于默认路由是 0.0.0.0。如果忽略，则使用子网掩码 255.255.255.255。定义路由时由于目标地址和子网掩码之间的关系，目标地址不能比它对应的子网掩码更为详细。或者说，如果子网掩码的一位是 0，则目标地址中的对应位就不能设置为 1。

(6) gateway：指定超过由网络目标和子网掩码定义的可达到的地址集的前一个或下

一个跃点 IP 地址。对于本地连接的子网路由，网关地址是分配给连接子网接口的 IP 地址；对于要经过一个或多个路由器才可用到的远程路由，网关地址是一个分配给相邻路由器的、可直接达到的 IP 地址。

(7) metric metric：为路由指定所需跃点数的整数值(范围是 1～999)，它用来在路由表里的多个路由中选择与转发包中的目标地址最为匹配的路由。所选的路由具有最少的跃点数。跃点数能够反映跃点的数量、路径的速度、路径可靠性、路径吞吐量以及管理属性。

(8) if interface：指定目标可以到达的接口的接口索引。使用 route print 命令可以显示接口及其对应接口索引的列表。对于接口索引可以使用十进制或十六进制的值。对于十六进制值，要在十六进制数的前面加上 0x。忽略 if 参数时，接口由网关地址确定。

路由表中 metric 一列的值较大是由于允许 TCP/IP 根据每个 LAN 接口的 IP 地址、子网掩码和默认网关的配置自动确定路由表中路由的跃点数造成的。默认启动的自动确定接口跃点数确定了每个接口的速度，调整了每个接口的路由跃点数，因此最快接口所创建的路由具有最低的跃点数。要删除大跃点数，需在每个 LAN 连接的 TCP/IP 协议的高级属性中禁用自动确定接口跃点数。

2.6.2 实验过程

1. route print 命令

本命令用于显示路由表中的当前项目在单路由器网段上的输出；由于用 IP 地址配置了网卡，因此所有这些项目都是自动添加的。route print 命令的显示结果如图 2-9 所示。

```
C:\Users\Administrator>route print
===========================================================================
接口列表
  2...02 00 4c 4f 4f 50 ......Npcap Loopback Adapter
 22...ac ed 5c 66 28 17 ......Intel(R) Dual Band Wireless-AC 8260
  4...ac ed 5c 66 28 18 ......Microsoft Wi-Fi Direct Virtual Adapter
 10...00 50 56 c0 00 01 ......VMware Virtual Ethernet Adapter for VMnet1
 12...54 e1 ad 5f 11 09 ......Intel(R) Ethernet Connection I219-V
 19...00 50 56 c0 00 08 ......VMware Virtual Ethernet Adapter for VMnet8
 25...ae ed 5c 66 28 17 ......Microsoft Wi-Fi Direct Virtual Adapter #2
 17...00 ff 78 dd 91 24 ......Sangfor SSL VPN CS Support System VNIC
  8...ac ed 5c 66 28 1b ......Bluetooth Device (Personal Area Network) #2
  1...........................Software Loopback Interface 1
  3...00 00 00 00 00 00 00 e0 Microsoft ISATAP Adapter
 16...00 00 00 00 00 00 00 e0 Microsoft Teredo Tunneling Adapter
 15...00 00 00 00 00 00 00 e0 Microsoft ISATAP Adapter #2
  9...00 00 00 00 00 00 00 e0 Microsoft ISATAP Adapter #4
  7...00 00 00 00 00 00 00 e0 Microsoft ISATAP Adapter #5
  6...00 00 00 00 00 00 00 e0 Microsoft ISATAP Adapter #6
===========================================================================

IPv4 路由表
===========================================================================
活动路由:
网络目标        网络掩码          网关       接口   跃点数
          0.0.0.0          0.0.0.0  192.168.102.254   192.168.102.30     35
        127.0.0.0        255.0.0.0            在链路上         127.0.0.1    331
```

图 2-9　route print 命令的显示结果

2. route add 命令

本命令用于将路由项目添加给路由表。例如，如果要设定一个到目的网络 209.98.32.33 的路由，其间要经过 5 个路由器网段，首先要经过本地网络上的一个路由器，路由器 IP 为 202.96.123.5，子网掩码为 255.255.255.224，那么应该输入以下命令：

```
route add 209.98.32.33 mask 255.255.255.224 202.96.123.5 metric5
```

3. route change 命令

本命令用于修改数据的传输路由，不过不能使用本命令来改变数据的目的地。下面这个例子可以将数据的路由改到另一个路由器，它采用一条包含 3 个网段的更直接的路径：

```
route add 209.98.32.33 mask 255.255.255.224 202.96.123.250 metric 3
```

4. route delete 命令

本命令用于从路由表中删除路由。例如，route delete 209.98.32.33。

例如，显示 IP 路由表的完整内容，应输入：

```
route print
```

显示 IP 路由表中以 10.开始的路由，应输入：

```
route print 10*
```

添加默认网关地址为 192.168.12.1 的默认路由，应输入：

```
route add 0.0.0.0 mask 0.0.0.0 192.168.12.1
```

添加目标为 10.41.0.0、子网掩码为 255.255.0.0、下一个跃点地址为 10.27.0.1 的路由，应输入：

```
route add 10.41.0.0 mask 255.255.0.0 10.27.0.1
```

添加目标为 10.41.0.0、子网掩码为 25.255.0.0、下一个跃点地址为 10.27.0.1 的永久路由，应输入：

```
route -p add 10.41.0.0 mask 255.255.0.0 10.27.0.1
```

添加目标为 10.41.0.0、子网掩码为 255.255.0.0、下一个跃点地址为 10.27.0.1、跃点数为 7 的路由，应输入：

```
route add 10.41.0.0 mask 255.255.0.0 10.27.0.1 metric 7
```

添加目标为 10.41.0.0、子网掩码为 255.255.0.0、下一个跃点地址为 10.27.0.1、接口索引为 0x3 的路由，应输入：

```
route add 10.41.0.0 mask 255.255.0.0 10.27.0.1 if 0x3
```

删除目标为 10.41.0.0、子网掩码为 255.255.0.0 的路由，应输入：

```
route delete 10.41.0.0 mask 255.255.0.0
```

删除 IP 路由表中以 10.开始的所有路由，应输入：

```
route delete 10.*
```

将目标为 10.41.0.0、子网掩码为 255.255.0.0 的路由的下一个跃点地址由 10.27.0.1 更改为 10.27.0.25，应输入：

```
route change 10.41.0.0 mask 255.255.0.0 10.27.0.25
```

自主练习部分

(1) 利用 route 命令查看本机路由表,实现显示本机 IP 路由表中以 10.开始的路由。

(2) 利用 route 命令查看本机路由表,实现删除本机 IP 路由表中以 10.开始的所有路由。

任务 2.7　Wireshark 分析软件的使用

知识目标

掌握 Wireshark 软件的使用。

技能目标

能独立使用 Wireshark 软件。

职业素质目标

(1) 培养与人合作的意识。

(2) 能正确表达自己的思想,学会理解和分析问题。

任务实施

2.7.1　知识准备

1. 认识 Wireshark

Wireshark 是常用的网络包分析工具。网络包分析工具的主要作用是尝试捕获网络包,并显示包的尽可能详细的情况。

网络分析通常分为四种方式:基于流量镜像协议分析、基于 SNMP 的流量监测技术、基于网络探针(Pobe)技术和基于流(Flow)的流量分析。而 Wireshark 就是基于流量镜像协议分析。流量镜像协议分析方式是把网络设备的某个端口(链路)流量镜像给协议分析仪,通过七层协议解码对网络流量进行监测。但该方法主要侧重于协议分析,而非用户流量访问统计和趋势分析,仅能对流经接口的数据包进行分析,无法满足大流量的抓包和趋势分析的要求。

Wireshark 是 Etheral 更高级的演进版本,包含 Win Pcap。它具有方便易用的图形界面和众多分类信息及过滤选项,是一款免费、开源的网络协议检测软件。Wireshark 通常运行在路由器或有路由功能的主机上,这样就能对大量的数据进行监控,几乎能得到以太网上传送的任何数据包。Wireshark 有 Wireshark-win32 和 Wireshark-win64 两个版本,前者为 32 位版本,后者为 64 位版本。Wireshark-win32 可在大多数计算机系统上运行,Wireshark-win64 必须安装在 64 位 CPU 的计算机和 64 位操作系统才可以。该软件可到

Wireshark 的官方网站 http://www.wireshark.org/download.html 下载最新版本。

Wireshark 不是入侵侦测软件。对于网络上的异常流量行为，Wireshark 不会产生警示或是任何提示。通过仔细分析 Wireshark 截取的数据包能够帮助使用者对于网络行为有更清楚的了解。Wireshark 没有数据包生成器，因而只能查看数据包而不能修改，它只会反映出被抓取的数据包信息，并对其内容进行分析。

在以太网或者其他共享网络介质中，以太网网卡是先接收到所有的数据帧然后与自身的 MAC 地址进行对比，再将目的 MAC 地址与自身一致或者为广播地址的数据帧提取并传送到上层。而物理网卡有一种混杂模式(promiscuous Mode)，可以把所有数据帧都接收并传到上层。Wireshark 就是根据这个原理，将网卡设置成混杂模式并抓取到所有共享网络中的数据帧。Wireshark 使用 tcpdump 和 Liunx 下的 libpcab 库直接同硬件驱动接触，可以不经过操作系统，保证了抓包速率和抓包的精确性，并可以通过图形界面浏览这些数据，可以查看到数据包中每一层的详细内容。Wireshark 包含有强大的显示过滤器语言与查看 TCP 会话重构流的能力，支持众多的协议种类。

2. Wireshark 的过滤规则

Wireshark 的使用主要有三个步骤：首先选择所要抓取的物理网卡，其次选择过滤规则，最后抓取数据包。通过单击抓取到的数据包，在下方的窗口中查看数据包头以及数据字段 Stop 等详细信息。使用者通过对相关协议知识的了解以及实验观察到的现象，对实验结果进行分析和论证，从而得出所有参数的含义。

启动 Wireshark，出现图 2-10 所示的窗口。

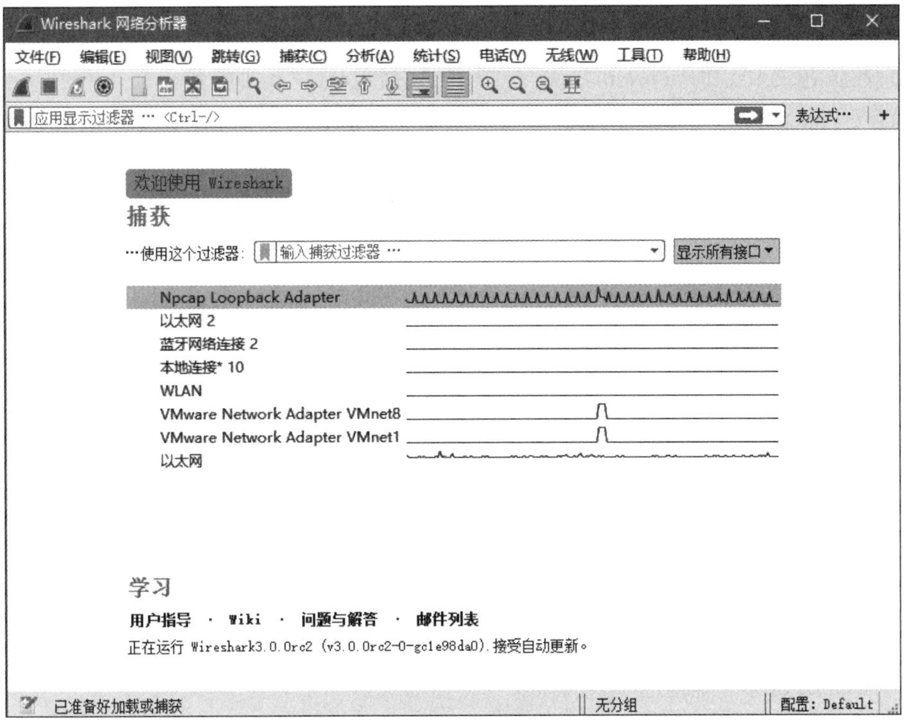

图 2-10 Wireshark 的主界面

Wireshark 的一个重要功能就是过滤器(Filter)。由于 Wireshark 所捕捉的数据较复杂,要想迅速、准确地获取人们需要的信息,就要使用过滤工具。可以有两次过滤:第一次是捕捉过滤,用来筛选需要的捕捉结果;第二次是显示过滤,只显示需要查看的结果。

Filter 位于主工具栏上,可按规则输入过滤条件。常用的过滤规则如下。

(1)按协议类型过滤。Wireshark 支持的协议包括 TCP、UDP、ARP、ICMP、HTTP、SMTP、FTP、DNS、MSN、IP、SSL、OCQ、BOOTP 等,例如只查看 HTTP 协议,则直接输入 http。

(2) 按 IP 地址过滤。若只要显示与指定 IP(如 192.168.0.123)通信的记录,则可输入 ip.addr==192.168.0.123。

如果要限制为只要从 192.168.0.123 来的记录,则输入 ip.src==192.168.0.123,而到 192.168.0.123 的记录则应输入 ip.dst==192.168.0.123。

(3) 按协议模式过滤。例如 HTTP 协议,可以针对 HTTP 的请求方式进行过滤,只显示发送 GET 或 POST 请求的过滤规则:http.request.method=="GET"或 http.request.method=="POST"。

(4) 按端口过滤。例如 tcp.port eq 80,不管端口是来源的还是目标的都只显示满足 tcp.port==80 条件的包。

(5) 按 MAC 地址过滤。例如以太网头过滤:

```
eth.dst=A0: 00: 00: 04: c5: 84          //过滤目标 mac
eth.arceqA0: 00: 00: 04: c5: 84         //过滤来源 mac
```

(6) 按包长度过滤。例如 udp.length==26,这个长度是指 udp 本身固定长度 8 加上 udp 下面数据包之和。而 tcp.len>=7 是指 IP 数据包(tcp 下面的数据),不包括 tcp 本身;ip.len==94 除了以太网头固定长度 14,其他都算是 ip.len,即从 IP 本身到最后;frame.len==119 是指整个数据包长度,从 eth 开始到最后,即 eth→Ip or arp→tcp or udp→data。

(7) 按参数过滤。例如按 TCP 参数过滤:

```
Tcp.flags                               //显示包含 TCP 标志的数据包
Tcp.flags. syn==0x02                    //显示包含 TCP SYN 标志的数据包
```

(8) 采用逻辑运算过滤。过滤语句可利用 &&(表示“与”)、||(表示“或”)和!(表示“非”)来组合使用多个限制规则,例如 http&&ip.dst==(192.168.0.123)||dns。再如要排除 arp 包,则使用! arp 或者 not arp。

在使用过滤器时,如果填入的过滤规则语法有误,背景色会变成红色;如果填入的过滤规则合法,则背景色是绿色的。为减少错误,可单击 Filter 通过会话窗口来使用过滤器。

配置包括 GLOBAL、ROUTING、SWITCHING、INTERFACE 四个大项。单击每项可以出现具体的子项列表(随设备不同而略有不同)。

2.7.2 实验过程

下面进行一次简单的数据包捕获。这里以 ARP 协议为例,演示数据的分析过程。首先启动监听(没有设置捕获过滤器),等过一段时间后,停止抓包。然后在显示过滤器输入

arp(注意是小写)作为过滤条件,然后按 Enter 键或者单击 Apply 按钮,筛选出 ARP 分组,某时刻抓到的 ARP 包如图 2-11 所示。

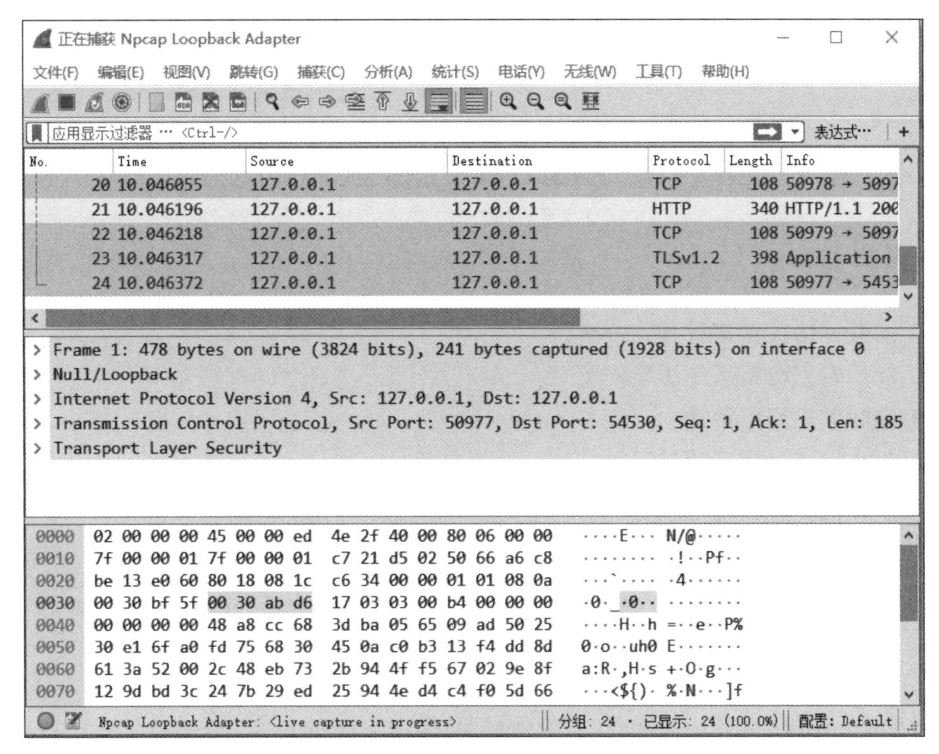

图 2-11 某时刻抓到的 ARP 包

Wireshark 的界面窗口主要分为三部分:最上面为数据包列表,用来显示截获的每个数据包的总结性信息;中间为协议树,用来显示选定的数据包所属的协议信息;最下面是以十六进制形式表示的数据包的内容,用来显示数据包在物理层上传输时的最终形式。

Wireshark 窗口的数据包列表的每一行都对应着网络上的单独一个数据包。默认情况下,每行会显示数据包的时间、源地址和目标地址,所使用的协议及关于数据包的一些信息通过单击此列表中的某一行,可以获悉更详细的信息。

中间的树状信息包含上部列表中选择的某数据包的详细信息。图标揭示了包含在数据包内的每一层信息的不同的细节内容。这部分的信息分布与查看的协议有关,一般包含物理层、数据链路层、网络层、传输层等各层信息。在物理层,可以得到线路的字节数和抓取到的字节数,还有抓包的时间(Arrival Time)和距离第一次抓包的间隔等信息。在数据链路层,可以得到源网卡物理地址和目的网卡物理地址,还有帧类型。在网络层,可以得到版本号、源 IP 和目的 IP,还有报头长度、包的总长度、TTL 和网络协议等信息。在传输层,可以得到源端口和目的端口,还有序列号和控制位等有效信息。

底部的窗格以十六进制及 ASCII 形式显示出数据包的内容,其内容对应于中部窗格的某一行。

登录个人邮箱，将邮箱地址作为目标地址，利用 Wireshark 抓取 ping 命令的完整通信过程的数据包。

任务 2.8 Sniffer 分析软件的使用

知识目标

(1) 捕获网络流量进行详细分析。
(2) 利用专家分析系统诊断问题。
(3) 实时监控网络活动。
(4) 收集网络利用率和错误等。

技能目标

能独立使用 Sniffer 软件对网络进行监测。

职业素质目标

(1) 培养与人合作的意识。
(2) 能正确表达自己的思想，学会理解和分析问题。

任务实施

2.8.1 知识准备

1. 认识 Sniffer 软件

Sniffer 中文翻译为嗅探器，是一种基于被动侦听原理的网络分析方式。使用这种技术方式，可以监视网络的状态、数据流动情况以及网络上传输的信息。当信息以明文的形式在网络上传输时，便可以使用网络监听的方式来进行攻击。将网络接口设置在监听模式，便可以将网上传输的源源不断的信息截获。Sniffer 技术常常被黑客们用来截获用户的口令，据说某个骨干网络的路由器网段曾经被黑客攻入，并嗅探到大量的用户口令。但实际上 Sniffer 技术被广泛地应用于网络故障诊断、协议分析、应用性能分析和网络 Sniffer 的分类。如果 Sniffer 运行在路由器上或有路由功能的主机上，就能对大量的数据进行监控，因为所有进出网络的数据包都要经过路由器。

2. Sniffer 软件的使用

1) 网络适配器的选择

在使用 Sniffer 软件之前必须要做的一项工作是为计算机选择合适的网络适配器，确定数据的接收渠道。用户可以通过命令 File/Select Settings 来实现，如图 2-12 所示。

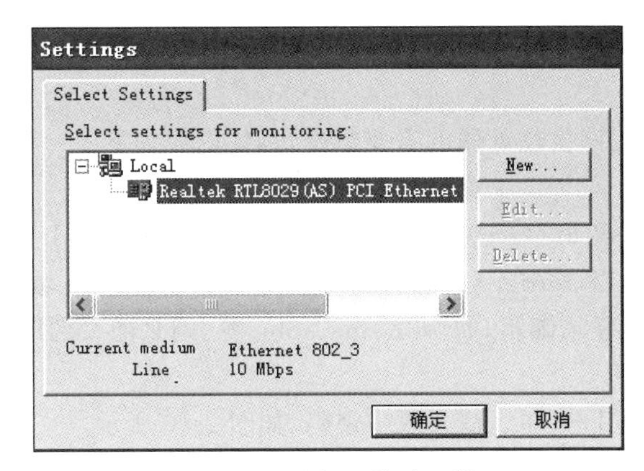

图 2-12 选择网络适配器

2）捕获报文

Sniffer 软件提供了两种最基本的网络分析操作，即报文捕获和网络性能监视，如图 2-13 所示。在这里首先对报文的捕获加以分析，其次去了解如何对网络性能进行监视。

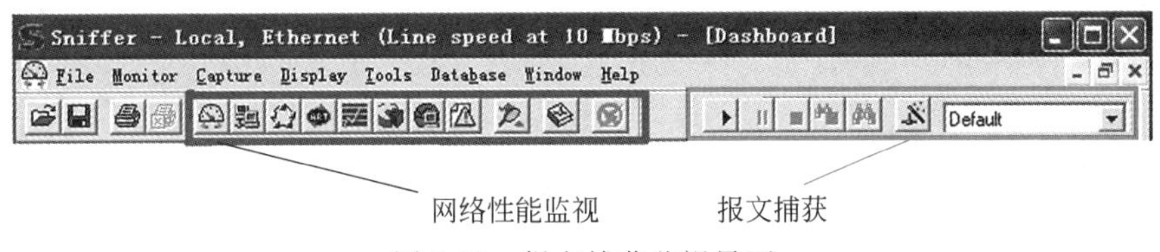

图 2-13 报文捕获监视界面

3）捕获面板

报文捕获可以在报文捕获面板中进行，如图 2-13 中蓝色标注区所示即为开始状态的报文捕获面板，其中各按钮功能如图 2-14 所示。

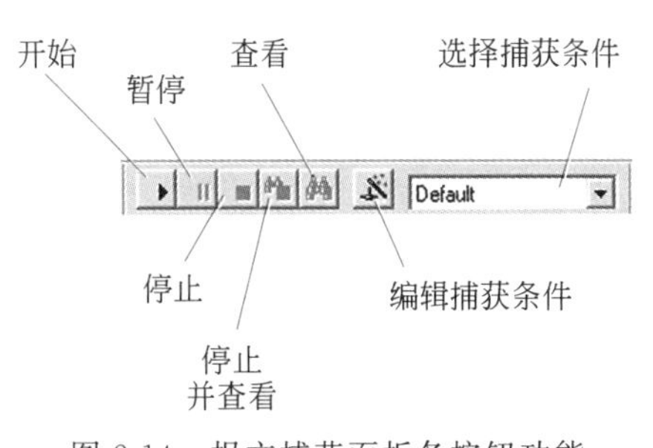

图 2-14 报文捕获面板各按钮功能

4）捕获过程的报文统计

在报文统计过程中可以通过单击 Capture Panel 按钮来查看捕获报文的数量和缓冲区的利用率，如图 2-15 所示。

Capture

Status			
# Seen	655454	# Accepted	8113
# Dropped	0	# Rejected	0
Buffer size	8 MB	Slice size	Whole
Buffer action	Wrap	Elapsed time	0:18:12
Saved file #	N/A	File wrap	N/A

Gauge Detail

图 2-15 捕获报文数量

2.8.2 实验过程

利用 Sniffer 捕获内网发往外网的重要数据，具体内容如下。

1. 实验要求

捕获条件可选择协议 dns(tcp)、http、pop、smtp，地址为本机 IP 到 any，登录学院信息门户或其他网络论坛。用 Sniffer 可找到用户名和密码，summary 域出现 POST，就可找到用户名和密码。如果是登录邮箱，如 163、sina、sohu 等，则只能看到用户名，密码是加密的。

2. 实验过程与分析

(1) 打开学院信息门户，在线输入账号密码，如图 2-16 所示。

图 2-16 输入账号密码

(2) 捕获条件可选择协议 dns(tcp)、http、pop、smtp，地址为本机 IP 到 any，如图 2-17 所示。

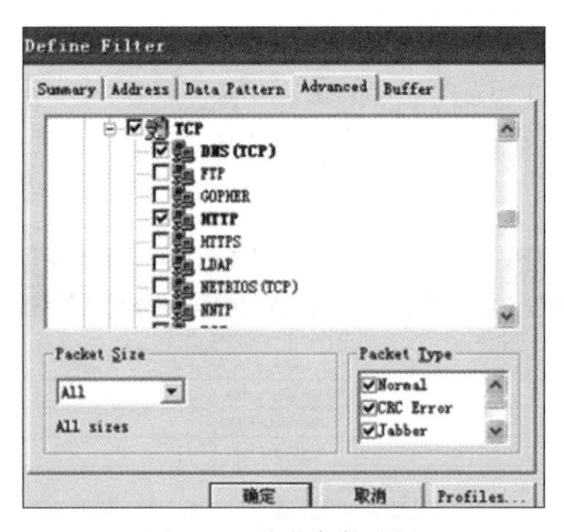

图 2-17 捕获条件选择

(3) Sniffer 开始捕获，在捕获的报文里右击 find frame。

(4) 搜索 POST，POST 为向服务器提交数据的 http 报文(一般为提交表单内容)，可定位到包含账号密码的报文，如图 2-18 所示。

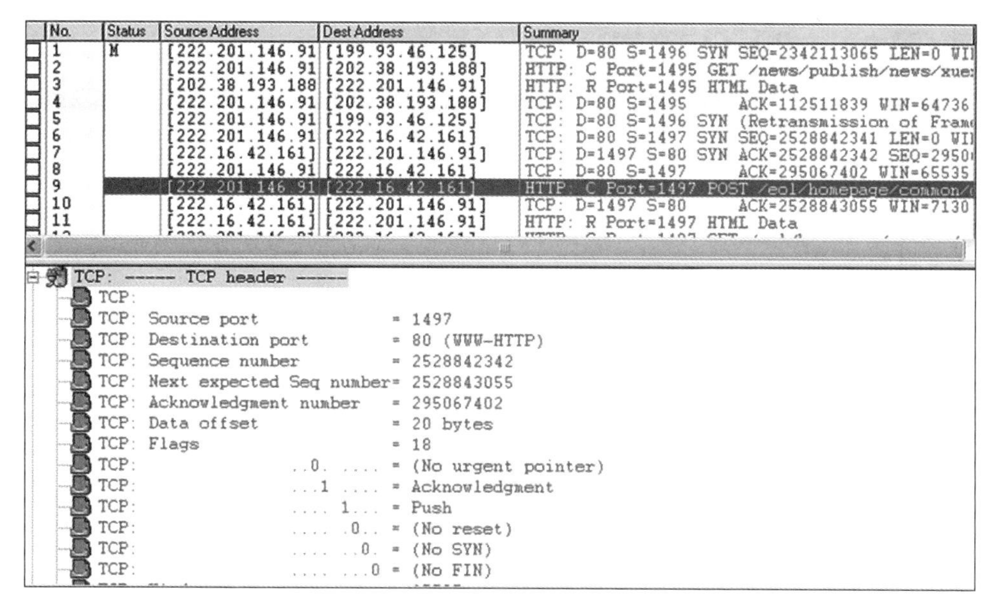

图 2-18　包含账号密码的报文

（5）图 2-19 所示是其 data 域内账号密码的内容，可知这里密码是没有加密的。

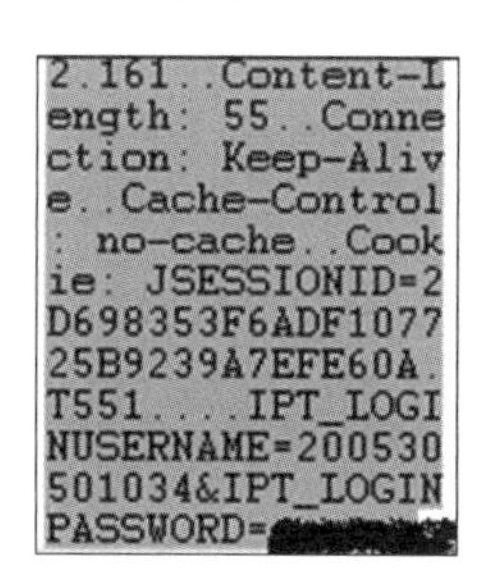

图 2-19　密码内容

自主练习部分

登录校园网账号，利用 Sniffer 软件抓取校园网账号密码。

项目3　架设和管理服务器

学习目标

（1）掌握 DNS 服务器的配置方法。

（2）掌握 Web 服务器的配置方法。

（3）掌握 Active Directory 服务器的配置方法。

（4）掌握 FTP 服务器的配置方法。

（5）掌握 DHCP 服务器的配置方法。

（6）掌握邮件服务器的配置方法。

任务 3.1　配置 DNS 服务器

知识目标

掌握 DNS 服务器的组建方法。

技能目标

能独立组建 DNS 服务器。

职业素质目标

（1）培养与人合作的意识。

（2）能正确表达自己的思想，学会理解和分析问题。

任务实施

3.1.1　知识准备

域名系统（Domain Name System，DNS）是互联网上使用的命名系统，用来把便于人们使用的机器名转化为 IP 地址。

任何连接到互联网上的主机都有一个唯一的层次结构的名字，即域名。每一个域名都是由标号序列组成的，各标号之间用点隔开，如 www.baidu.com 为百度的域名。域名的基本结构为“主机名.三级域名.二级域名.顶级域名”。

域名有助于人们记忆相关的网络地址，但网络中通信的计算机只识别 IP 地址，因此必须将域名转换为计算机能识别的 IP 地址。域名解析就是将域名转换为 IP 地址的过程，完成此过程的是 DNS 服务器，在 DNS 服务器上存储了与域名相对应的 IP 地址。

3.1.2　实验过程

1. 安装 DNS 服务器

如果用户使用 Windows Server 2008 作为计算机的操作系统，可以通过安装服务、协议与工具并正确地设置它们来把该计算机配置成 DNS 服务器，以便为网络中的客户机提供某项服务。

添加 DNS 服务的方法如下。

1）打开服务器管理器

选择“开始”→“管理工具”→“服务器管理器”命令，弹出图 3-1 所示的“服务器管理器”窗口。

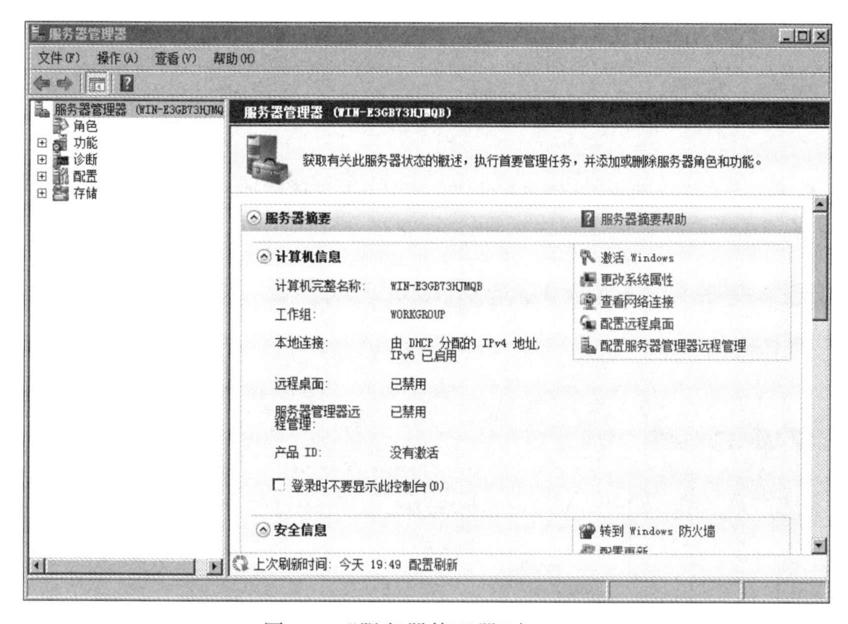

图 3-1　“服务器管理器”窗口(1)

2）添加 DNS 服务器角色

单击“角色”节点，如图 3-2 所示，在角色信息中单击“添加角色”按钮，弹出图 3-3 所示的“添加角色向导”界面，单击“下一步”按钮，弹出“选择服务器角色”对话框。

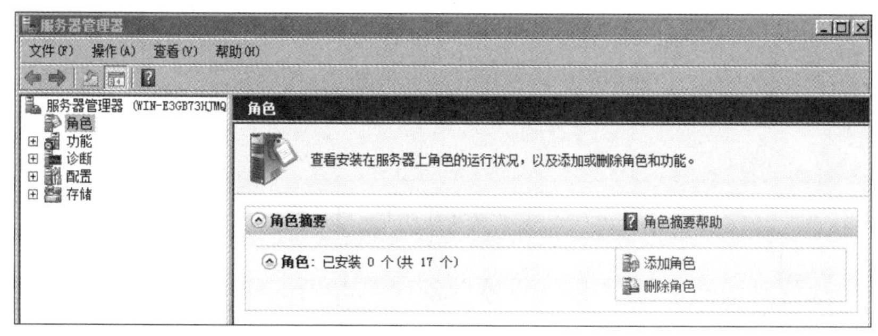

图 3-2　服务器角色

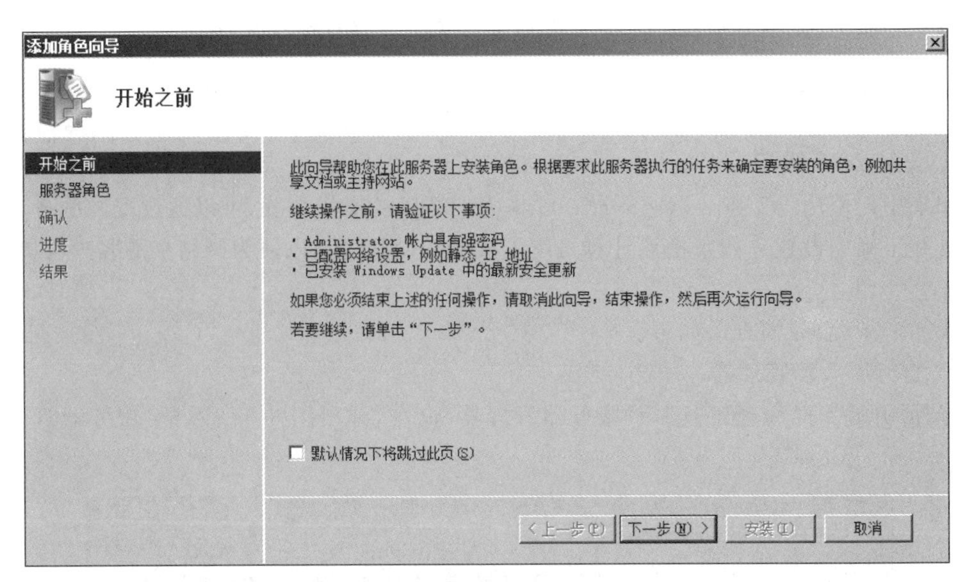

图 3-3 “添加角色向导”界面

在图 3-4 所示的“选择服务器角色”对话框中勾选“DNS 服务器”复选框，单击“下一步”按钮。

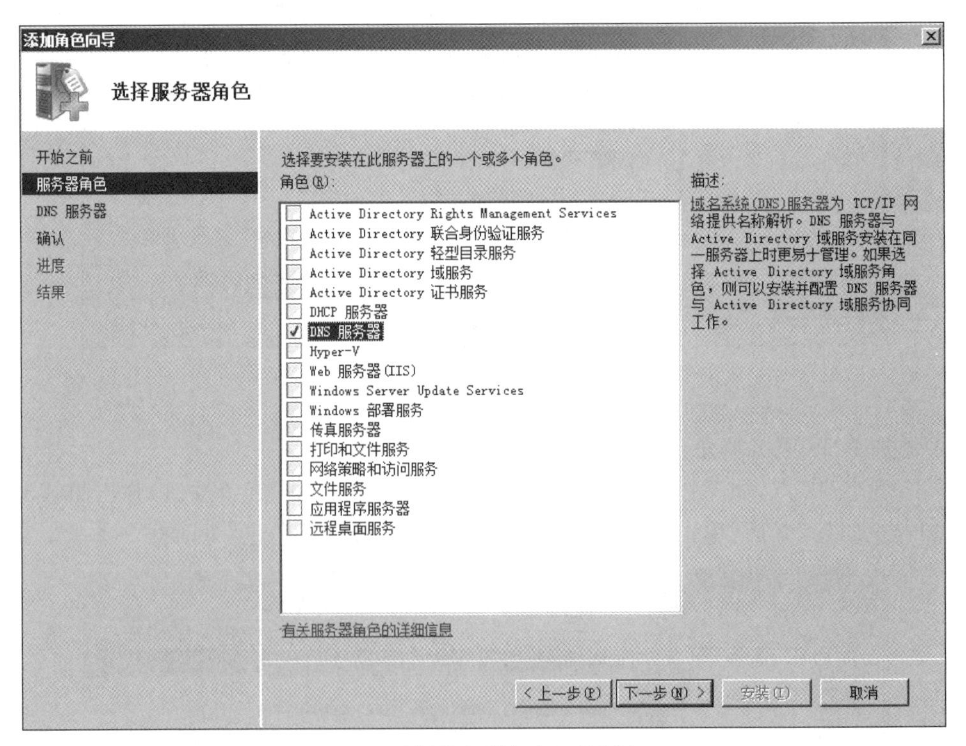

图 3-4 “选择服务器角色”对话框(1)

在之后出现的对话框中，保留默认设置并依次单击“下一步”按钮，最后单击“安装”按钮进行安装。

安装完成后，在“服务器管理器”窗口中，可见“角色”节点下增加了一个新的服务器角色“DNS服务器”，如图3-5所示。

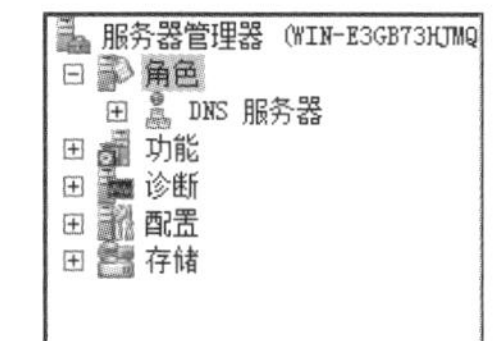

图3-5 DNS服务器角色

2. 配置DNS服务器

1) 选定目标计算机

在创建与配置一台DNS服务器的过程中，用户首先需要做的工作便是为该服务器指定一台计算机来作为运行数据和解析网络地址的硬件设备。因此，用户一般需要将本机IP地址或计算机名称指定给DNS服务器，这样DNS服务器会自动与指定的计算机硬件建立连接，并启用所需的设备完成数据运算和解析网络地址的工作。

本次实验要求建立一台DNS服务器，将域名“www.jw1.com.cn”解析到IP地址“192.168.0.101”(要求：第一组同学将域名“www.jw1.com.cn”解析到IP地址“192.168.0.101”，第二组同学将域名“www.jw2.cm.cn”解析到IP地址“192.168.0.102”，以此类推)。

具体创建一台DNS服务器的操作步骤如下。

(1) 打开“开始”菜单，选择“程序”→“管理工具”→“DNS”命令，弹出DNS控制台窗口，如图3-6所示。

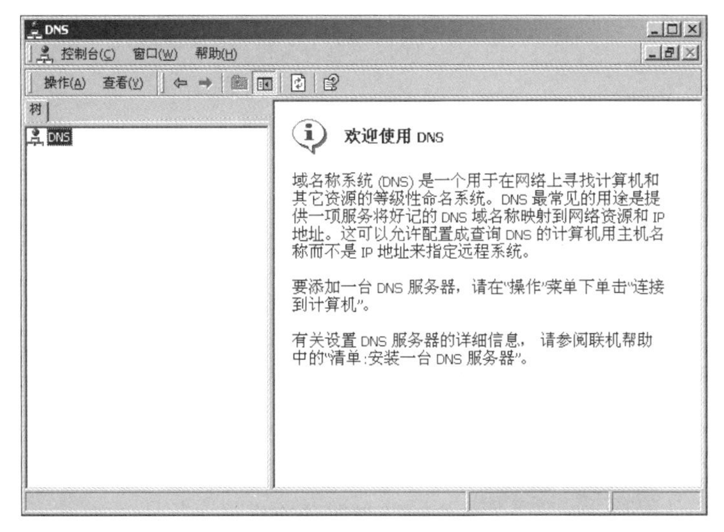

图3-6 DNS控制台窗口(1)

(2) 单击“操作”菜单，选择“连接计算机”命令，弹出“选择目标计算机”对话框，如图3-7所示。

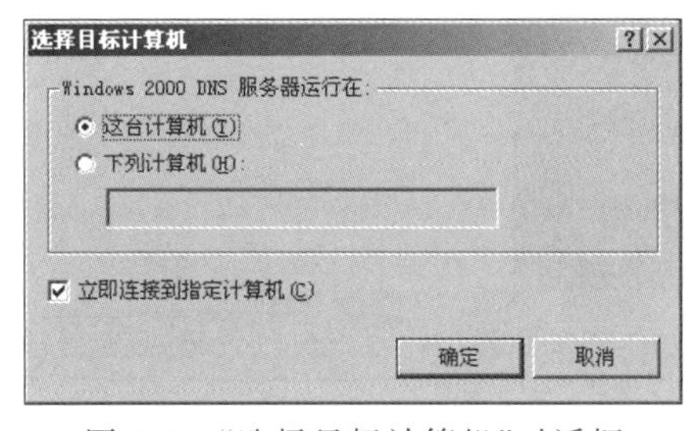

图3-7 “选择目标计算机”对话框

(3) 如果用户要在本机上运行 DNS 服务器，选中“这台计算机”单选按钮。如果用户不希望本机运行 DNS 服务器，选中“下列计算机”单选按钮，然后在“下列计算机”单选按钮后面的文本框中输入要运行 DNS 服务器的计算机的名称。

(4) 如果用户希望立即与这台计算机进行连接，勾选“立即连接到指定计算机”复选框。

(5) 单击“确定”按钮，返回 DNS 控制台窗口，这时在控制台目录树中将显示代表 DNS 服务器的图标和计算机的名称，如图 3-8 所示。

图 3-8　DNS 控制台窗口(2)

2) 创建区域“jw1.com.cn”

创建一个 DNS 服务器，除了必需的计算机硬件外，还需要建立一个新的区域(即一个数据库)才能正常运作。该数据库的功能是提供 DNS 名称和相关数据(如 IP 地址或网络服务)间的映射。该数据库中存储了所有的域名与对应 IP 地址的信息，网络客户机正是通过该数据库的信息来完成从计算机名到 IP 地址的转换。下面将对创建区域进行具体的介绍，操作步骤如下。

(1) 在 DNS 控制台窗口中，选中计算机名称“A”，选择“操作”菜单，选择“创建新区域”命令，弹出“欢迎使用新建区域向导”对话框，如图 3-9 所示。

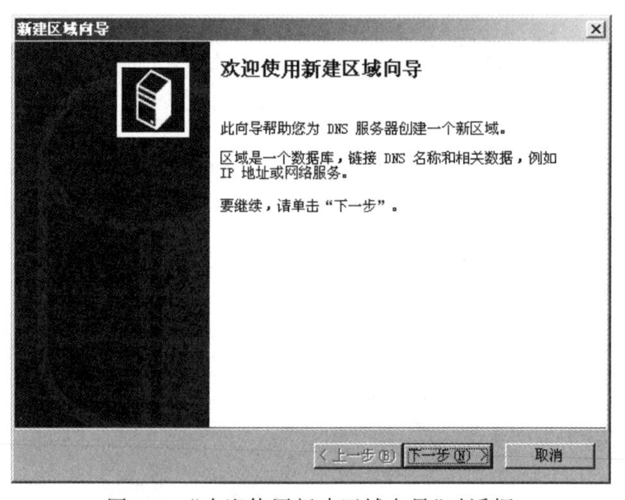

图 3-9　“欢迎使用新建区域向导”对话框

(2) 单击“下一步”按钮，弹出“区域类型”对话框，如图 3-10 所示。

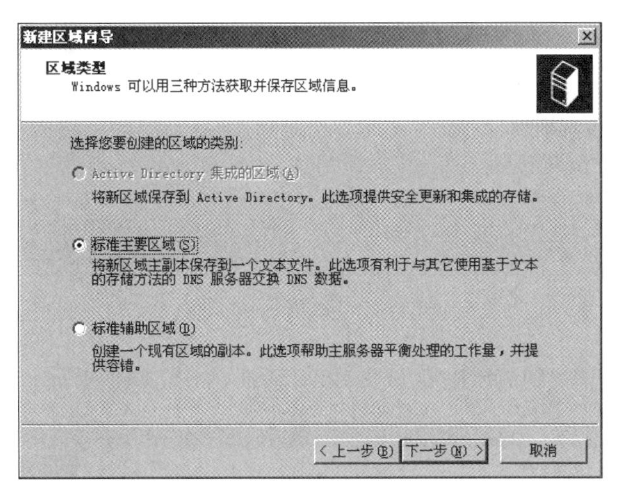

图 3-10 “区域类型”对话框

(3) 在“区域类型”对话框中有三个选项，分别是 Active Directory 集成的区域、标准主要区域和标准辅助区域。用户可以根据区域存储和复制的方式选择一个区域类型。这里选择“标准主要区域”。

(4) 单击“下一步”按钮，弹出“正向或反向搜索区域”对话框，如图 3-11 所示。

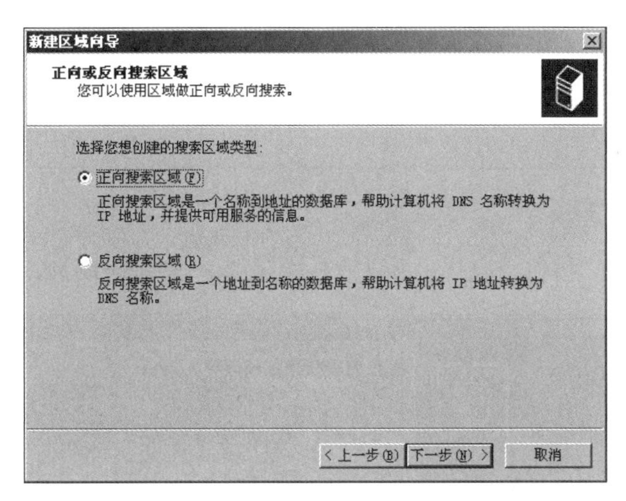

图 3-11 “正向或反向搜索区域”对话框

(5) 在“正向或反向搜索区域”对话框中，用户可以选中“正向搜索区域”或“反向搜索区域”单选按钮。如果用户希望把名称解析到地址并给出提供的服务的信息，应选中“正向搜索区域”单选按钮。如果用户希望把计算机的 IP 地址解析到用户好记的域名，应选中“反向搜索区域”单选按钮。因为本实验要做的是将域名“www.jw1.com.cn”解析到 IP 地址“192.168.0.101”，这里选中“正向搜索区域”单选按钮。

(6) 单击“下一步”按钮，弹出“区域名”对话框，在“名称”栏中输入“JW1.COM.CN”，如图 3-12 所示。

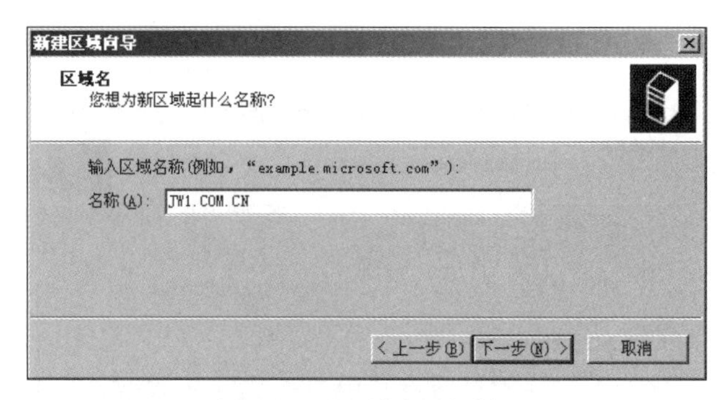

图 3-12 "区域名"对话框

(7) 单击"下一步"按钮,弹出"区域文件"对话框,如图 3-13 所示。

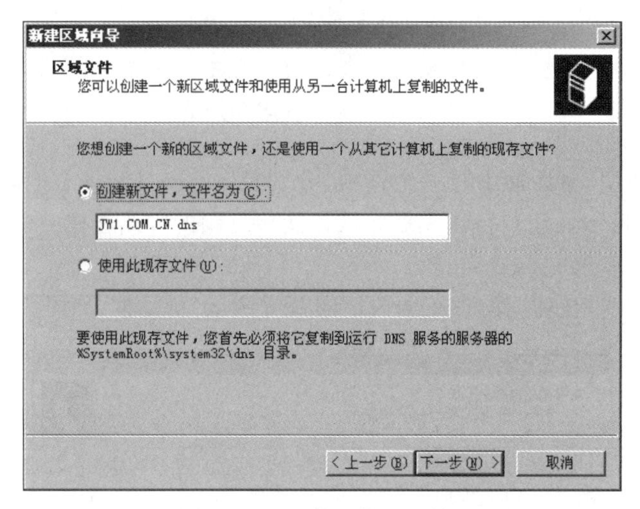

图 3-13 "区域文件"对话框

(8) 单击"下一步"按钮,弹出"正在完成新建区域向导"对话框,如图 3-14 所示。

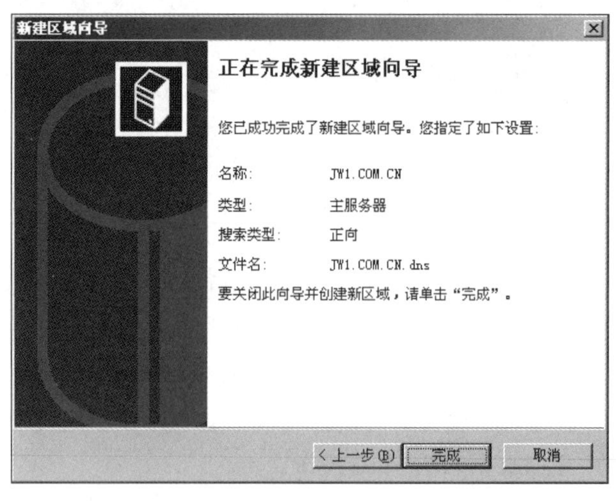

图 3-14 "正在完成新建区域向导"对话框

（9）在“正在完成新建区域向导”对话框中显示了用户对新建区域进行配置的信息，如果用户认为某项配置需要调整，可单击“上一步”按钮返回前面的对话框中重新配置。如果已确认配置正确，可单击“完成”按钮。

3）建立“www”主机

（1）打开“正向搜索区域”，选择 jw1.com.cn，右击，弹出快捷菜单，如图 3-15 所示。

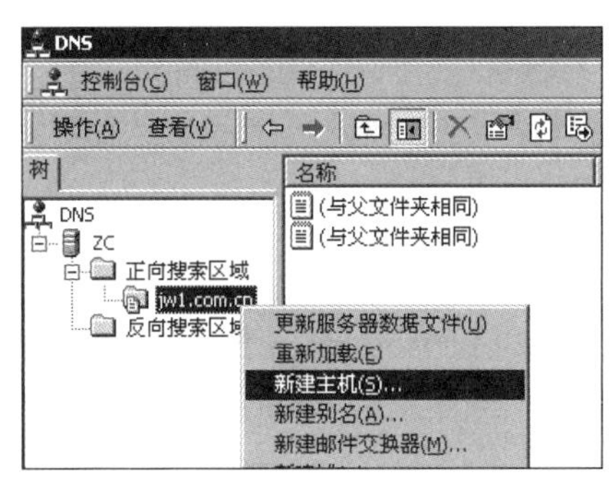

图 3-15　弹出快捷菜单

（2）选择“新建主机”命令，弹出“新建主机”对话框，在“名称”栏中输入“www”，在“IP 地址”栏中输入“192.168.0.101” 如图 3-16 所示。

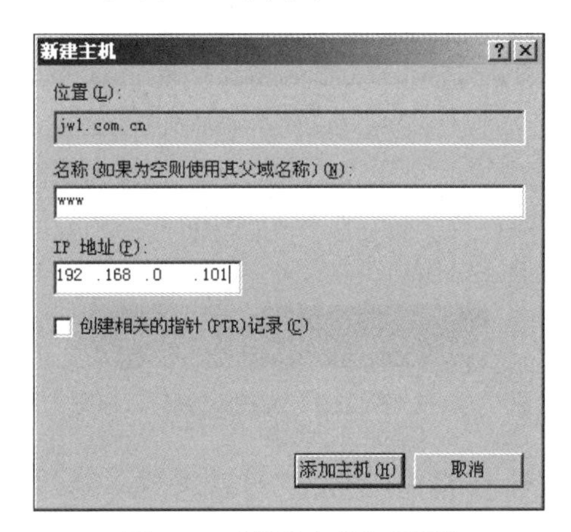

图 3-16　“新建主机”对话框

（3）单击“添加主机”按钮，弹出图 3-17 所示的对话框。这样将域名“www.jw1.com.cn”解析到 IP 地址“192.168.0.101”的工作已基本完成。

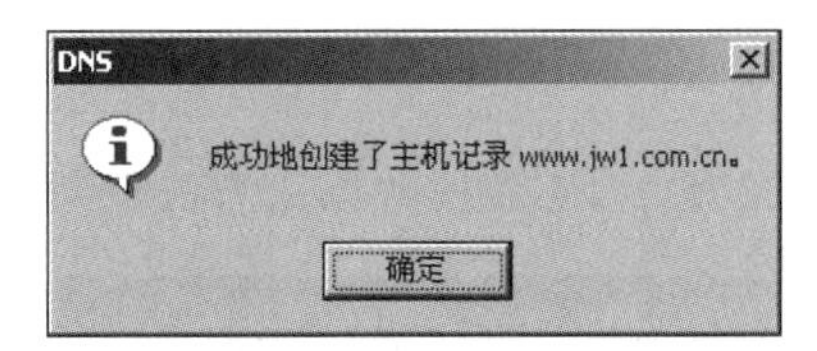

图 3-17　创建主机

4）检验

通过以上工作，一个完整的 DNS 服务器就已经设置完成。那么，怎样才能知道域名解析有没有成功呢？通过以下方法可以进行验证。

（1）打开“开始”菜单，选择“运行”命令，弹出“运行”对话框，输入“cmd”，单击“确定”按钮，如图 3-18 所示。

运行
请键入程序、文件夹、文档或 Internet 资源的名称，Windows 将为您打开它。
打开(O): cmd
确定
取消
浏览(B)...

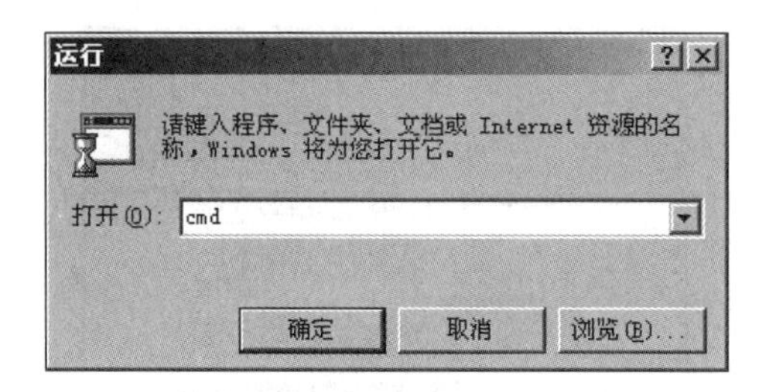

图 3-18　CMD 命令

（2）弹出 DOS 对话框，如图 3-19 所示。

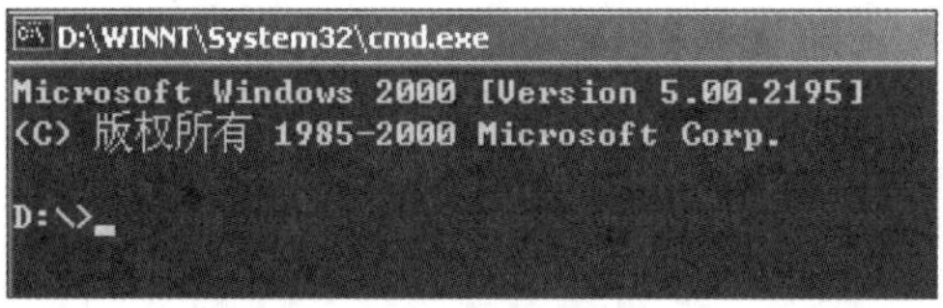

D:\WINNT\System32\cmd.exe
Microsoft Windows 2000 [Version 5.00.2195]
(C) 版权所有 1985-2000 Microsoft Corp.
D:\>

图 3-19　DOS 对话框

（3）采用 ping 来完成测试工作，输入“ping www.jw1.com.cn”，按 Enter 键，如图 3-20 所示。

D:\>ping www.jw1.com.cn

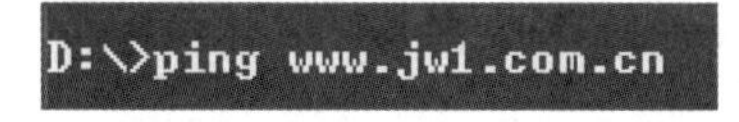

图 3-20　测试命令

如果测试成功，则如图 3-21 所示，表示已将域名“www.jw1.com.cn”解析到 IP 地址“192.168.0.101”。

C:\>ping www.jw1.com.cn
Pinging www.jw1.com.cn [192.168.0.101] with 32 bytes of data:

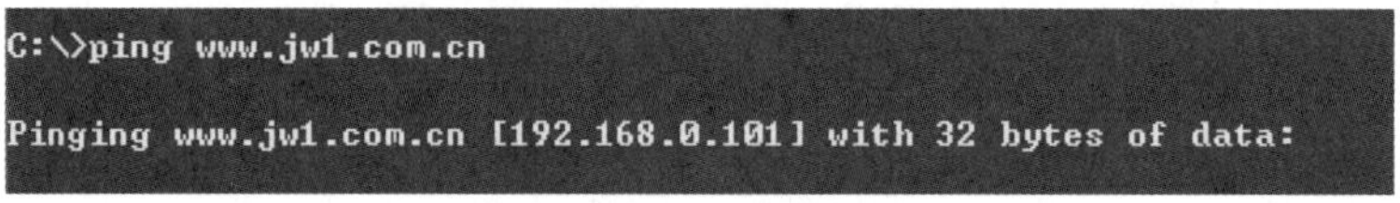

图 3-21　测试成功

如果测试失败，则如图 3-22 所示，还需按照以上方法重新设置。

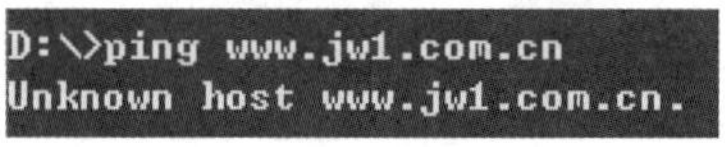

D:\>ping www.jw1.com.cn
Unknown host www.jw1.com.cn.

图 3-22　测试失败

5）总结

以上设置就是将域名“www.jw1.com.cn”解析到IP地址“192.168.0.101”的过程，这样就可以用域名“www.jw1.com.cn”来发布Web页（这是任务3.2的内容）。当然，如果要建立FTP服务器时，必须也要建立一个域名，并且将此域名解析到一个固定的IP地址上。

自主练习部分

1. 解析域名“www.姓名全拼.com”

例如，姓名张三，对应域名为www.zhangsan.com。第一组同学将域名“www.姓名全拼.com”解析到IP地址“192.168.1.1”，第二组同学将域名“www.姓名全拼.com”解析到IP地址“192.168.1.2”，以此类推。

2. 解析域名“ftp.姓名全拼.com”

例如，姓名张三，对应域名为ftp.zhangsan.com。第一组同学将域名“ftp.姓名全拼.com”解析到IP地址“192.168.1.51”，第二组同学将域名“ftp.姓名全拼.com”解析到IP地址“192.168.1.52”，以此类推。

3. 解析域名“email.姓名全拼.com”

例如，姓名张三，对应域名为email.zhangsan.com。第一组同学将域名“email.姓名全拼.com”解析到IP地址“192.168.1.101”，第二组同学将域名“email.姓名全拼.com”解析到IP地址“192.168.1.102”，以此类推。

任务3.2　配置Web服务器

知识目标

掌握Web服务器的组建方法。

技能目标

能独立组建Web服务器。

职业素质目标

（1）培养与人合作的意识。

（2）能正确表达自己的思想，学会理解和分析问题。

任务实施

3.2.1　知识准备

万维网（World Wide Web，WWW）是一个大规模的、联机式的信息储藏所。万维网使用链接的方法能非常方便地从互联网上的一个站点访问另一个站点。万维网工作在客户服务器方式下，浏览器就是用户主机上的万维网客户程序，万维网文档所驻留的主机则运行服务器程序，此主机又称 Web 服务器。用户通过浏览器就可以浏览万维网中各 Web 服务器中的文字、声音、图像等各种多媒体资源。

3.2.2 实验过程

1. 安装 Web 服务器

如果用户使用 Windows Server 2008 作为计算机的操作系统，可以通过安装服务、协议与工具并正确地设置它们来把该计算机配置成 Web 服务器，以便为网络中的客户机提供某项服务。

1）打开服务器管理器

选择“开始”→“管理工具”→“服务器管理器”命令，弹出图 3-23 所示的“服务器管理器”窗口。

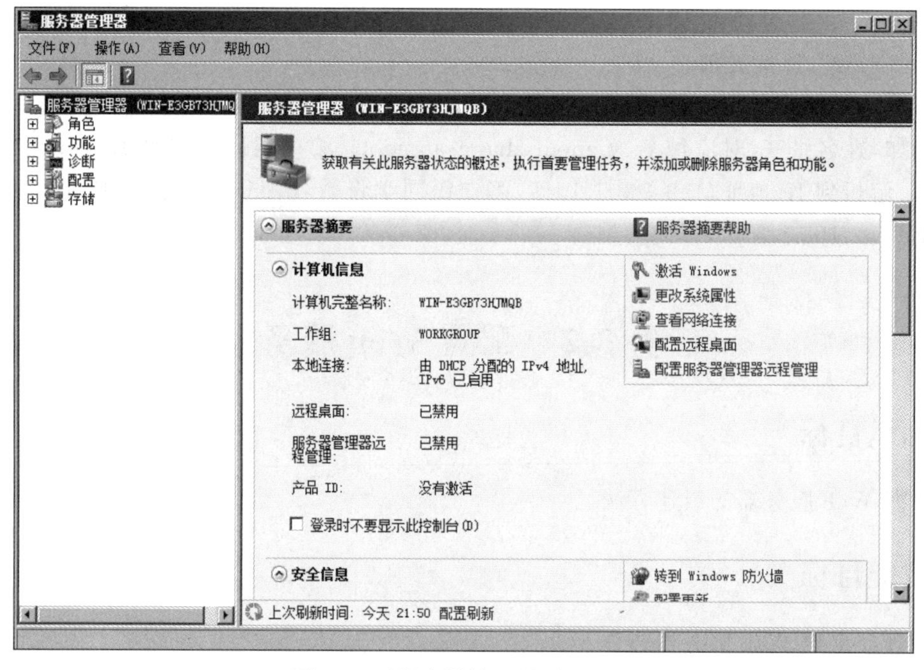

图 3-23 “服务器管理器”窗口(2)

2）添加 Web 服务器角色

(1) 单击“角色”节点，在右方显示的角色信息中单击“添加角色”按钮，弹出“添加角色向导”界面，单击“下一步”按钮。

(2) 在图 3-24 所示的“选择服务器角色”对话框中勾选“Web 服务器(IIS)”复选框，单击“下一步”按钮。

(3) 弹出“Web 服务器(IIS)简介”对话框，单击“下一步”按钮。

(4) 在弹出的“角色服务”对话框中，单击“下一步”按钮。

(5) 在弹出的“确认”对话框中，单击“安装”按钮进行安装。

(6) 安装完成后，单击“关闭”按钮。

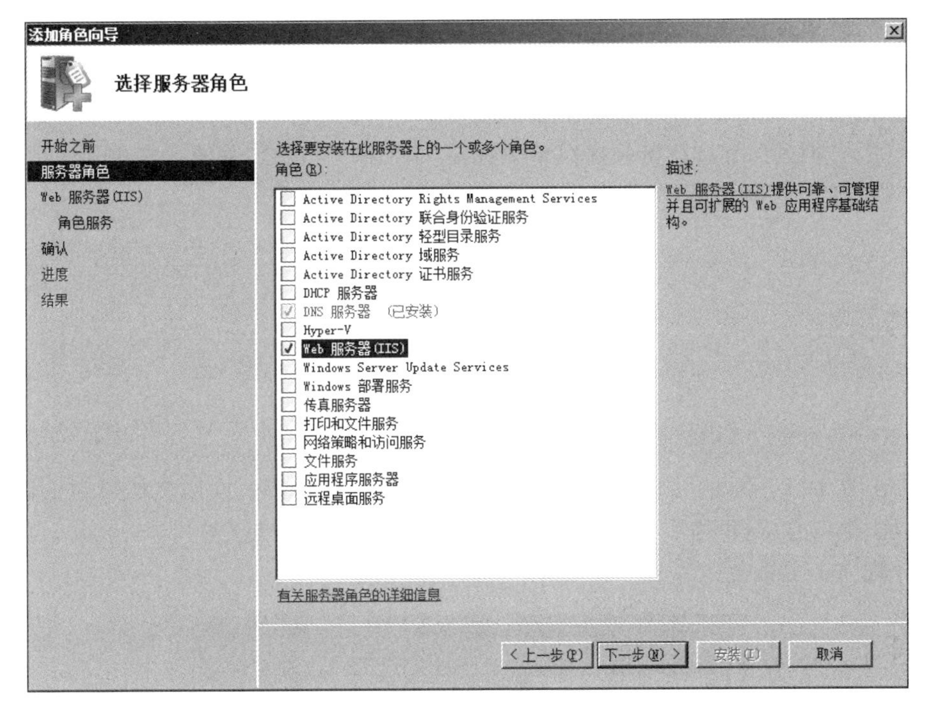

图 3-24　“选择服务器角色”对话框(2)

(7) 在“服务器管理器”窗口中,可见“角色”节点下增加了一个新的服务器角色“Web 服务器(IIS)”,如图 3-25 所示。

图 3-25　Web 服务器角色

2. 配置 Web 服务器

1) 打开 Internet 信息服务(IIS)管理器

(1) 选择“开始”→“管理工具”→“服务器管理器”命令,弹出“服务器管理器”窗口。

(2) 展开“角色”→“Web 服务器(IIS)”节点,选择“Internet 信息服务(IIS)管理器”选项。

(3) 在弹出的“Internet 信息服务(IIS)管理器”窗口中,展开服务器名下的菜单项,如图 3-26 所示。

图 3-26　“Internet 信息服务(IIS)管理器”窗口

(4) 添加"Web 服务器(IIS)"角色后,系统新增一个默认的 Web 站点 Default Web Site。默认的文档文件夹是 C:\inetpub\wwwroot,用户可以直接使用,或建立自己的 Web 网站。

2) 添加新的 Web 站点

(1) 右击"网站",在弹出的快捷菜单中选择"添加网站"命令,如图 3-27 所示。

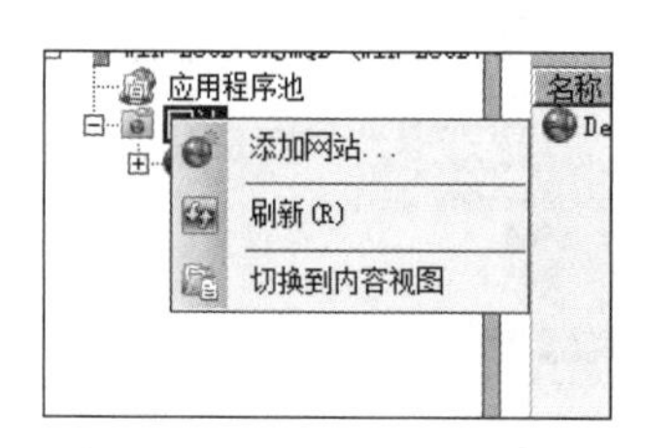

图 3-27　选择"添加网站"命令

(2) 在图 3-28 所示的"添加网站"对话框中输入网站的名称、网站文档所在的路径、选择 IP 地址、端口号(这里为了与默认 Web 站点区分,可使用自定义端口号 8080),也可以为该网站分配一个主机名。

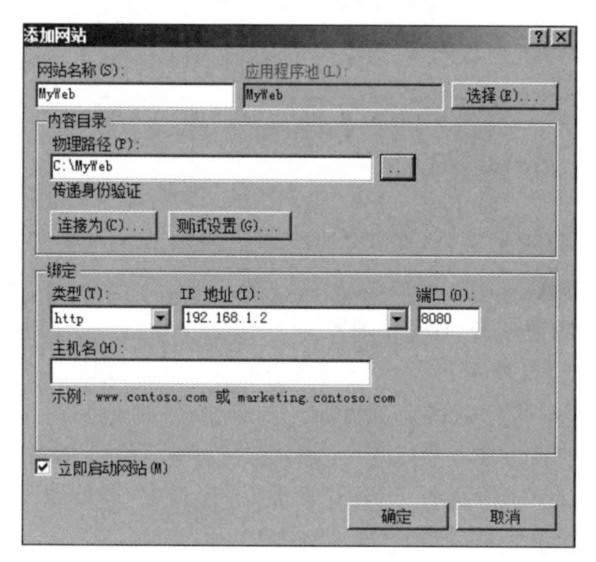

图 3-28　"添加网站"对话框

若在同一台 Web 服务器上建立多个网站,可以使用以下三个标识符进行区分。

① 主机名:域名,须先在 DNS 服务器中配置域名和 IP 的关系。

② IP 地址:Windows Server 2008 R2 操作系统中允许安装多个网卡,而且每个网卡也可以绑定多个 IP 地址,通过设置"IP 地址"文本框中的信息,Web 客户端可利用设置的这个 IP 地址来访问该 Web 服务器。

③ TCP 端口号:用户与 Web 服务器进行连接并访问的端口号,默认的端口为 80。服务器也可以设置一个任意的 TCP 端口号,若更改了 TCP 端口号,客户端在访问时需要在 URL 之后加上这个端口号,因此必须让客户端事先知道,否则就无法进行 TCP 连接。

(3) 单击"确定"按钮。在"Internet 信息服务(IIS)管理器"窗口中新增了 MyWeb 网站。

3）编写 HTML 页面

（1）打开网站的主目录，如 C:\MyWeb，新建一个文本。

（2）在文件中输入图 3-29 所示的 HTML 代码。

```
<html>
<title>第一个网站</tiyle>
<body>
<h1>你好！</h1>
<p>欢迎来到我的第一个页面!</p>
</body>
</p>
```

图 3-29 HTML 页面

（3）把文本文件另存为 index. htm（修改后缀）。

4）设置网站首页

（1）在“Internet 信息服务（IIS）管理器”窗口中单击 MyWeb 节点，在左侧窗口的属性页面中双击“默认文档”选项，如图 3-30 所示。

图 3-30 MyWeb 主页

（2）在“默认文档”页面中，可以看到几个默认的主页文件 index.htm、Default.htm、Default.asp、index.html 和 iisstart.htm，可以修改其中的任何一个文档来建立自己的网站。根据步骤 3）建立的 HTML 文件，选择 index.htm 文件，并单击左侧窗口中的“上移”按钮，使 index.htm 成为第一个文件，如图 3-31 所示。

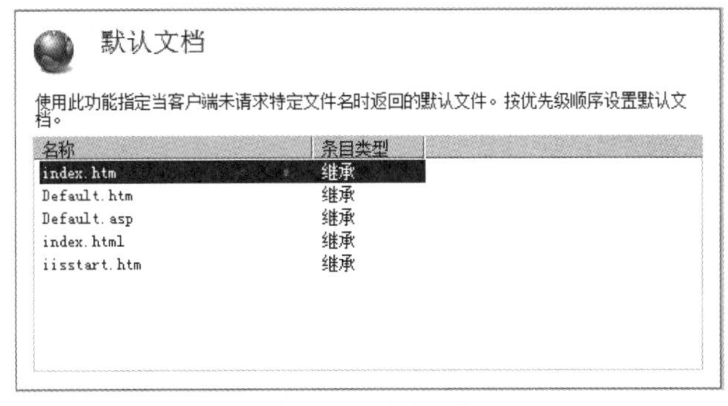

图 3-31 默认文档

5）登录 Web 站点

在客户机中打开浏览器，在 URL 地址栏中输入 Web 站点的网址 http://192.168.1.2/，浏览器即可访问并显示 Web 站点的默认首页 index.htm。

1. 发布网页

发布任务 3.1 解析的域名：“www.姓名全拼.com”。

2. 测试

打开浏览器，在 URL 地址栏中输入网址：“www.姓名全拼.com”，测试能否打开网页。

任务 3.3　配置 Active Directory 域服务器

知识目标

掌握 Active Directory 域服务器的安装方法。

技能目标

能独立安装 Active Directory 域服务器。

职业素质目标

（1）培养与人合作的意识。

（2）能正确表达自己的思想，学会理解和分析问题。

任务实施

3.3.1　知识准备

微软管理计算机可以使用域和工作组两个模型，默认情况下计算机安装完操作系统后隶属于工作组。

工作组由一群通过网络连接在一起的计算机组成的，工作组中每台计算机都维护一个本地安全数据库，用户账户的数据发生变化时，必须对每台计算机中的账户数据进行更新，比较麻烦，适用于小型的网络。

域也是由一群通过网络连接在一起的计算机组成的，与工作组不同的是，域内所有计算机共享一个集中式的目录数据库，它包含整个域内的用户账户与安全数据。在 Windows Server 内负责目录服务的组件称为活动目录（Active Directory），它负责目录数据库的添加、删除、更改与查询等任务。

Active Directory 存储了有关网络对象的信息，并且让管理员和用户能够轻松地查找和使用这些信息。使用 Active Directory 域服务（ADDS）服务器角色，可以创建用于用户和资源管理的安全及可管理的基础机构，并可以提供对启用目录的应用程序的支持。Active Directory 使用了一种结构化的数据存储方式，并以此作为基础对目录信息进行合乎逻辑的分层组织，其层次结构包括 Active Directory 林、林中的域、每个域中的组织单位（OU）。

（1）林：组织的安全边界，定义管理员的授权范围。默认情况下，一个林包含一个域（称为林根域）。

（2）域：提供 ADDS 数据分区。

（3）OU：简化了授权的委派以方便管理大量对象。所有者可以通过委派将对象的全部或有限授权转移给其他用户或组。Active Directory 域还支持与管理相关的许多其他核心功能，包括网络范围的用户标识、身份验证和信任关系。

Active Directory 主要提供以下功能。

（1）服务器及客户端计算机管理；管理服务器及客户端计算机账户，所有服务器及客户端计算机加入域管理并实施组策略。

（2）用户服务：包括用户域账户管理、用户信息管理、企业通讯录（与电子邮件系统集成）管理、用户组管理、用户身份认证、用户授权管理等，按省实施组管理策略。

（3）桌面配置：系统管理员可以集中配置各种桌面配置策略，如用户使用域中资源权限限制、界面功能的限制、应用程序执行特征限制、网络连接限制、安全配置限制等。

（4）应用系统支撑：支持财务、人事、电子邮件、企业信息门户、办公自动化、补丁管理、防病毒系统等各种应用系统。

3.3.2 实验过程

1. 安装 Active Directory 域控制器

1）打开服务器管理器

选择“开始”→“管理工具”→“服务器管理器”命令，弹出图 3-32 所示的“服务器管理器”窗口。

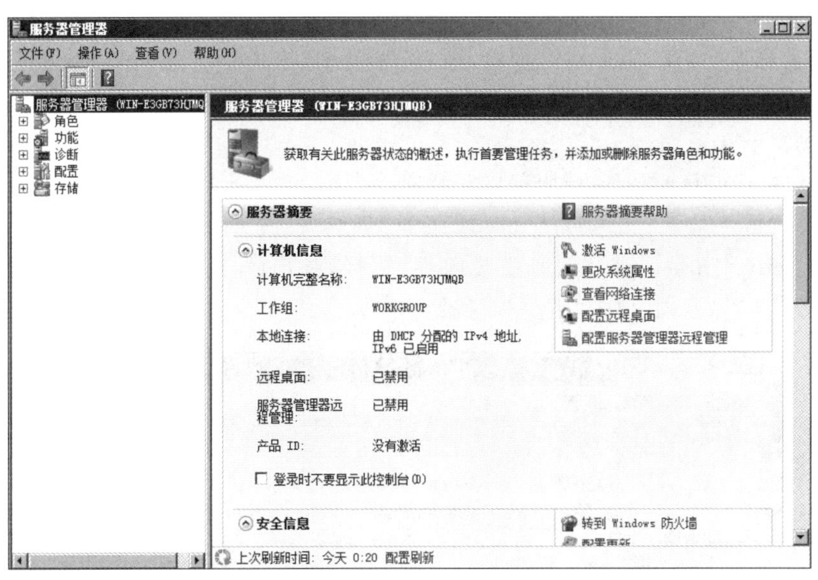

图 3-32 “服务器管理器”窗口（3）

2）添加域服务器角色

（1）单击“角色”节点，在右方显示的角色信息中单击“添加角色”按钮，弹出“添加角色向导”界面，单击“下一步”按钮。

（2）在图 3-33 所示的“选择服务器角色”对话框中勾选“Active Directory 域服务”复选框，单击“下一步”按钮。

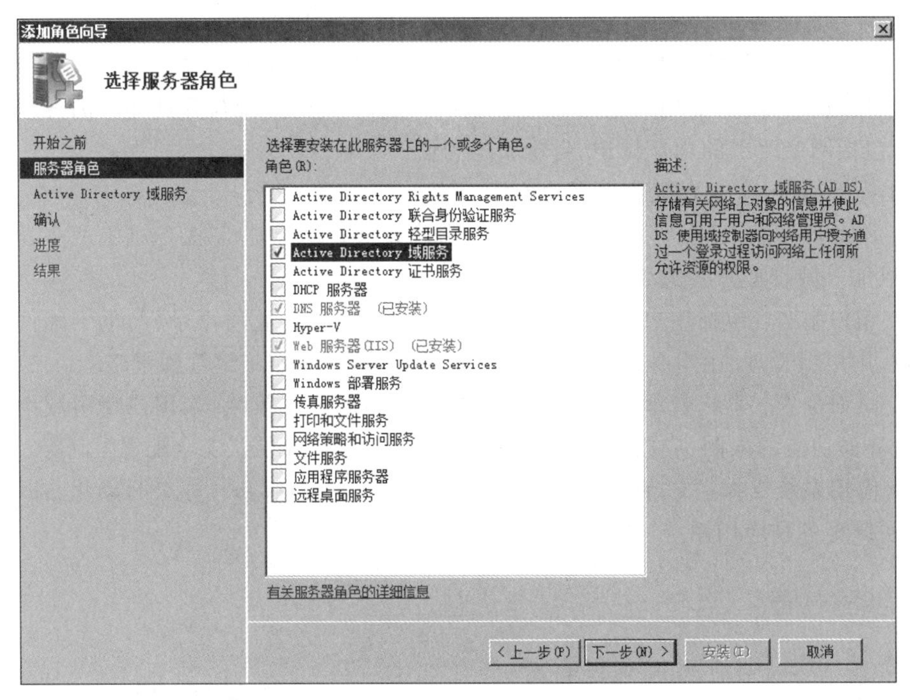

图 3-33 “选择服务器角色”对话框(3)

（3）在依次出现的对话框中单击“下一步”按钮，最后单击“安装”按钮进行安装。

（4）安装完成后，在“服务器管理器”窗口中，可见“角色”节点下增加了一个新的服务器角色“Active Directory 域服务”，如图 3-34 所示。

图 3-34 Active Directory 域服务器角色

3）运行 Active Directory 域服务器安装向导

（1）单击“角色”→“Active Directory 域服务”节点，在右方显示的角色信息中(图 3-35)，单击“运行 Active Directory 域服务安装向导”链接，弹出图 3-36 所示的“Active Directory 域服务安装向导”界面，并单击“下一步”按钮。

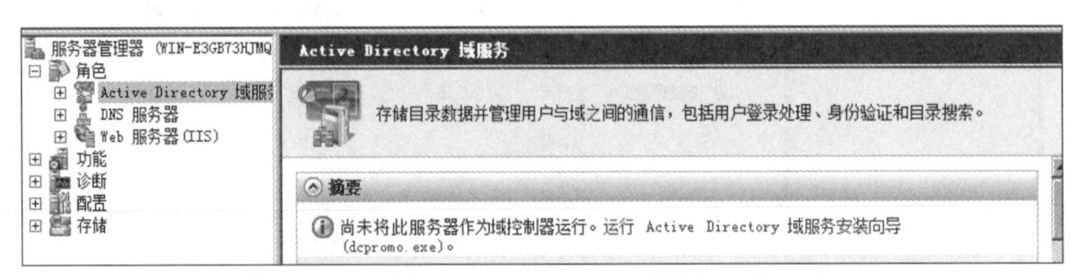

图 3-35 运行 Active Directory 域服务安装向导

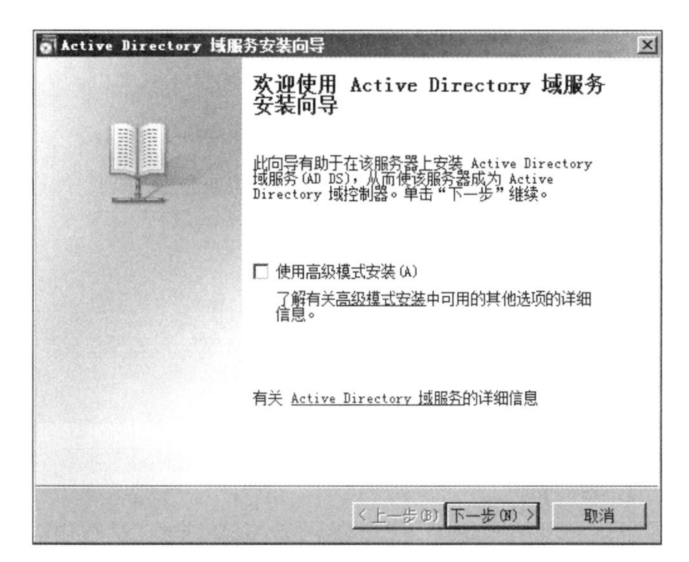

图 3-36 “Active Directory 域服务安装向导”界面

(2) 在图 3-37 所示的“选择某一部署配置”对话框中选中“在新林中新建域”单选按钮，单击“下一步”按钮。

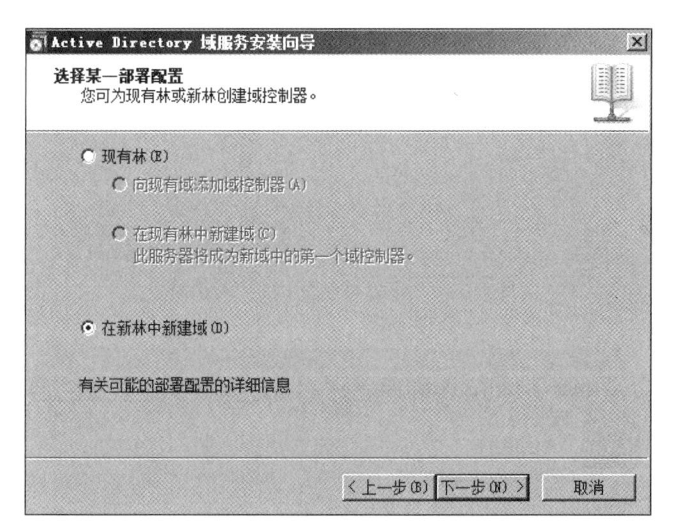

图 3-37 “选择某一部署配置”对话框

(3) 在图 3-38 所示的“命令林根域”对话框中输入新建林的域名 network.cn，在图 3-39 所示的“设置林功能级别”对话框中选择林的功能级别为 Windows Server 2008，单击“下一步”按钮。

(4) 在“其他域控制器选项”对话框中单击“下一步”按钮。

(5) 在弹出的 DNS 提示框中单击“是”按钮，继续安装。

(6) 在图 3-40 所示的“数据库、日志文件和 SYSVOL 的位置”对话框中选择数据库、日志文件和 SYSVOL 等文件的位置，单击“下一步”按钮。

(7) 在图 3-41 所示的对话框中设置管理员密码，单击“下一步”按钮。

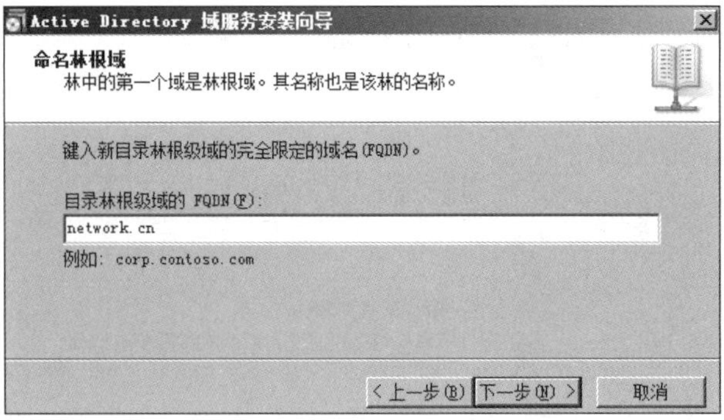

图 3-38 “命名林根域”对话框

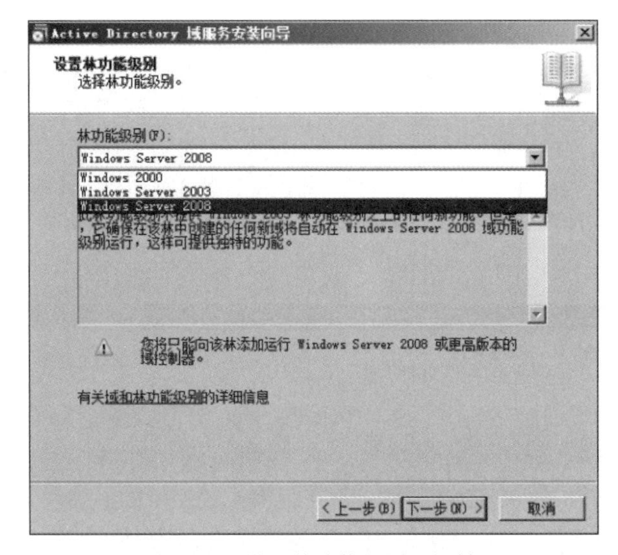

图 3-39 “设置林功能级别”对话框

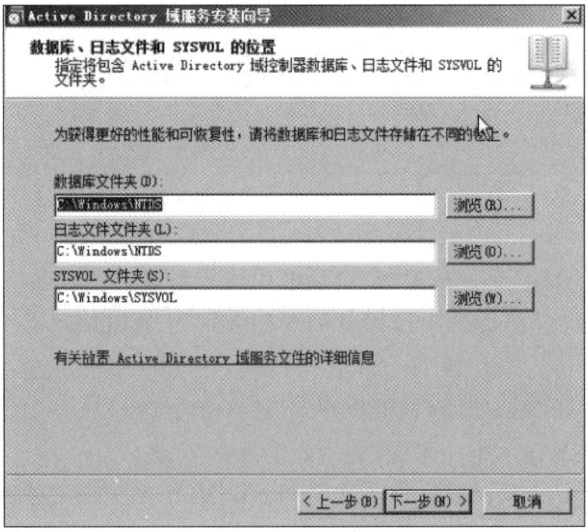

图 3-40 “数据库、日志文件和 SYSVOL 的位置”对话框

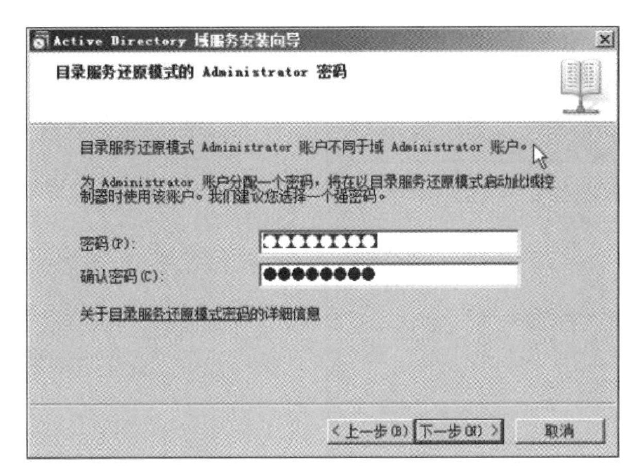

图 3-41　设置管理员密码

2. 创建域用户账号

1）创建计算机账户

（1）计算机账户就是把其他成员服务器或用户使用的客户机加入域，这些计算机加入域时，会在 Active Directory 中创建计算机账户。

（2）设置客户机的 TCP/IP 属性，修改 DNS 服务器为本域的 DNS 服务器 192.168.1.2。

（3）右击客户机桌面的"计算机"图标，在图 3-42 所示的快捷菜单中选择"属性"命令，在计算机基本信息页面中找到"计算机名称、域和工作组设置"分组，单击"更改设置"按钮，如图 3-43 所示。

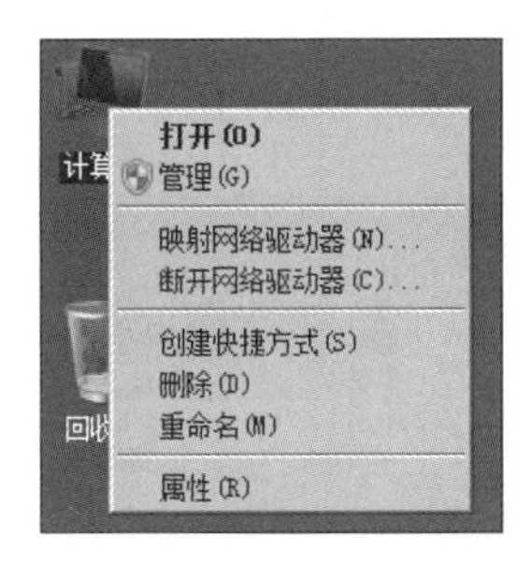

图 3-42　"计算机"右键快捷菜单

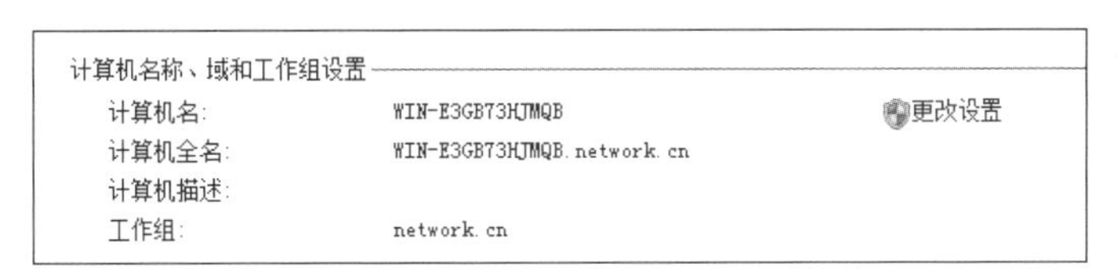

图 3-43　计算机基本信息

（3）在图 3-44 所示的"系统属性"对话框中单击"更改"按钮。

（4）在弹出的"计算机名/域更改"对话框（图 3-45）中选中"域"单选按钮，并在对应的文本框中输入域名 network.cn，单击"确定"按钮。

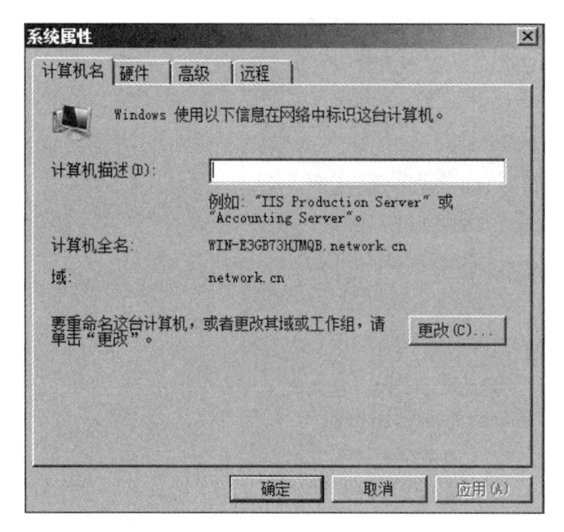

图 3-44 "系统属性"对话框

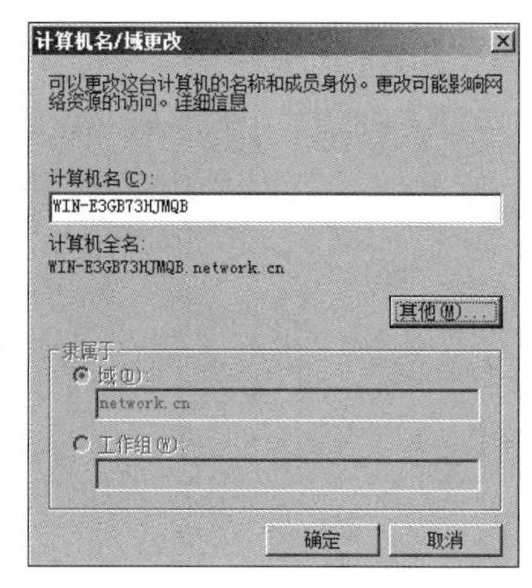

图 3-45 "计算机名/域更改"对话框

(5) 按提示输入拥有域用户添加权限的用户名和密码,即可填写域服务器的管理员用户名和密码。

(6) 添加完成后,打开域服务器,在 network.cn 域的 Computers 组中新增一个计算机账户。

2) 创建组织单位

为方便在服务器上对所有用户和所有加入域的计算机进行设置,可把域用户都加入组织单位,在组织单位中使用组策略进行统一管理。

(1) 打开服务器管理器,展开"Active Directory 域服务"的树型菜单,右击域名 network.cn,在图 3-46 所示的快捷菜单中选择"新建"→"组织单位"命令。

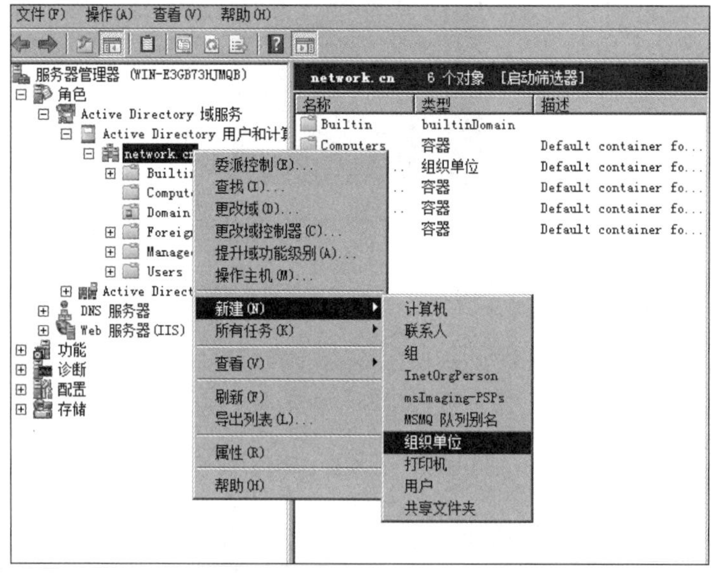

图 3-46 选择"组织单位"命令

(2) 打开图 3-47 所示的“新建对象-组织单位”对话框，在“名称”文本框中输入单位名称“计算机学院”，单击“确定”按钮。

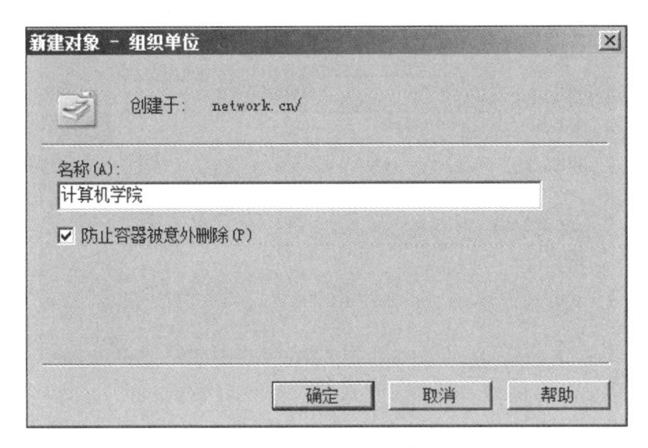

图 3-47 “新建对象-组织单位”对话框

3) 创建用户

创建完组织单位后，就可以在单位中创建域的用户账户。域用户账户存储在域控制器的 Active Directory 数据库内，用户可以利用域用户账户登录域，并利用它访问网络上的资源，例如访问域中其他计算机内的文件、打印机等资源。当用户利用域用户账户登录时，这个账户数据会被送到域控制器，并由域控制器检查用户所输入的账户名称与密码是否正确。

(1) 如图 3-48 所示，右击单位名称“计算机学院”，在弹出的快捷菜单中选择“新建”→“用户”命令。

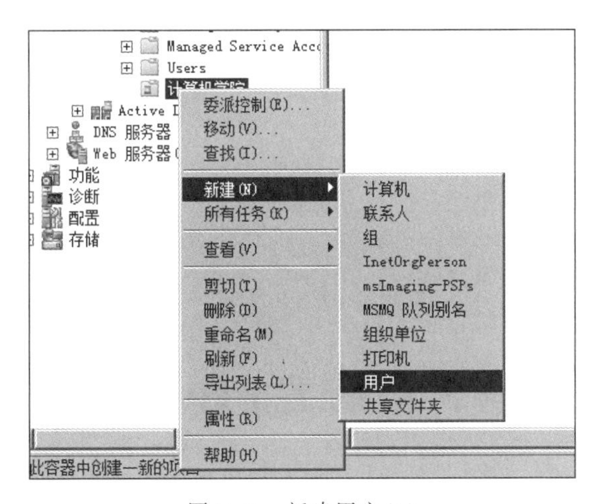

图 3-48 新建用户(1)

(2) 在弹出的“新建对象-用户”对话框中输入用户信息，如图 3-49 所示，单击“下一步”按钮。

(3) 按要求输入密码，单击“下一步”按钮，最后单击“完成”按钮，如图 3-50 所示。

新建对象 - 用户

创建于： network.cn/计算机学院

姓(L)： Wang

名(F)： fang　英文缩写(I)：

姓名(A)： Wangfang

用户登录名(U)：

aaa　@network.cn

用户登录名(Windows 2000 以前版本)(W)：

NETWORK\　aaa

< 上一步(B)　下一步(N) >　取消

图 3-49 “新建对象-用户”对话框(1)

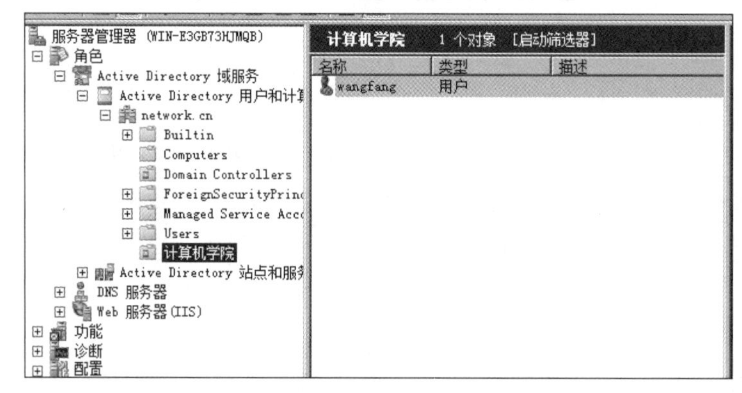

图 3-50 创建新用户

自主练习部分

1. 创建域

创建域：姓名全拼.com(如姓名为张三，即 zhangsan.com)，并创建域用户。

2. 检验

登录域，查看计算机名是否改变。

任务 3.4 配置 FTP 服务器

知识目标

掌握 FTP 服务器的组建方法。

技能目标

能独立组建 FTP 服务器。

职业素质目标

(1) 培养与人合作的意识。

(2) 能正确表达自己的思想，学会理解和分析问题。

任务实施

3.4.1　知识准备

文件传送协议(File Transfer Protocol，FTP)是因特网上使用最广泛的文件传送协议。FTP 减少或消除了在不同操作系统下处理文件的不兼容性，使用客户服务器模式，用户通过一个支持 FTP 协议的客户机程序连接到远程主机上的 FTP 服务器程序。用户通过客户机程序向服务器程序发出命令，服务器程序执行用户所发出的命令，并将执行的结果返回到客户机。

3.4.2　实验过程

1. 安装 FTP 服务器

1) 打开服务器管理器

选择“开始”→“管理工具”→“服务器管理器”命令，弹出“服务器管理器”窗口。

2) 添加 FTP 服务器角色

Windows Server 2008 R2 的 FTP 服务是包含在“Web 服务器(IIS)”里面的。

(1) 展开“角色”节点，右击其中的“Web 服务器(IIS)”角色，在弹出的快捷菜单中选择“添加角色服务”命令，如图 3-51 所示。

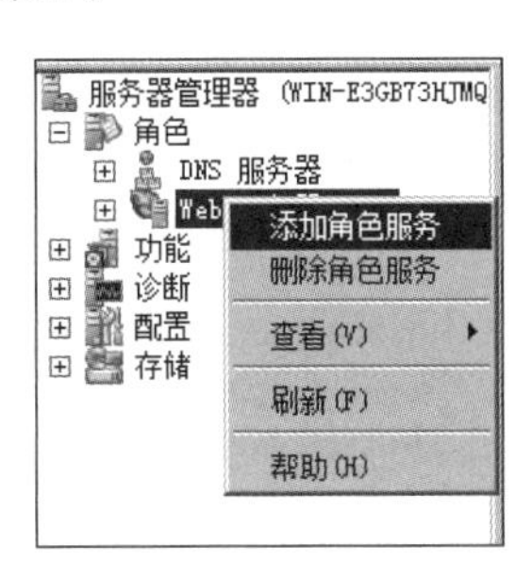

图 3-51　选择“添加角色服务”命令

(2) 在图 3-52 所示的“选择角色服务”对话框中勾选“FTP 服务器”复选框和其子节点下的 FTP Service、“PTP 扩展”两个复选框，单击“下一步”按钮。

(3) 在弹出的“确认”对话框中单击“安装”按钮进行安装。

(4) 安装完成后，单击“关闭”按钮。

2. 配置 FTP 服务器

1) 创建登录 FTP 站点的用户

(1) 选择“开始”→“管理工具”→“服务器管理器”命令，弹出“服务器管理器”窗口。

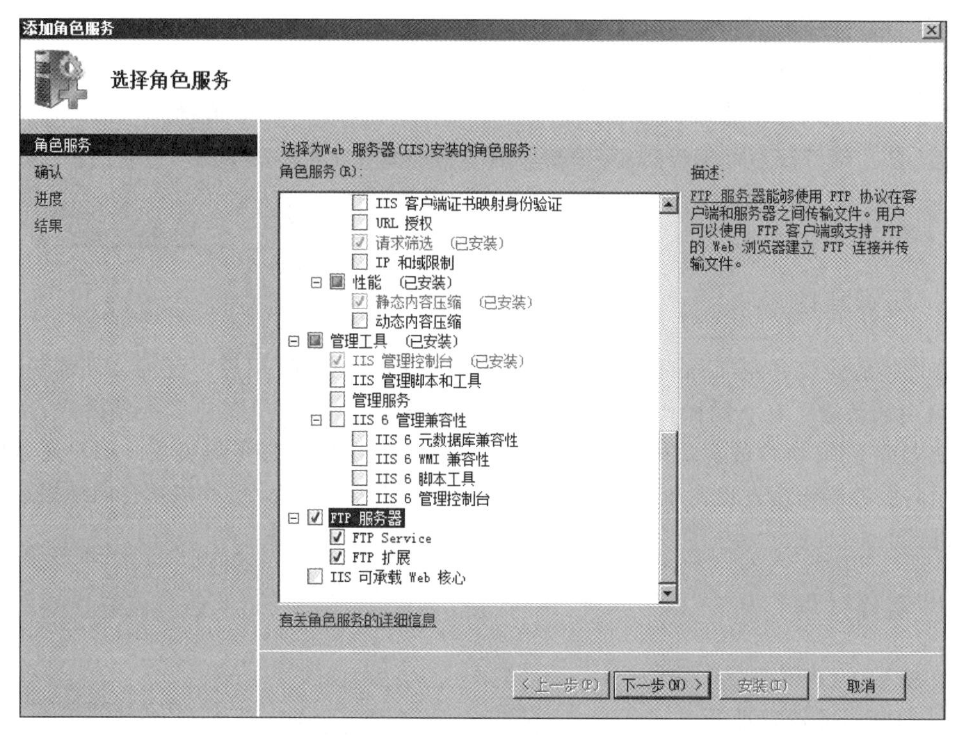

图 3-52 “选择角色服务”对话框

(2) 展开“角色”→network.cn 菜单，右击 Users 文件夹，在弹出的快捷菜单中选择“新建”→“用户”命令，如图 3-53 所示。

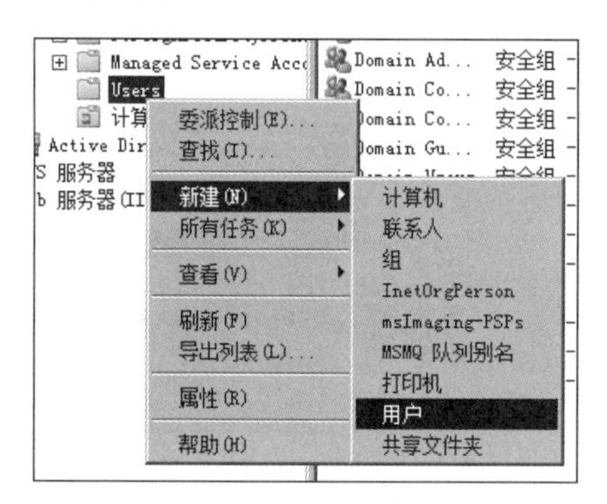

图 3-53 新建用户(2)

(3) 在弹出的“新建对象-用户”对话框中输入用户信息，如图 3-54 所示，单击“下一步”按钮。

(4) 按要求输入密码，单击“下一步”按钮，最后单击“完成”按钮，创建新用户。

2) 打开 Internet 信息服务(IIS)管理器

(1) 展开“角色”→“Web 服务器(IIS)”节点，单击“Internet 信息服务(IIS)管理”节点。

(2) 在“Internet 信息服务(IIS)管理器”对话框中，展开服务器名下的菜单项，如图 3-55 所示。

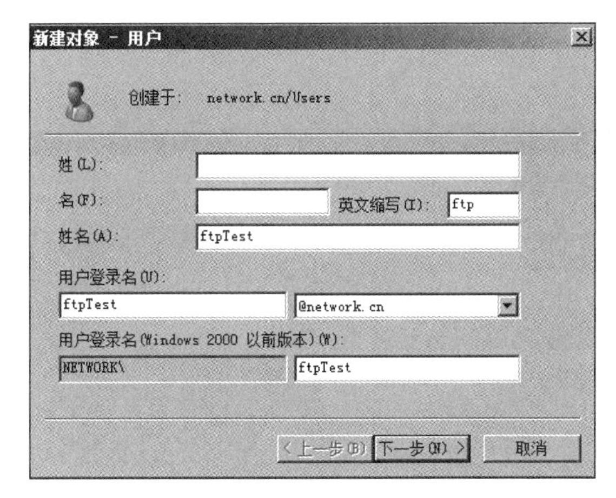

图 3-54 “新建对象-用户”对话框(2)

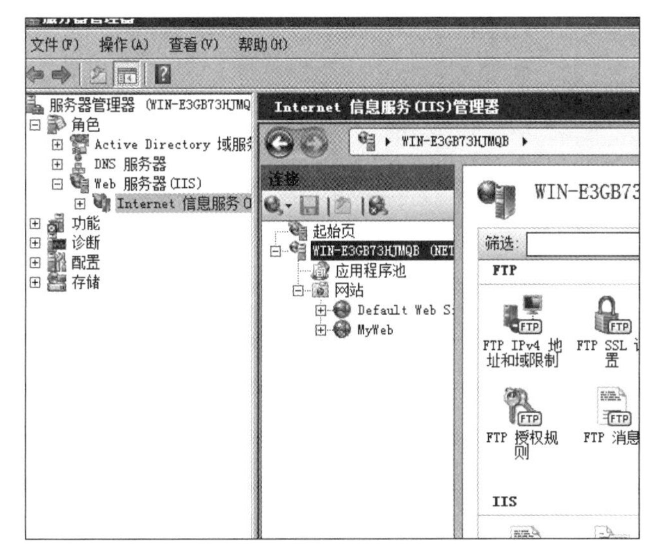

图 3-55 “Internet 信息服务(IIS)管理器”对话框

3) 添加 FTP 站点

(1) 右击服务器名称,在弹出的快捷菜单中选择“添加 FTP 站点”命令,如图 3-56 所示。

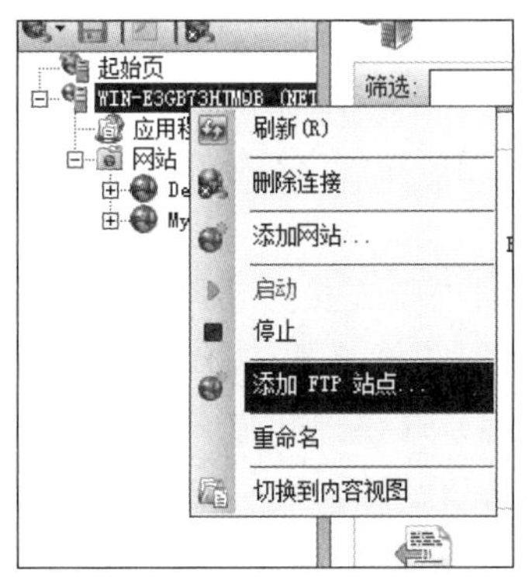

图 3-56 添加 FTP 站点

(2) 在图3-57所示的"站点信息"对话框中输入FTP站点名称、选择服务器文件的所在路径,单击"下一步"按钮。

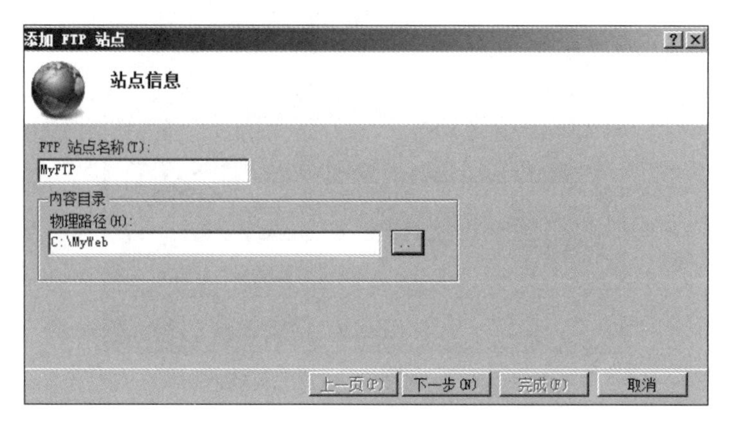

图3-57 "站点信息"对话框

(3) 在弹出的"绑定和SSL设置"对话框(图3-58)中选择FTP服务器的IP地址和端口号,设置SSL为"无",单击"下一步"按钮。

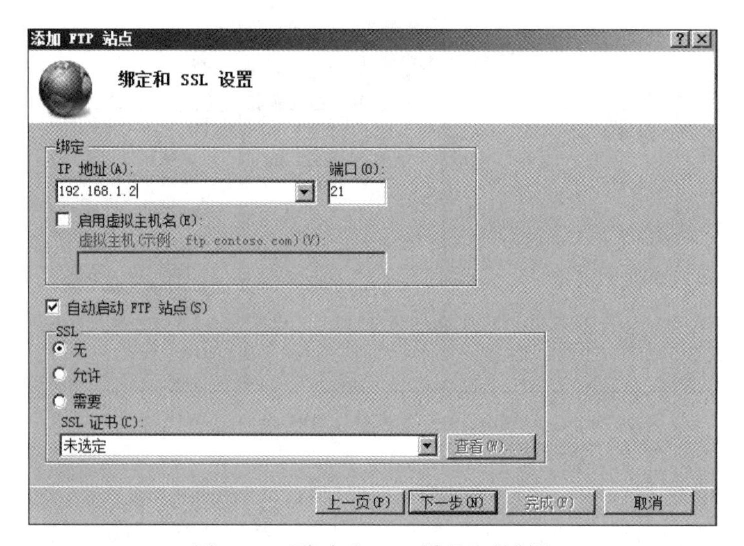

图3-58 "绑定和SSL设置"对话框

① IP地址:Windows Server 2008 R2操作系统中允许安装多块网卡,而且每块网卡也可以绑定多个IP地址,通过设置"IP地址"文本框中的信息,FTP客户端利用设置的这个IP地址来访问该FTP服务器。

② 端口:用户与FTP服务器进行连接并访问的端口号,默认的端口为21。服务器也可以设置一个任意的TCP端口号,若更改了TCP端口号,客户端在访问时需要在URL之后加上这个端口号,因此必须让客户端事先知道,否则就无法进行TCP连接。

(4) 在"身份验证和授权信息"对话框中,勾选"身份验证"分组的"基本"复选框,在"授权"分组的"允许访问"下拉列表框中选择"指定用户"选项,在文本框中输入之前建立的用户名ftpTest,在"权限"分组中勾选"读取"和"写入"复选框,如图3-59所示,单击"完成"按钮。

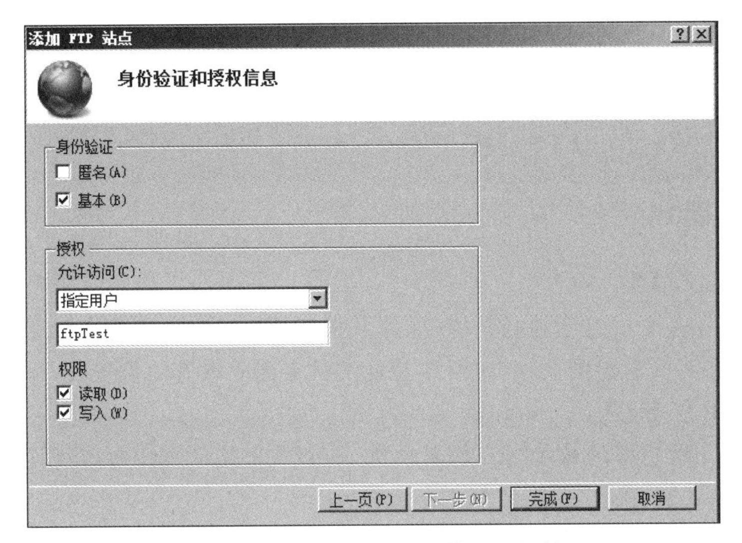

图 3-59 “身份验证和授权信息”对话框

(5) 在“Internet 信息服务(IIS)管理器”对话框中新增了 MyFTP 站点,如图 3-60 所示。

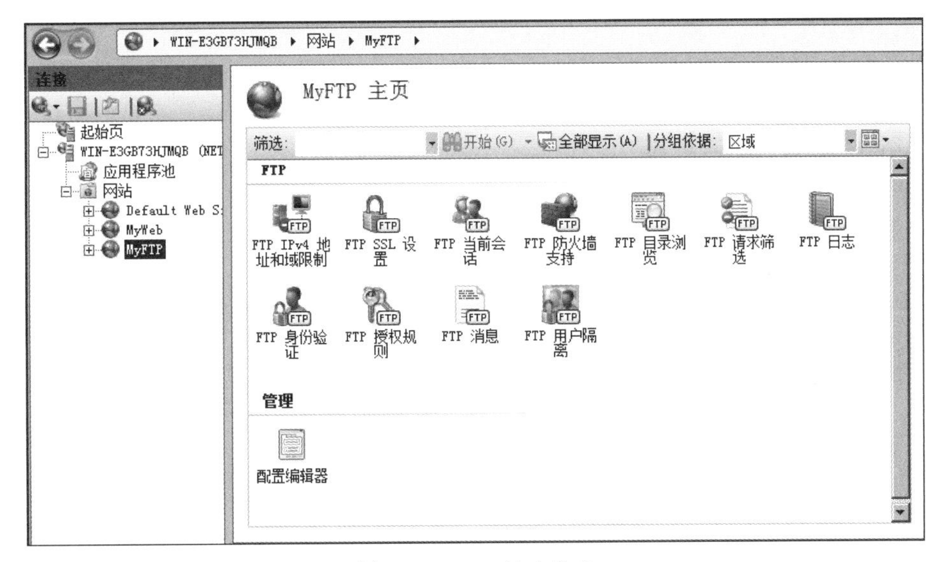

图 3-60 FTP 站点信息

4) 客户端访问 FTP 站点

在客户端打开 Windows 资源管理器,在地址栏中输入 FTP 服务器的 IP 地址,如 ftp://192.168.1.2,按要求输入用户名、密码。登录到 FTP 站点后,可以像平时使用资源管理器一样,利用文件的复制和粘贴实现文件下载和上传。

在客户端还可以使用 FTP 软件(如 LeapFTP、CuteFTP 和 FlashFXP 等)进行文件下载和上传,当然也可以用 DOS 命令进行文件下载和上传。在客户端计算机上打开 DOS 窗口,输入命令 192.168.1.2。

(1) 在弹出的界面输入用户名、密码,连接到 FTP 服务器。

(2) dir 命令用来显示 FTP 服务器有哪些文件可供下载。

(3) get 命令用来从服务器端下载一个文件。

(4) put 命令用来向 FTP 服务器端上传一个文件。

(5) bye 命令用来退出 FTP 连接。

自主练习部分

1. 建立共享文件夹

在 C:\中建立一个以自己姓名全拼(如姓名张三,即 zhangsan)为文件名的文件夹,用于用户上传、下载各种大容量的文件(也可以将此文件夹建立在其他位置)。

2. 创建 FTP 服务器

利用任务 3.1 解析好的域名“ftp.姓名全拼.com”发布共享文件夹,并创建用户名。

3. 测试

在 URL 地址栏中输入网址 ftp://ftp. 姓名全拼.com,打开共享文件夹。

任务 3.5　配置 DHCP 服务器

知识目标

掌握 DHCP 服务器的组建方法。

技能目标

能独立组建 DHCP 服务器。

职业素质目标

(1) 培养与人合作的意识。

(2) 能正确表达自己的思想,学会理解和分析问题。

任务实施

3.5.1　知识准备

在一个使用 TCP/IP 协议的网络中,每一台计算机都必须至少有一个 IP 地址,才能与其他计算机连接通信。在前面的内容中都是人为给计算机指定一个固定的 IP 地址,这样如果局域网中有几百台计算机,那么工作量将非常大,而且以后局域网的维护工作也非常烦琐。为了便于统一规划和管理网络中的 IP 地址,动态主机配置协议(Dynamic Host Configure Protocol,DHCP)应运而生。DHCP 服务器能自动给局域网里的每一台计算机分配 IP 地址,而不需要逐个手动指定 IP 地址。

DHCP 的前身是 BOOTP。BOOTP 原本是用于无磁盘主机连接的网络上的: 网络主机使用 BOOT ROM 而不是磁盘启动并连接上网络,BOOTP 则可以自动地为那些主机设定 TCP/IP 环境。但 BOOTP 有一个缺点：在设定前须事先获得客户端的硬件地址,而且与 IP 的对应是静态的。换言之,BOOTP 非常缺乏“动态性”,在有限的 IP 资源环境中,BOOTP 的一对一对应会造成非常大的浪费。

DHCP 可以说是 BOOTP 的增强版本,它分为两个部分：一个是服务器端,另一个是客户端。所有的 IP 网络设定数据都由 DHCP 服务器集中管理,并负责处理客户端的 DHCP 要求;而客户端则会使用从服务器分配下来的 IP 环境数据。相比 BOOTP,DHCP 透过“租约”的概念,有效且动态地分配客户端的 TCP/IP 设定,而且作为兼容考虑,DHCP 也完全照顾了 BOOTP Client 的需求。

3.5.2 实验过程

1. 安装 DHCP 服务器

1) 打开服务器管理器

选择“开始”→“管理工具”→“服务器管理器”命令,弹出“服务器管理器”窗口。

2) 添加 DHCP 服务器角色

(1) 单击“角色”节点,在右方显示的角色信息中单击“添加角色”按钮,弹出“添加角色向导”对话框,单击“下一步”按钮。

(2) 在图 3-61 所示的“选择服务器角色”对话框中勾选“DHCP 服务器”复选框,单击“下一步”按钮。

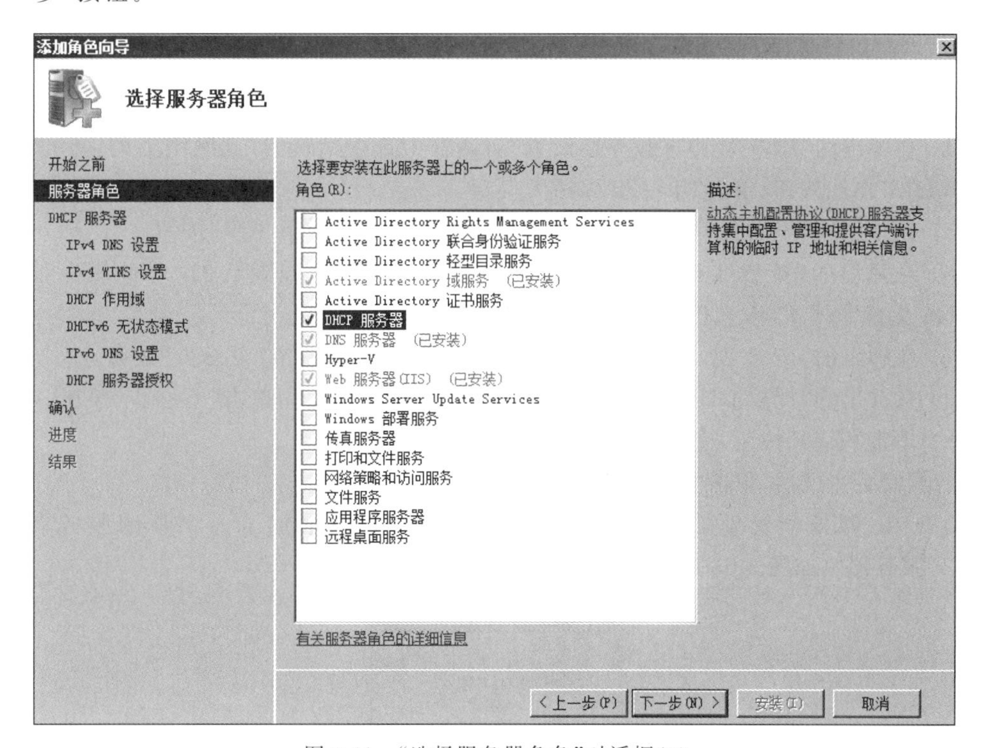

图 3-61 “选择服务器角色”对话框(4)

(3) 弹出“指定 IPv4 DNS 服务器设置”对话框，在“父域”文本框中输入设置的域 network.cn，在“首选 DNS 服务器 IPv4 地址”文本框中输入本 DNS 服务器的 IP 地址，如图 3-62 所示，单击“下一步”按钮。

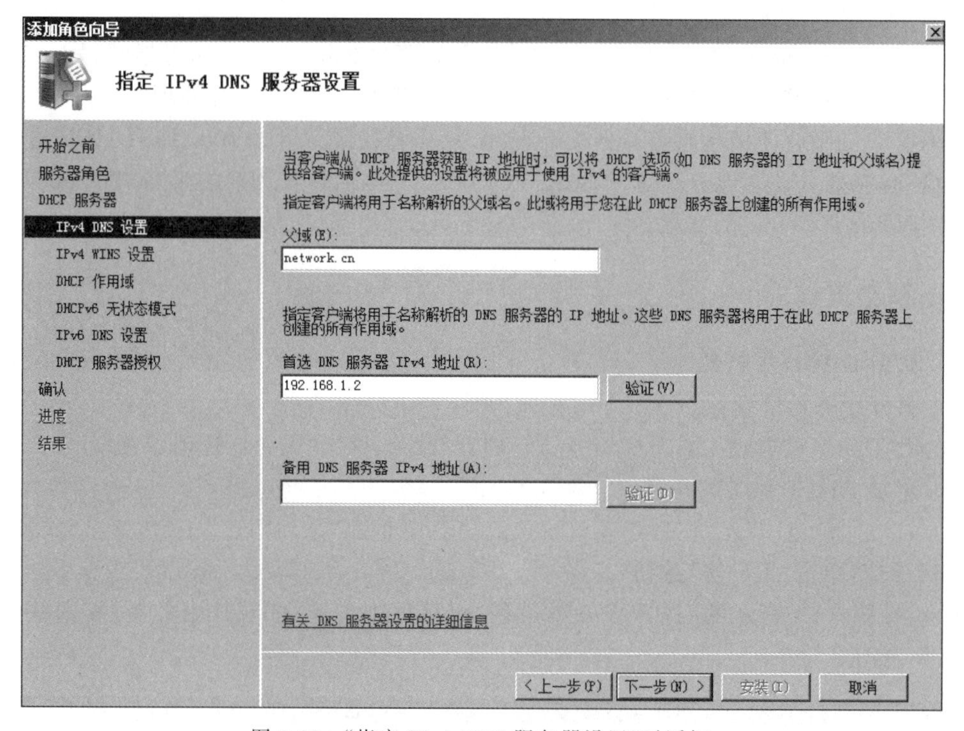

图 3-62 “指定 IPv4 DNS 服务器设置”对话框

(4) 在弹出的“IPv4 WINS 服务器设置”对话框中选中默认的“此网络上的应用程序不需要 WINS”单选按钮，单击“下一步”按钮。

(5) 在弹出的“添加或编辑 DHCP 作用域”对话框中单击“下一步”按钮。

(6) 在弹出的“配置 DHCPv6 无状态模式”对话框中选中默认的“对此服务器启用 DHCPv6 无状态模式”单选按钮，单击“下一步”按钮。

(7) 在弹出的“IPv6 DNS 设置”对话框中保留默认输入，单击“下一步”按钮。

(8) 在弹出的“授权 DHCP 服务器”对话框中保留默认选择，单击“下一步”按钮。

(9) 单击“安装”按钮，进行 DHCP 服务器的安装。

(10) 安装完成后，单击“关闭”按钮。

(11) 在“服务器管理器”窗口中，可见“角色”节点下增加了一个新的服务器角色“DHCP 服务器”，如图 3-63 所示。

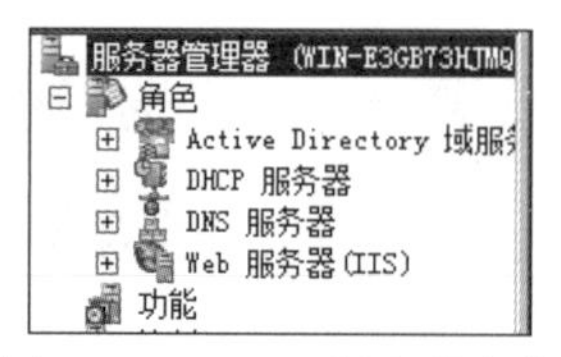

图 3-63 DHCP 服务器角色

2. 配置 DHCP 服务器

1）添加 DHCP 作用域

（1）展开“角色”→“DHCP 服务器”节点，右击其中的 IPv4 子节点，在弹出的快捷菜单中选择“新建作用域”命令，如图 3-64 所示。

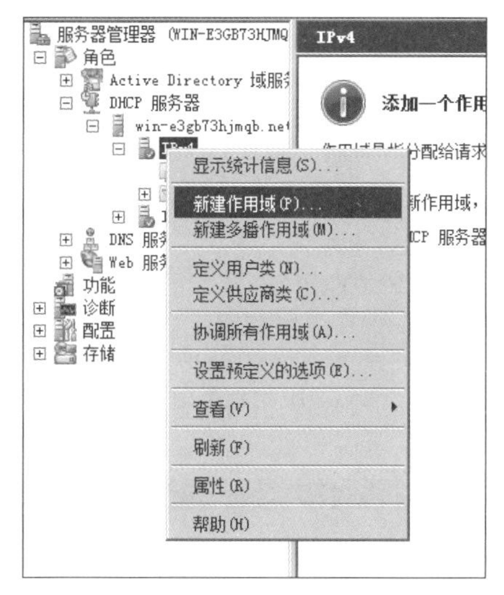

图 3-64 选择“新建作用域”命令

（2）在弹出的“新建作用域向导”界面中单击“下一步”按钮。

（3）弹出“作用域名称”对话框，分别在“名称”和“描述”文本框中为该作用域输入一个名称和一段描述性信息，如图 3-65 所示，单击“下一步”按钮。

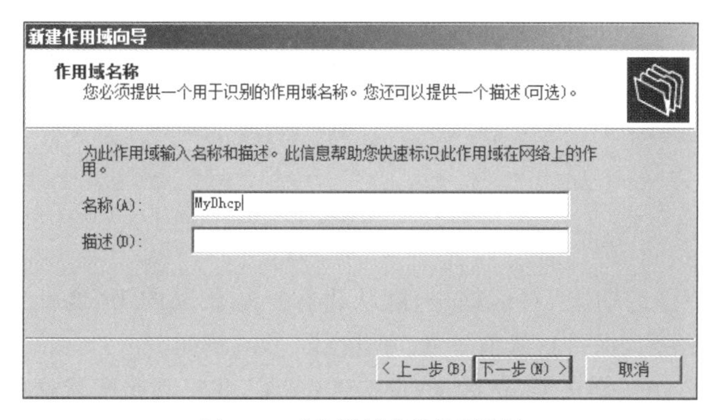

图 3-65 “作用域名称”对话框

（4）弹出“IP 地址范围”对话框，分别在“起始 IP 地址”和“结束 IP 地址”文本框中输入已经确定好的 IP 地址范围的起止 IP 地址（根据实际网络结构填写，或者老师先分配好 IP 地址），单击“下一步”按钮，如图 3-66 所示。

（5）弹出“添加排除和延迟”对话框，在这里可以指定需要排除的 IP 地址或 IP 地址范围（根据实际网络结构填写，或者老师先分配好 IP 地址）。在“起始 IP 地址”文本框中输入排除的 IP 地址并单击“添加”按钮。重复操作即可，然后单击“下一步”按钮，如图 3-67 所示。

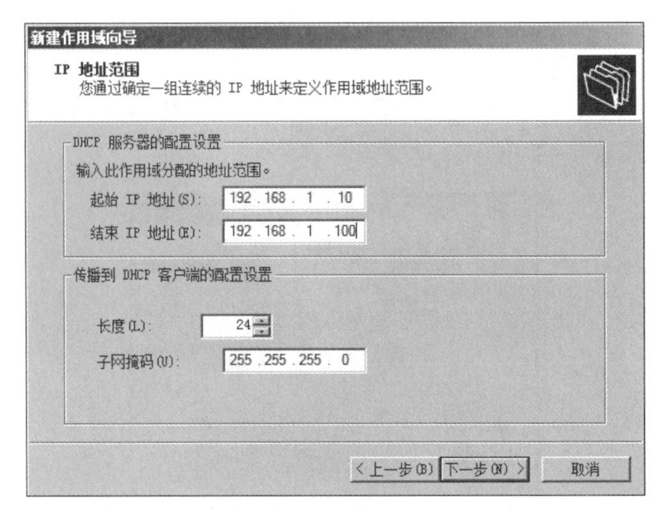

图 3-66 “IP 地址范围”对话框

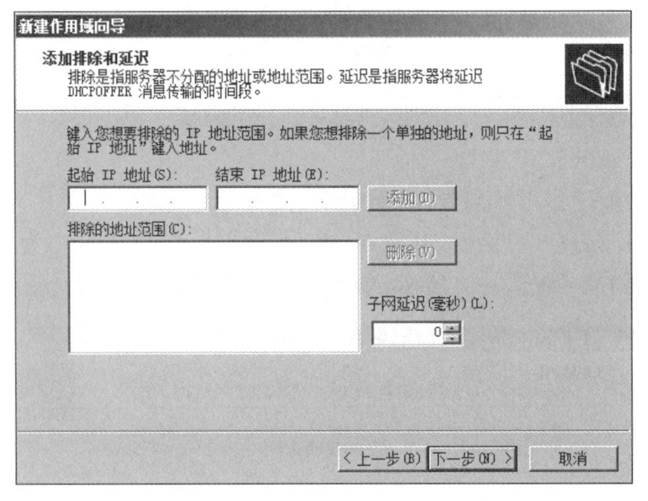

图 3-67 “添加排除和延迟”对话框

(6) 在弹出的“租约期限”对话框中，默认将客户端获取的 IP 地址使用期限限制为 8 天。如果没有特殊要求，保持默认值不变，单击“下一步”按钮。

(7) 弹出“配置 DHCP 选项”对话框，保持选中“是，我想现在配置这些选项”单选按钮，单击“下一步”按钮。

(8) 在弹出的“路由器(默认网关)”对话框中根据实际情况输入网关地址，并单击“添加”按钮；如果没有，可以不输入，直接单击“下一步”按钮，如图 3-68 所示。

(9) 在弹出的“域名称和 DNS 服务器”对话框中根据实际情况输入，并单击“添加”按钮；如果没有，可以不输入，直接单击“下一步”按钮，如图 3-69 所示。

(10) 在弹出的“WINS 服务器”对话框中根据实际情况输入，并单击“添加”按钮；如果没有，可以不输入，直接单击“下一步”按钮，如图 3-70 所示。

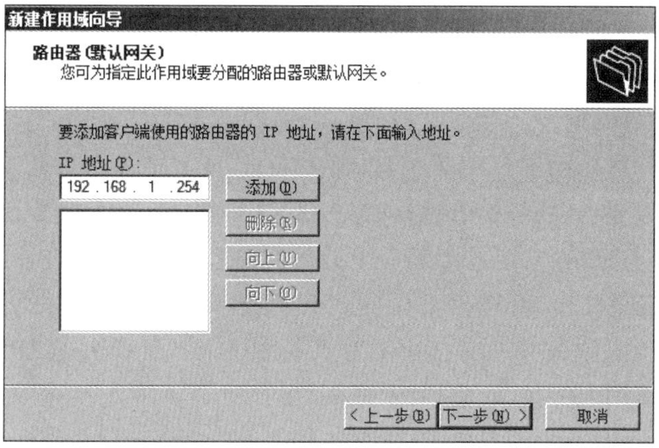

新建作用域向导

路由器(默认网关)

您可为指定此作用域要分配的路由器或默认网关。

要添加客户端使用的路由器的 IP 地址，请在下面输入地址。

IP 地址(P)：192.168.1.254　添加(D)　删除(R)　向上(U)　向下(O)

<上一步(B)　下一步(N)>　取消

图 3-68　“路由器(默认网关)”对话框

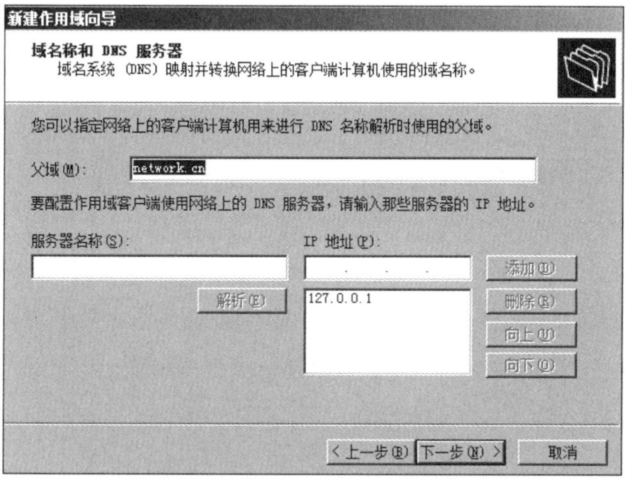

新建作用域向导

域名称和 DNS 服务器

域名系统(DNS)映射并转换网络上的客户端计算机使用的域名称。

您可以指定网络上的客户端计算机用来进行 DNS 名称解析时使用的父域。

父域(M)：network.cn

要配置作用域客户端使用网络上的 DNS 服务器，请输入那些服务器的 IP 地址。

服务器名称(S)：　IP 地址(P)：

解析(E)　127.0.0.1　添加(D)　删除(R)　向上(U)　向下(O)

<上一步(B)　下一步(N)>　取消

图 3-69　“域名称和 DNS 服务器”对话框

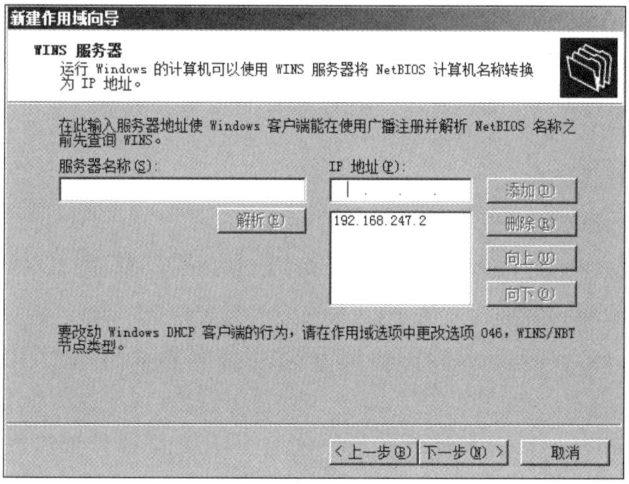

新建作用域向导

WINS 服务器

运行 Windows 的计算机可以使用 WINS 服务器将 NetBIOS 计算机名称转换为 IP 地址。

在此输入服务器地址使 Windows 客户端能在使用广播注册并解析 NetBIOS 名称之前先查询 WINS。

服务器名称(S)：　IP 地址(P)：

解析(E)　192.168.247.2　添加(D)　删除(R)　向上(U)　向下(O)

要改动 Windows DHCP 客户端的行为，请在作用域选项中更改选项 046，WINS/NBT 节点类型。

<上一步(B)　下一步(N)>　取消

图 3-70　“WINS 服务器”对话框

(11) 在弹出的“激活作用域”对话框中选中“是，我想现在激活此作用域”单选按钮，并单击“下一步”按钮。单击“完成”按钮完成配置。

2) DHCP 客户端设置

为了使客户端计算机能够自动获取 IP 地址，除了 DHCP 服务器正常工作以外，还需要将客户端计算机配置成自动获取 IP 地址的方式。实际上，在默认情况下客户端计算机使用的都是自动获取 IP 地址的方式，一般情况下并不需要进行配置。

(1) 打开“控制面板”→“网络和 Internet”→“网络和共享中心”→“更改适配器配置”。

(2) 在弹出的“网络连接”窗口中右击“本地连接”图标并执行“属性”命令，弹出“Internet 协议版本 4(TCP/IPv4)属性”对话框。

(3) 选中“自动获得 IP 地址”和“自动获得 DNS 服务器地址”单选按钮，如图 3-71 所示，单击“确定”按钮。

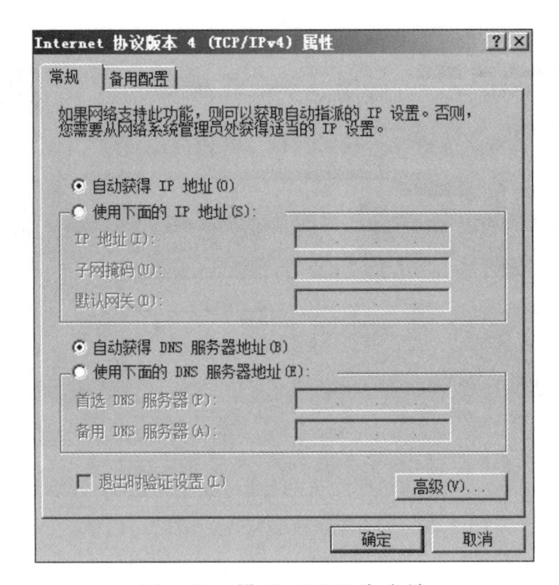

图 3-71 设置 DHCP 客户端

至此，DHCP 服务器端和客户端已经全部设置完成，一个基本的 DHCP 服务器环境已经部署成功。在 DHCP 服务器正常运行的情况下，首次开机的客户端会自动获取一个 IP 地址并拥有 8 天的使用期限。

3) 测试 DHCP 服务器是否正常工作

在客户端计算机打开 DOS 窗口，输入命令 ipconfig/all，能获取到 IP 地址则表示 DHCP 服务器配置正确，如图 3-72 所示。

输入命令 ipconfig/release，接口的租用 IP 地址便重新交付给 DHCP 服务器(归还 IP 地址)。

输入命令 ipconfig/renew，本地计算机设法与 DHCP 服务器取得联系，并租用一个 IP 地址。

```
管理员: 命令提示符
                                      localdomain

以太网适配器 本地连接:

   连接特定的 DNS 后缀 . . . . . . . : localdomain
   描述. . . . . . . . . . . . . . . : Intel(R) PRO/1000 MT Network Connection
   物理地址. . . . . . . . . . . . . : 00-0C-29-66-6C-52
   DHCP 已启用 . . . . . . . . . . . : 是
   自动配置已启用. . . . . . . . . . : 是
   本地链接 IPv6 地址. . . . . . . . : fe80::d07c:81cb:fb7c:d60e%11(首选)
   IPv4 地址 . . . . . . . . . . . . : 192.168.247.130(首选)
   子网掩码  . . . . . . . . . . . . : 255.255.255.0
   获得租约的时间  . . . . . . . . . : 2020年5月17日 20:04:08
   租约过期的时间  . . . . . . . . . : 2020年5月17日 22:49:08
   默认网关. . . . . . . . . . . . . : 192.168.247.2
   DHCP 服务器 . . . . . . . . . . . : 192.168.247.254
   DHCPv6 IAID . . . . . . . . . . . : 234884137
   DHCPv6 客户端 DUID  . . . . . . . : 00-01-00-01-26-48-0B-9A-00-0C-29-66-6C-52

   DNS 服务器  . . . . . . . . . . . : ::1
                                       127.0.0.1
   主 WINS 服务器  . . . . . . . . . : 192.168.247.2
   TCPIP 上的 NetBIOS  . . . . . . . : 已启用

隧道适配器 isatap.localdomain:
```

图 3-72　获取的 IP 地址

自主练习部分

1. 创建 DHCP 服务器

IP 地址范围：第一组“192.168.1.151～192.168.1.160”(图 3-73)，第二组“192.168.1.161～192.168.1.170”，以此类推。

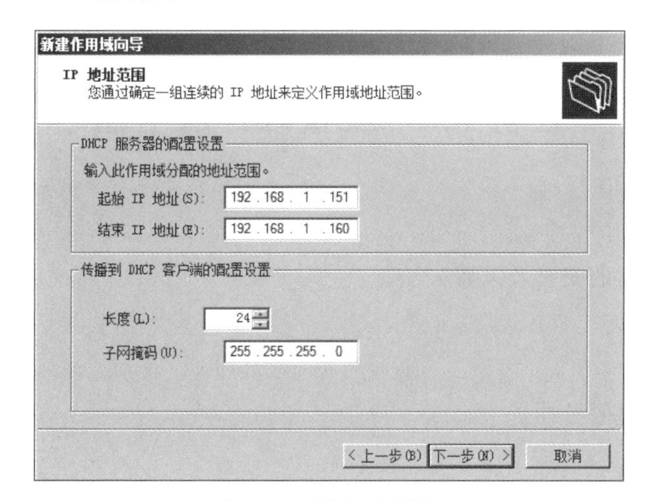

图 3-73　IP 地址范围

2. 测试

在客户机上打开“TCP/IP 协议”的“属性”对话框，将 IP 地址选项设为“自动获得 IP 地址”，如图 3-74 所示。

此时，客户机自动从 DHCP 服务器那里得到一个 IP 地址。那么，怎样才能看到客户机的 IP 地址呢？

在客户机的“运行”对话框中输入 command，打开 command 程序，输入 ipconfig/all，即可看到客户机分配到的动态 IP 地址。将客户机分配到的动态 IP 地址填入表 3-1。

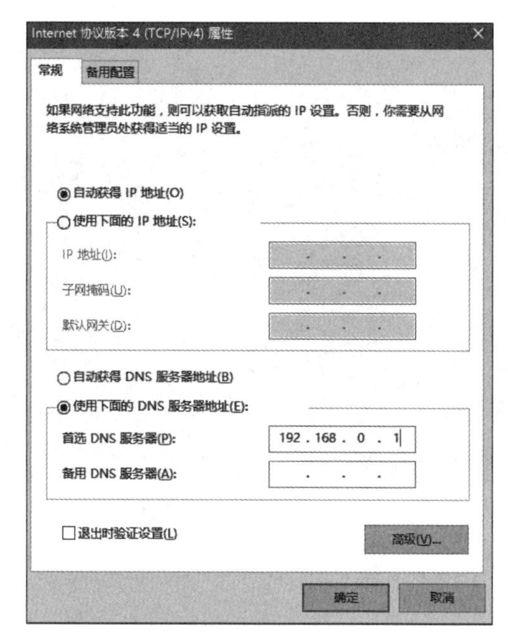

图 3-74　IP 地址设置

表 3-1　客户机动态 IP 地址

自动获取的动态 IP 地址	

任务 3.6　配置邮件服务器

知识目标

掌握邮件服务器的安装及设置方法。

技能目标

能独立配置邮件服务器。

职业素质目标

(1) 培养与人合作的意识。
(2) 能正确表达自己的思想，学会理解和分析问题。

任务实施

3.6.1　知识准备

1. 电子邮件服务

电子邮件系统与我们生活中的邮政系统类似，也需要有“邮局”“邮递员”“邮箱”。

(1) 电子邮件服务器：相当于邮局，该服务器运行邮件传输代理软件，负责接收本地用户发来的邮件，并根据目的地址发送到接收方的邮件服务器中；负责接收其他服务器上传来的邮件，并转发到本地用户的邮箱中。

(2) 电子邮件协议：相当于邮递员，负责在用户和服务器之间、服务器和服务器之间传输电子邮件，发送邮件使用 SMTP(简单邮件传输)协议，接收邮件使用 POP3(邮局)协议或 IMAP 协议。

(3) 电子信箱：相当于邮箱，电子信箱是建立在邮件服务器上的一部分硬盘空间中，由电子邮件服务机构提供，用于保存用户的电子邮件。用户可以利用它发送和接收电子邮件。

电子邮箱的地址格式为：用户名@主机名，该地址在全球是唯一的。另外，收发电子邮件必须有相应的软件支持。常用的收发电子邮件的软件有 Exchange、Outlook Express 等，这些软件提供邮件的接收、编辑、发送及管理功能。现在，大多数 Internet 浏览器也都包含收发电子邮件的功能，如 Internet Explorer 和 Navigator/Communicator。

3.6.2 实验过程

1. 安装 IMail

(1) 双击 IMail 安装文件 IMail8.22.exe，出现欢迎界面，单击 Next 按钮。

(2) 在图 3-75 所示的对话框中输入主机名字，如 mail.haisen.com，单击 Next 按钮。

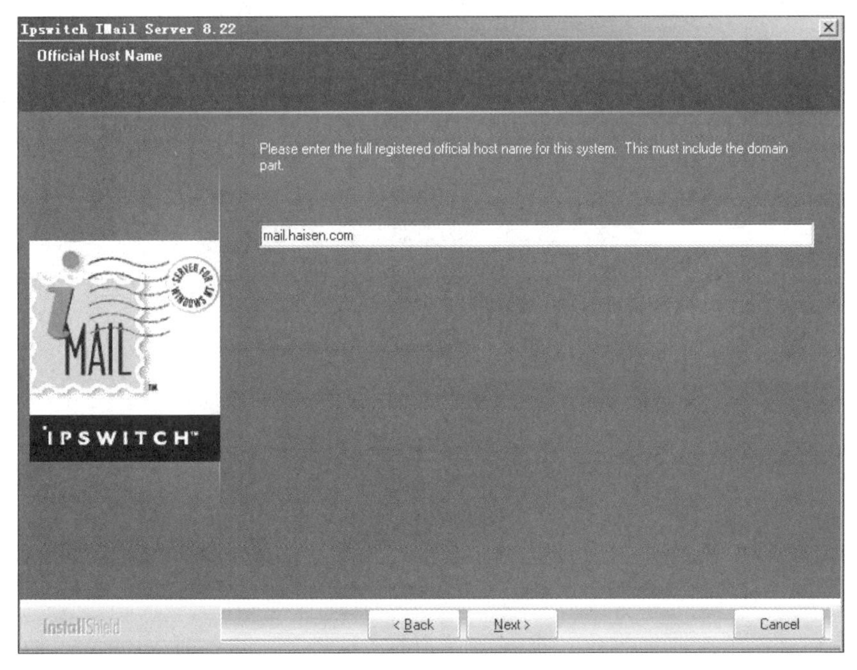

图 3-75 输入主机名

(3) 在图 3-76 所示的对话框中选中 IMail User Database 单选按钮，单击 Next 按钮。

(4) 在图 3-77 所示的对话框中选中默认安装位置，单击 Next 按钮。

(5) 在图 3-78 所示的对话框中选中组建快捷方式保存的文件夹，选择默认的 IMail，单击 Next 按钮，弹出 SSL Keys 对话框，单击“否”按钮。

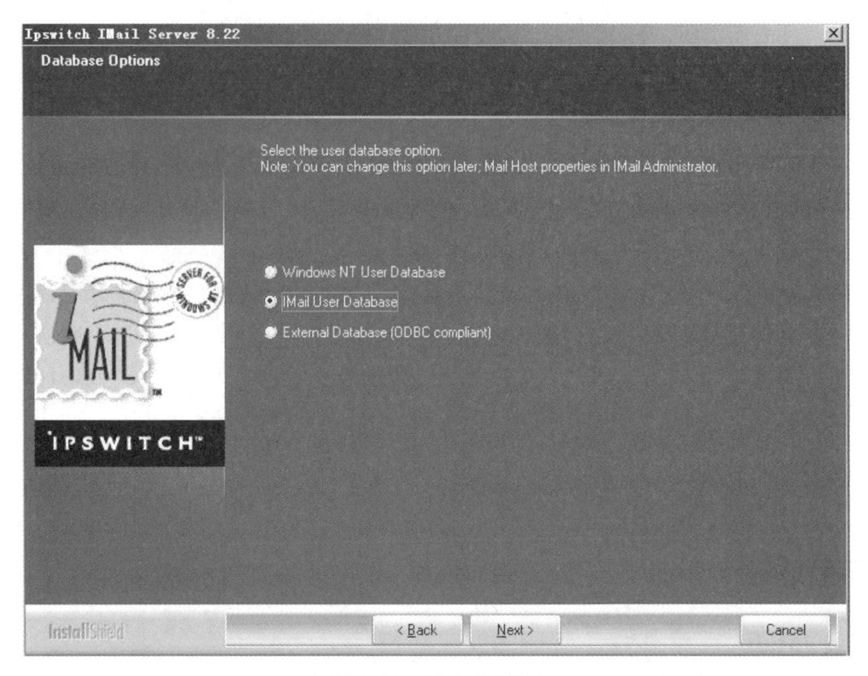

图 3-76 选中数据库

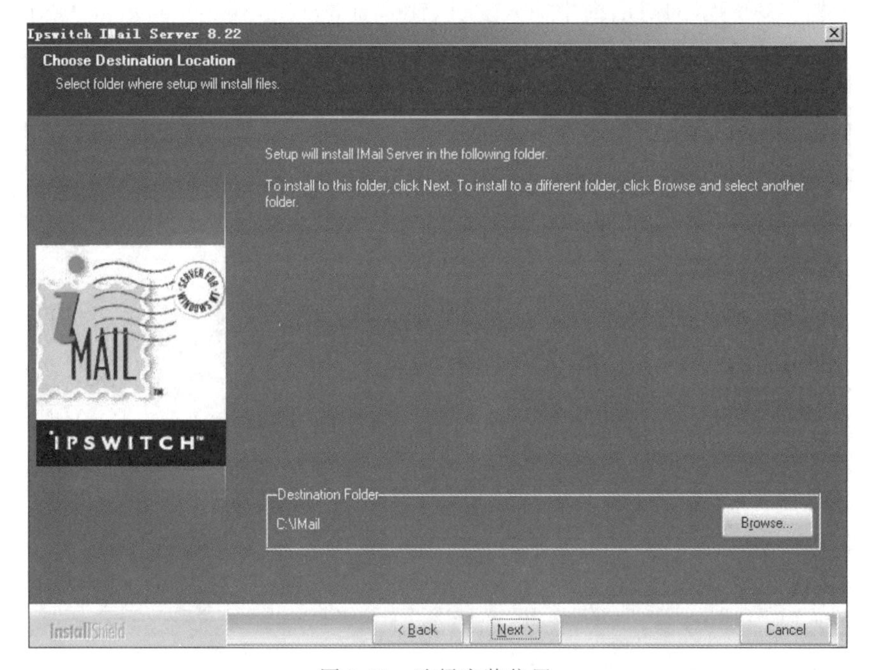

图 3-77 选择安装位置

(6) 在图 3-79 所示的对话框中选择安装的组件，勾选 IMail Monitor Service、IMail Web Service、IMail POP3 Server、IMail SMIP Server 和 IMail Queue Manager Service 复选框，单击 Next 按钮，开始安装，安装结束后，弹出如图 3-80 所示的对话框，询问是否现在就添加用户，若现在添加选择“是”，否则选择“否”。这里选择“否”，在随后的对话框中单击 Finish 按钮。

图 3-78 选择存放快捷方式的文件夹

图 3-79 选择安装的服务模块

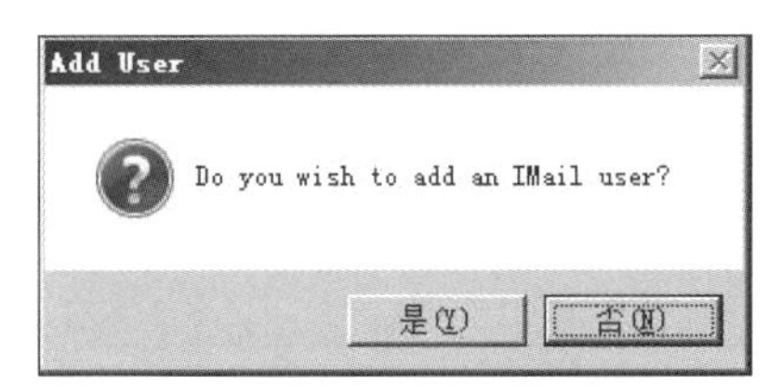

图 3-80 询问是否创建用户

2. 启动与停止服务

(1) 依次单击"开始"→"程序"→IMail→IMail Administrator，出现 IMail 服务器管理窗口，如图 3-81 所示。

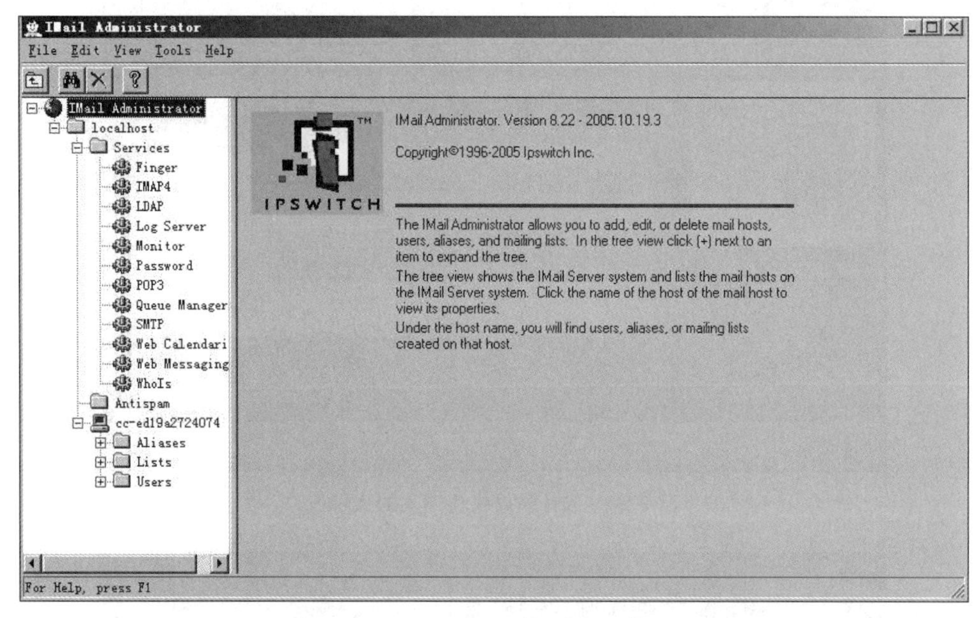

图 3-81 IMail 管理窗口

(2) 在图 3-81 左侧的窗格中选择 Services，在右侧的窗格中选择要启动的服务，单击"启动/停止"按钮，可以启动所有服务或停止所有服务，如图 3-82 所示。

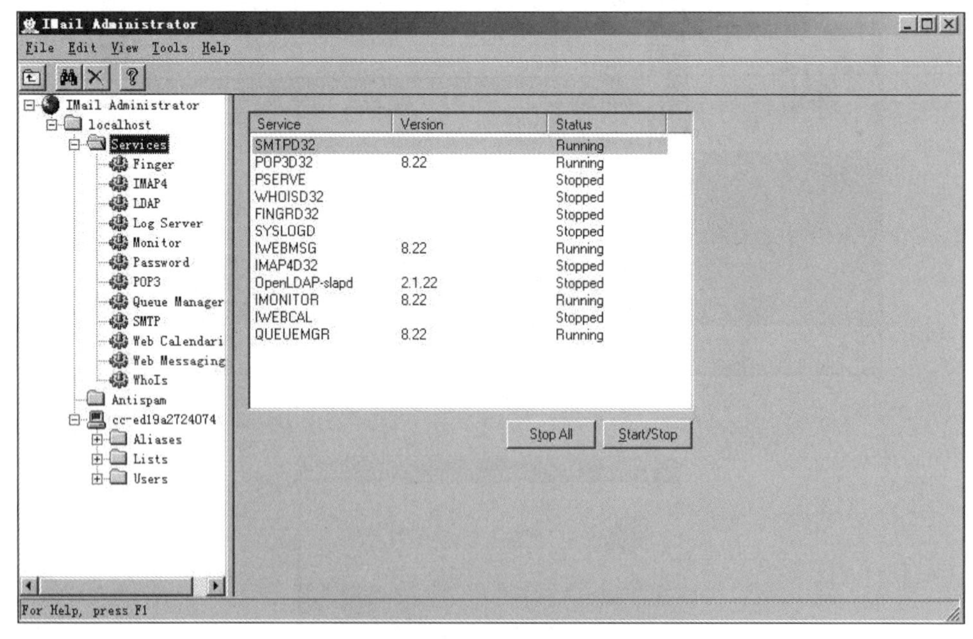

图 3-82 "启动/停止"所有服务

(3) 在 Services 下单击一项服务，在右侧的窗格中可以启动和停止该项服务，如图 3-83 所示。

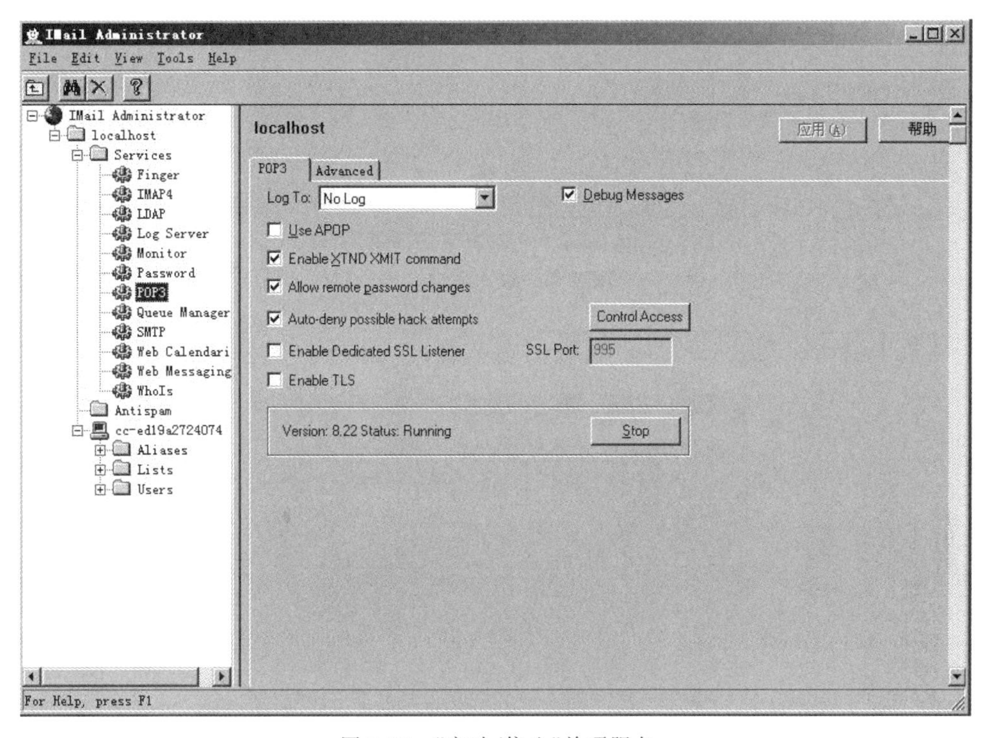

图 3-83　"启动/停止"单项服务

3. 创建用户

(1) 在图 3-81 左侧的窗格中依次选择 localhost→cc-ed19a2724074，右击 Users，选择 Add User 命令。

(2) 在图 3-84 所示的 New User ID 对话框中输入用户名，如 chengli，单击"下一步"按钮。

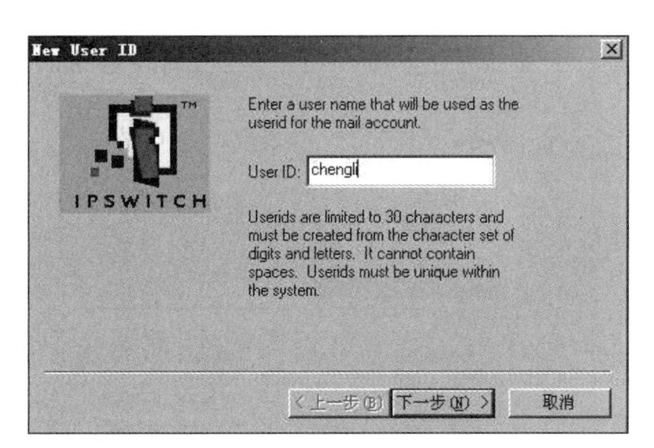

图 3-84　建立新用户

(3) 在 Full name of New User 对话框中输入用户全名，如图 3-85 所示，单击"下一步"按钮。

图 3-85　输入用户全名

（4）在 Password for New User 对话框中输入密码，如图 3-86 所示，单击“下一步”按钮。

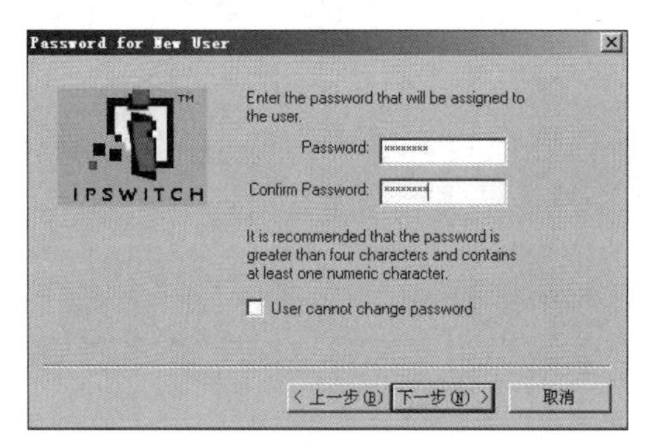

图 3-86　输入密码

（5）单击“完成”按钮结束创建，新建账户信息如图 3-87 所示。

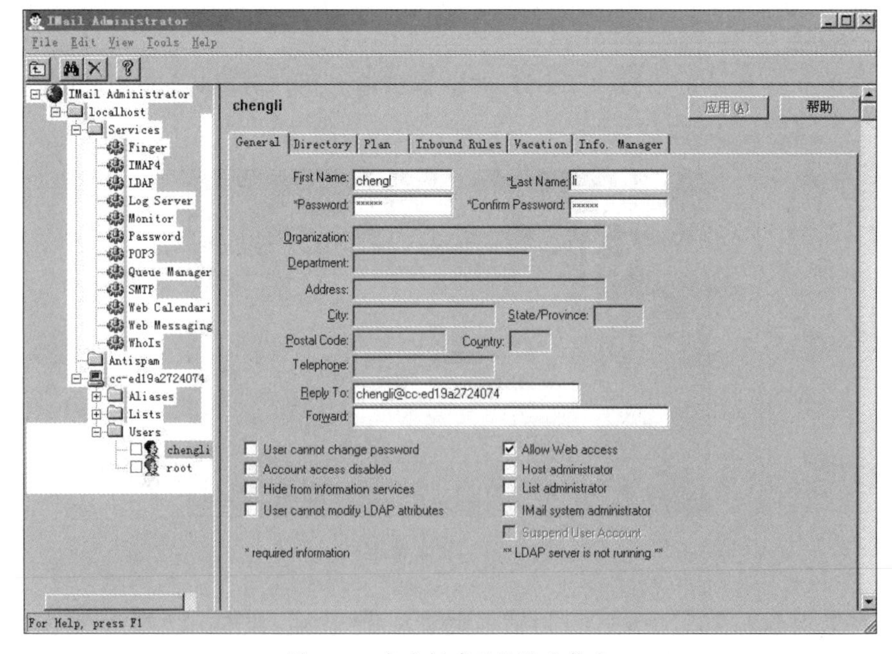

图 3-87　完成创建后的账户信息

4. 使用 IMail 客户端收发邮件

(1) 单击“开始”→“程序”→IMail→IMail Client,启动客户端程序,如图 3-88 所示。

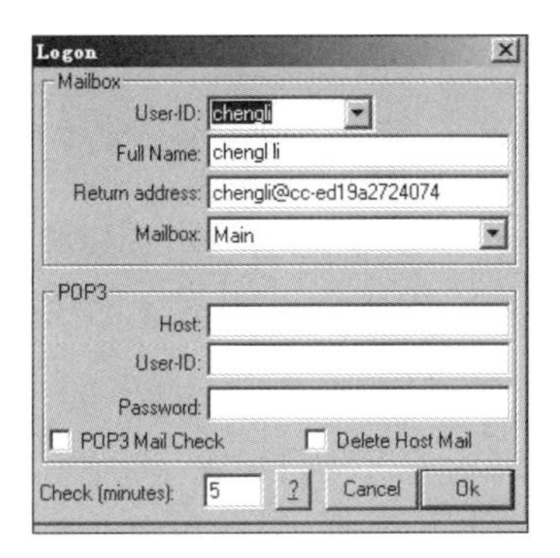

图 3-88　登录 IMail 客户端

(2) 在 User-ID 中选择 chengli,其余默认,单击 OK 按钮。

(3) 在图 3-89 所示的 IMAIL(32)chengli-main 窗口中单击 Send 按钮。

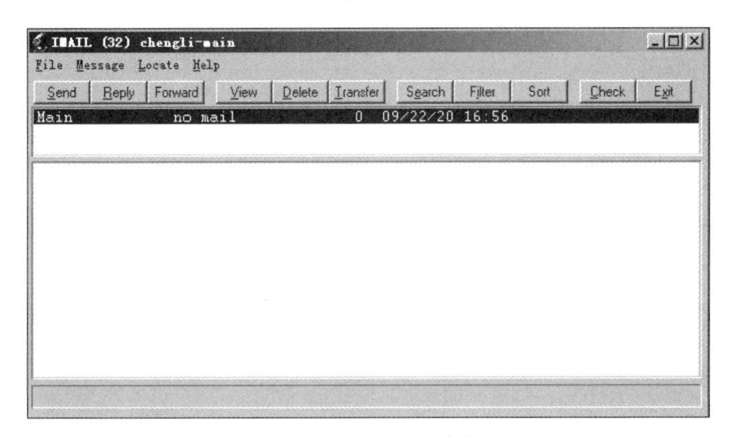

图 3-89　IMail 客户端窗口

(4) 在图 3-90 所示的 Create Mail Message 窗口中输入收件人的信箱地址、主题和内容。

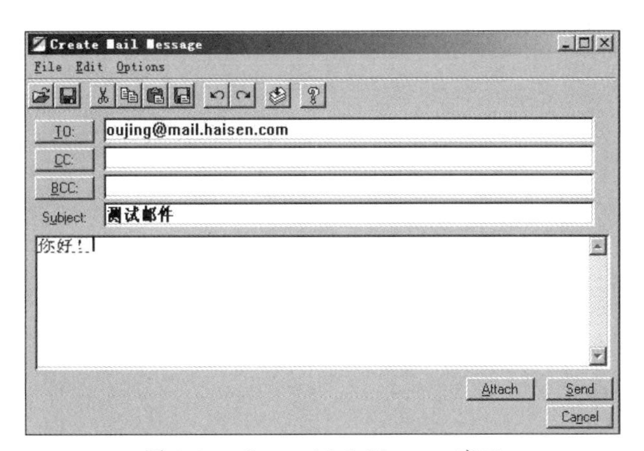

图 3-90　Create Mail Message 窗口

(5) 在客户端登录接收者的账户(本例为 oujing),在 IMail 客户端单击 View 按钮就可以看到 chengli 发来的邮件,双击邮件即可查看邮件内容。

自主练习部分

1. 创建邮件服务器

利用任务 3.1 解析的域名"email.姓名全拼.com"创建邮件服务器,并申请邮箱账号。

2. 测试

小组成员相互发邮件,看能否收到。

项目4　配置Cisco交换机

学习目标

(1) 掌握搭建路由器和交换机试验机的方法。
(2) 掌握交换机基本配置命令的使用方法。
(3) 掌握配置单交换机 vlan 的方法。
(4) 掌握配置跨交换机 vlan 的方法。
(5) 掌握配置 vlan 间路由的方法。

任务 4.1　搭建试验机

知识目标

掌握 Packet Tracer 软件的安装及设置方法。

技能目标

能独立使用 Packet Tracer 软件构建虚拟网络。

职业素质目标

(1) 培养与人合作的意识。
(2) 能正确表达自己的思想，学会理解和分析问题。

任务实施

4.1.1　知识准备

1. 认识 Packet Tracer

Packet Tracer(PT)是与新版 CCNA Discovery 和 CCNA Exploration 并行发布的一个网络模拟器。PT 提供可视化、可交互的用户图形界面，用来模拟各种网络设备及其网络处理过程，使实验更直观、更灵活、更方便。

PT 提供两个工作区：逻辑工作区(Logical)和物理工作区(Physical)，如图 4-1 所示。

图 4-1　工作区切换图标

(1) 逻辑工作区：主要工作区，在该区域里面完成网络设备的逻辑连接及配置。

(2) 物理工作区：该区域提供了办公地点(城市、办公室、工作间等)和设备的直观图，可以对它们进行相应配置。左上角可以切换这两个工作区域。

PT 提供两种工作模式：实时模式(Realtime)和模拟模式(Simulation)，如图 4-2 所示。

图 4-2 工作模式切换图标

(1) 实时模式：默认模式，提供实时的设备配置和 Cisco IOS CLI(Command Line Interface)模拟。

(2) 模拟模式：用于模拟数据包的产生、传递和接收过程，可逐步查看。右下角可以切换这两种工作模式。

2. Packet Tracer 界面操作简介

逻辑工作区(Logical Workplace)(中间最大块的地方)用于显示当前的拓扑结构和各个设备的状态；图例导航区(Symbol Navigation)(左下角)用于切换不同的设备图例。如单击路由器图标，右边出现所有可选的路由器型号，如图 4-3 所示。

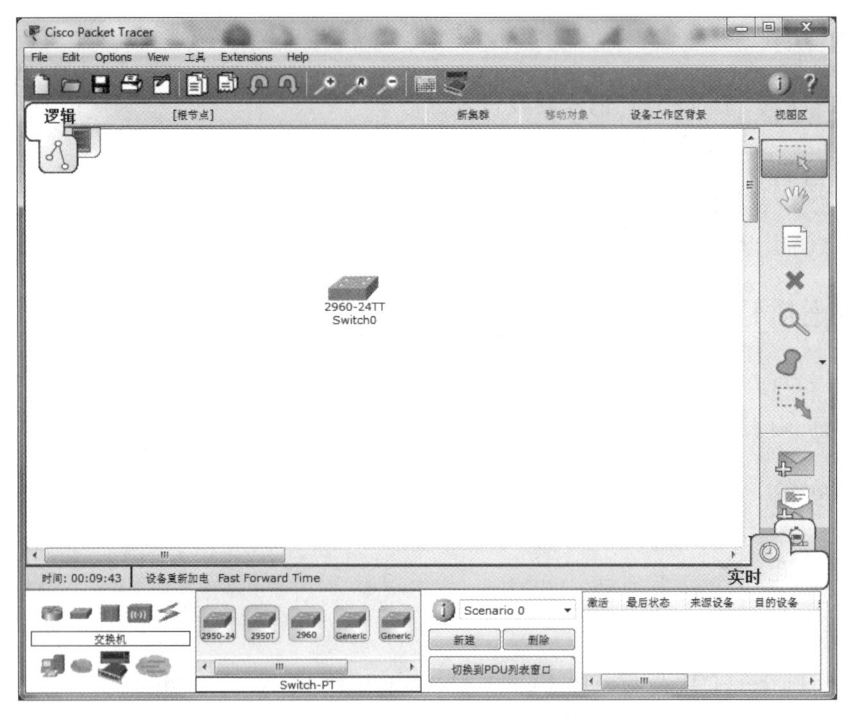

图 4-3 Packet Tracer 界面

从图例导航区可以拖动某个设备图标到工作区。单击工作区中的设备，可以调出该设备的设置界面。

(1) 在 Physical 标签下可以进行设备模块的配置。默认情况下，设备没有安装任何模块。可以从左边的 MODULES 列表拖动需要的模块到设备的空插槽中(左下角有相应的模块说明)。注意拖放前要关闭设备的电源(在图片中单击电源即可),如图 4-4 所示。

图 4-4 物理设备视图

(2) 在 Config 标签下可以进行图形界面交互配置(GUI),下面文本框会显示等价的命令行语句,如图 4-5 所示。

图 4-5 配置界面

配置包括 GLOBAL、ROUTING、SWITCHING、INTERFACE 四个大项，单击每项可以出现具体的子项列表（随设备不同而略有不同）。

- GLOBAL：Settings。
- ROUTING：Static；RIP。
- SWITCHING：vlan Database。
- INTERFACE：包括设备上的所有物理接口，如 FastEthernet0/1 等。

（3）在 CLI 标签下可以进行命令行的配置，它与在交互界面下进行的配置是等效的，如图 4-6 所示。

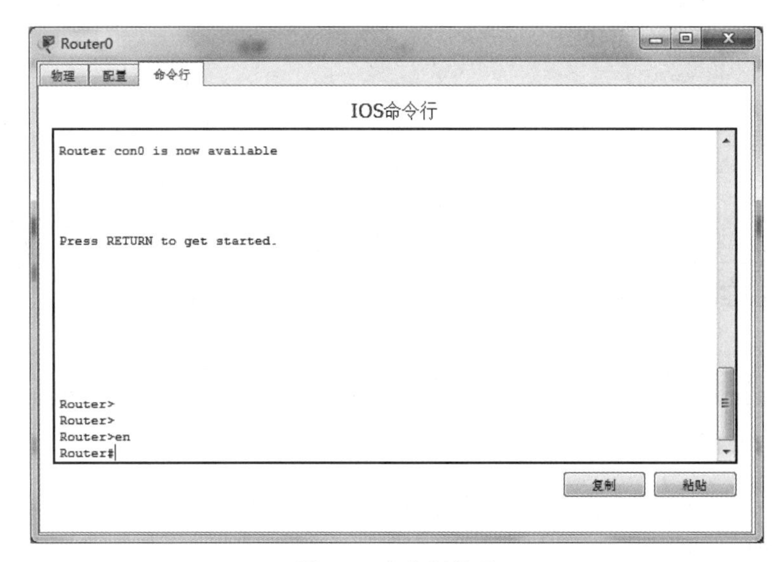

图 4-6　命令行界面

4.1.2　实验过程

1. 实验环境

1）实验所需设备

- 路由器：1841×2。
- 交换机：2950-24×2。
- PC×2。
- Server×1。

2）拓扑说明

- 路由器 Local 及其连接的交换机以及连接在交换机上的 PC 形成本地局域网。
- 路由器 ISP 模拟 ISP 网络，而 Cisco 模拟位于 ISP 网络中的一个服务器。
- Local 和 ISP 之间是点到点 WAN 连接。

2. 搭建虚拟网络

搭建图 4-7 所示的虚拟网络。

（1）拖放两台 1841 路由器，并把一台 Display Name 和 Hostname 改为 Local，另一台改为 ISP（在 config→GLOBAL→Settings 下设置）。

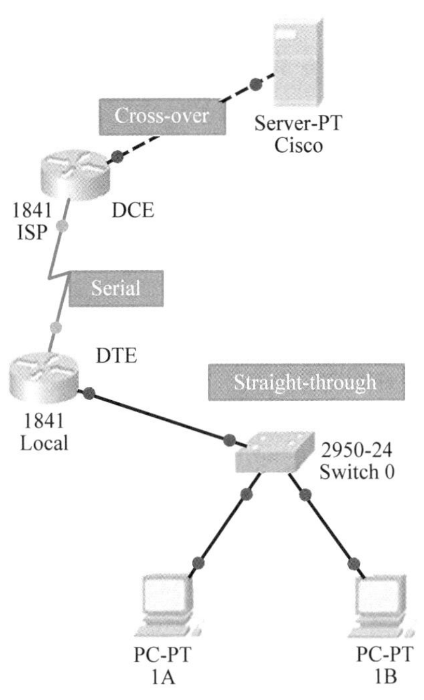

图 4-7 实验拓扑结构图(1)

(2) 关闭路由器电源,把 WIC-2T(串口 * 2) 模块分别添加到两台路由器,然后重新打开电源。

(3) 在本地局域网拖放一台 2950-24 交换机。

(4) 在本地局域网拖放两台 PC,分别命名为 1A 和 1B。

(5) 在 ISP 网络拖放一台服务器,命名为 Cisco。

(6) 用直通线(Straight-through)分别连接 1A 和 1B 的 FastEthernet 口到交换机的 Fa0/1 和 Fa0/2 口;用直通线连接 Local 的 Fa0/0 到交换机的 Fa0/24。

(7) 用交叉线(Cross-over)连接 ISP 的 Fa0/0 口到 Cisco 的 FastEthernet 口。

(8) 用串行线(Serial)DCE 一端连接 ISP 的 S0/0/0,另一端(DTE)连接 Local 的 S0/0/0。

3. 用 GUI 界面配置设备

(1) 按照表 4-1 配置各个设备各端口的 IP 地址:在 Config→INTERFACE 找到相应端口,选择 Static IP 配置模式,配置 IP 地址和子网掩码,同时应该注意使端口状态置为"启用",如图 4-8 所示。

表 4-1 IP 地址配置表(1)

本地局域网(192.168.1.0/24)		
1A	FastEthernet	192.168.1.1
1B	FastEthernet	192.168.1.2
Local	Fa0/0	192.168.1.254
ISP 网络(192.168.2.0/24)		
Cisco	FastEthernet	192.168.2.253
ISP	Fa0/0	192.168.2.254

续表

点到点 WAN(192.168.3.0/24)		
ISP	S0/0/0	192.168.3.1
Local	S0/0/0	192.168.3.2

图 4-8 配置 PC IP 地址

(2) 配置 ISP 的 Serial0/0/0 端口的时钟速率为 64000(DCE 端),如图 4-9 所示。

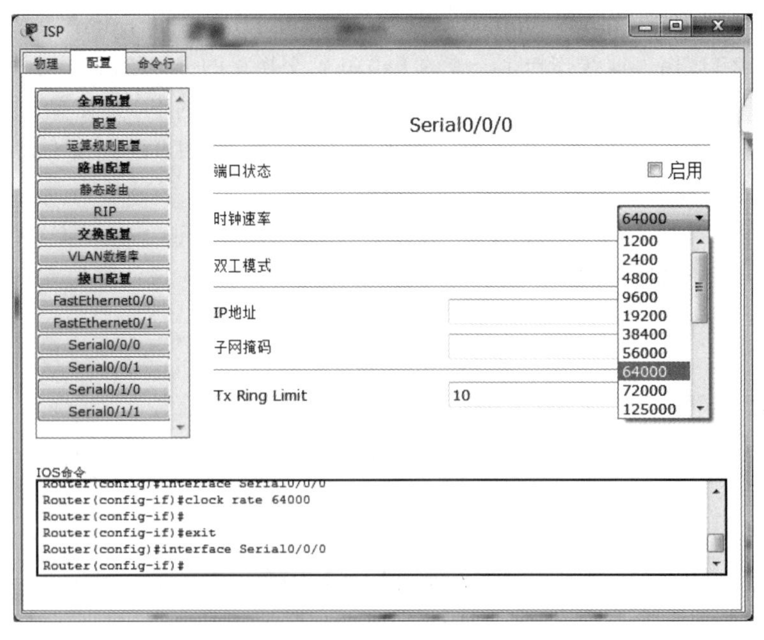

图 4-9 配置 ISP DCE 端时钟速率

(3) 配置 ISP 上的静态路由：选择 Config→ROUTING→Static，添加目标网络地址 192.168.1.0(网络号)，目标网络子网掩码 255.255.255.0，去向 192.168.3.2(下一跳)，如图 4-10 所示。

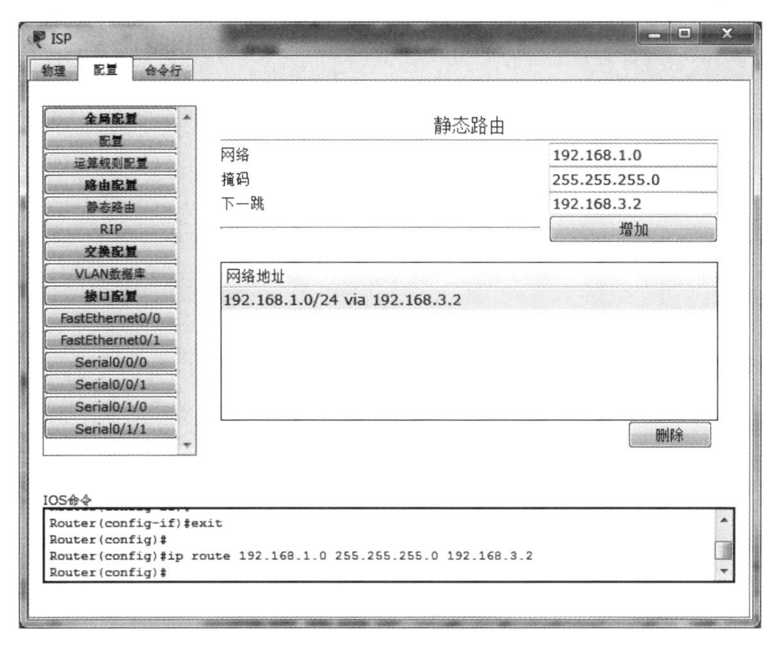

图 4-10　配置 ISP 静态路由

(4) 配置 Local 上的默认路由：选择 Config→ROUTING→Static，添加目标网络地址 0.0.0.0(访问所有网络)，子网掩码 0.0.0.0，去向 192.168.3.1(下一跳)，如图 4-11 所示。

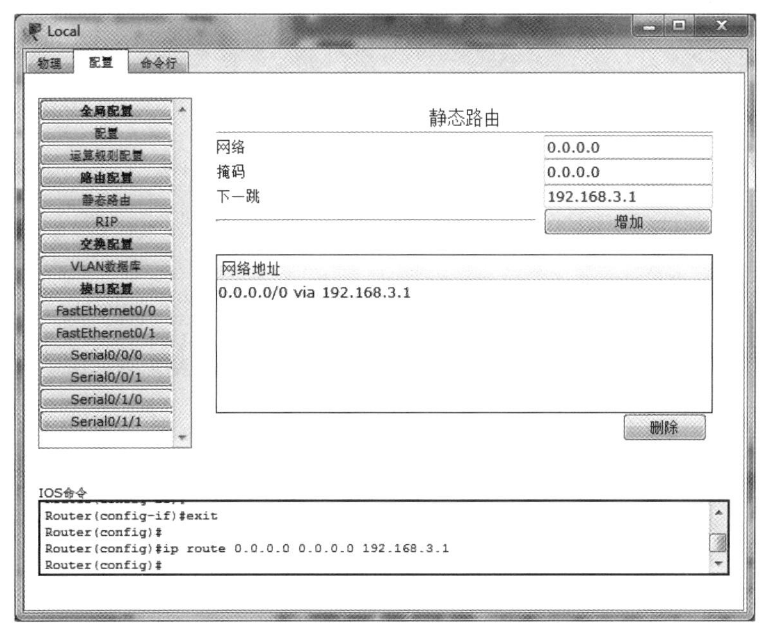

图 4-11　配置 Local 静态默认路由

(5) 在 Config→GLOBAL→Settings 下配置 1A 和 1B 的网关为 192.168.1.254(即 Local),DNS 服务器为 192.168.2.253(即 Cisco),如图 4-12 所示。

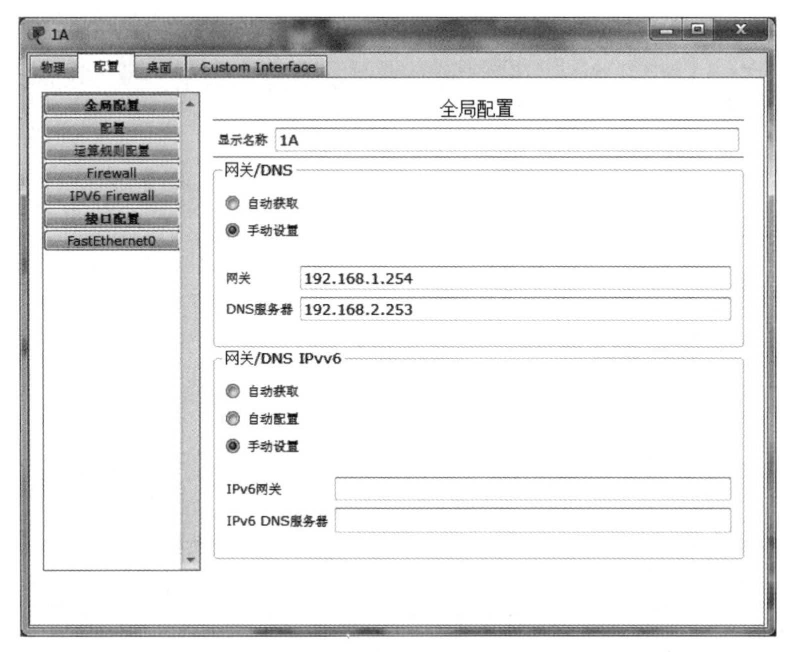

图 4-12　配置 PC 网关和 DNS 服务器

(6) 在 Config→GLOBAL→Settings 下配置 Cisco 的网关为 192.168.2.254(即 ISP)。

(7) 配置 Cisco 上的 DNS 服务:在 Config→DNS 下,将 DNS 服务置为"启用",添加名称为 cisco.com,添加地址为 192.168.2.253,如图 4-13 所示。

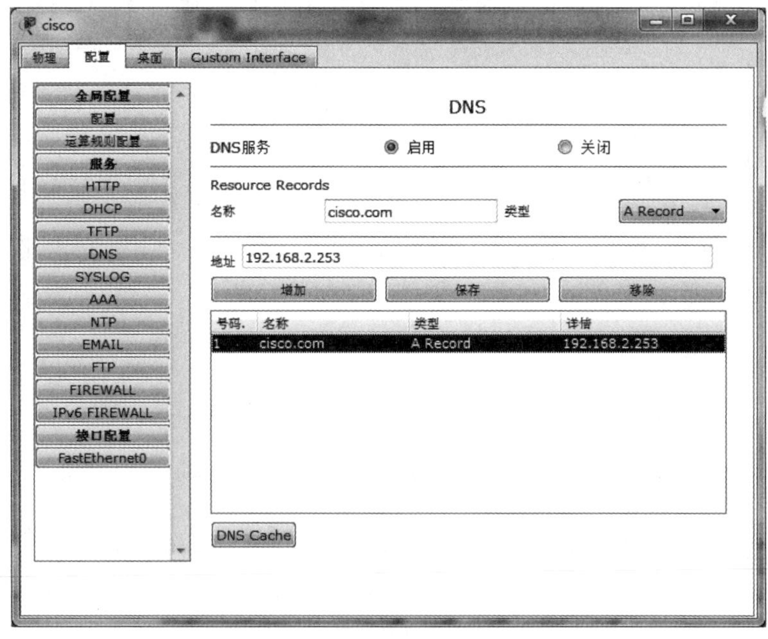

图 4-13　配置域名解析服务器

(8) 配置 Cisco 上的 HTTP 服务：在 Config→SERVICES→HTTP 下，将 HTTP 服务置为“启用”。

注意

HTTP 服务和 DNS 服务不一定要在同一台服务器实现。

4. 用实时模式测试 ping、HTTP 和 DNS

(1) 在 1A 打开命令行(Desktop→Command Prompt)，输入 ping 192.168.2.253，查看是否能够连通，如图 4-14 所示。

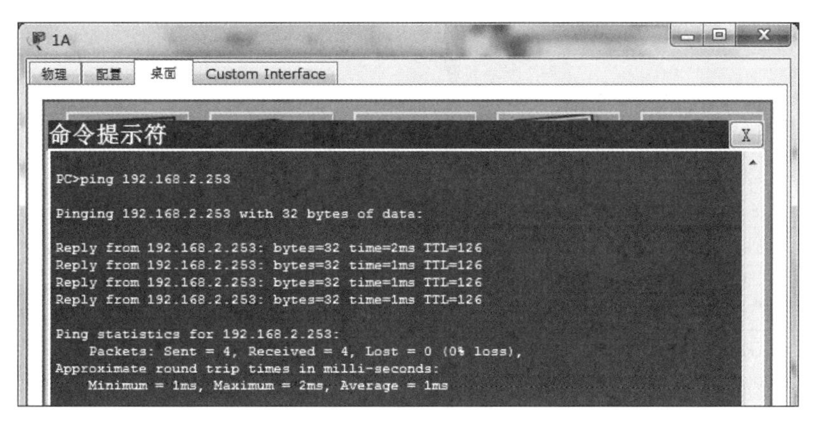

图 4-14 1A ping Cisco

如果能够连通，说明配置正确，如果无法连通，请检查之前的配置是否有漏或者有错。也可以使用 tracert 192.168.2.253 检查故障点。

(2) 打开 1A 的浏览器(Desktop→Web Browser)，输入 cisco.com，打开网页，如图 4-15 所示。

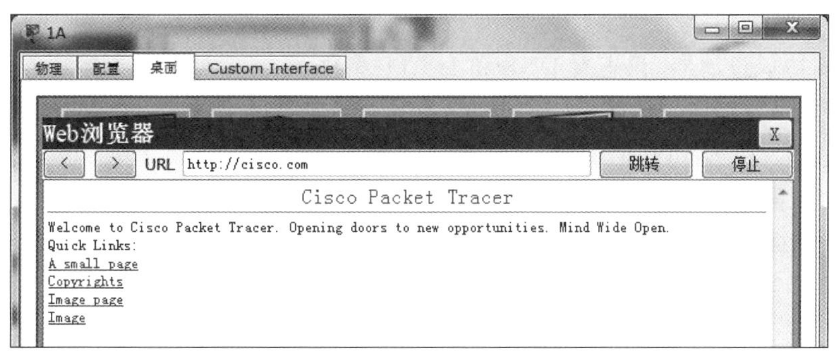

图 4-15 1A 打开 cisco.com 网页

5. 用模拟模式测试 ping、HTTP 和 DNS

(1) 在右下角把 Realtime 模式切换为 Simulation 模式，会弹出一个“模拟面板”对话框，如图 4-16 所示。

(2) 编辑协议过滤器，只查看 ICMP 事件，如图 4-17 所示。

（3）在 1A 上打开命令行，输入 ping 192.168.2.253，此时在逻辑工作区可以看到 1A 上多了一个信封 。

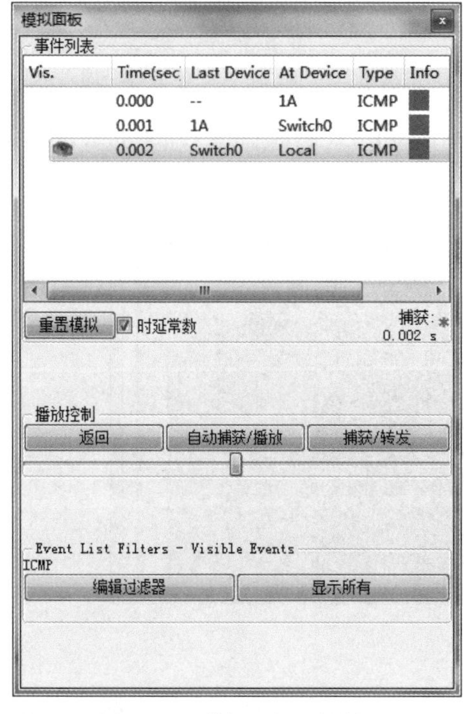

图 4-16 “模拟面板”对话框

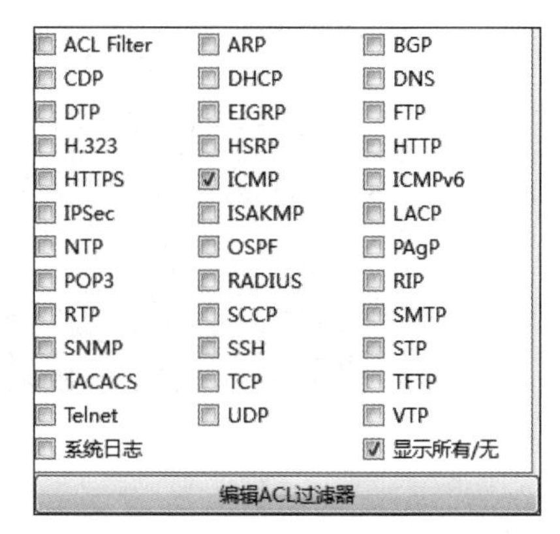

图 4-17 编辑 ACL 过滤器

（4）此时单击 Capture/Forward 按钮可以逐步观察信封移动的过程，AutoCapture/Play 按钮则可以进行自动演示。要观察信封里的信息，可以单击信封，也可以单击右边事件列表的 Info 栏。

（5）编辑协议过滤器，只查看 DNS 和 HTTP 事件。

（6）打开 1A 的浏览器，输入 cisco.com，和刚才一样观察信封移动的过程和里面内容的变化。注意 DNS 和 HTTP 的配合。

6. 在 CLI 重新配置

在 GUI 界面完成的上述配置同样可以在 CLI 下完成。如图 4-18 所示，配置路由器 Local 的 Fa0/0 口的 IP 地址。

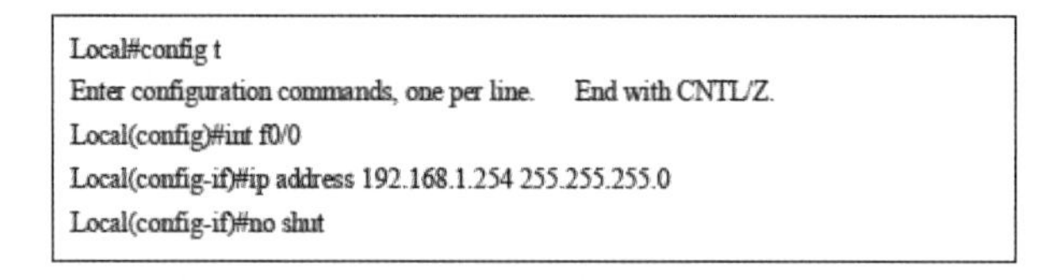

```
Local#config t
Enter configuration commands, one per line.    End with CNTL/Z.
Local(config)#int f0/0
Local(config-if)#ip address 192.168.1.254 255.255.255.0
Local(config-if)#no shut
```

图 4-18 配置 Local 端口 IP 地址

其他相关命令将会在以后的课程中学到。

自主练习部分

1. 实验拓扑

实验拓扑结构图如图 4-19 所示。

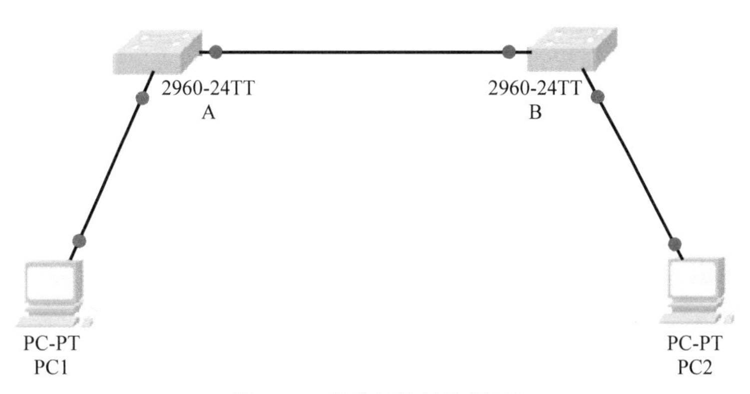

图 4-19 实验拓扑结构图(2)

2. 搭建虚拟网络

搭建图 4-19 所示虚拟网络的步骤如下。

(1) 在本地局域网拖放两台 2960 交换机,分别命名为 A 和 B。

(2) 在本地局域网拖放两台 PC,分别命名为 PC1 和 PC2。

(3) 用直通线(Straight-through)分别连接 PC1 和 PC2 的 FastEthernet 口到交换机 A 和 B 的 Fa0/1 口。

(4) 用交叉线(Cross-over)连接交换机 A 和 B 的 Fa0/24 口。

3. 配置 PC IP 地址

按表 4-2 配置 PC IP 地址。

表 4-2 IP 地址配置表(2)

本地局域网(192.168.1.0/24)		
PC1	FastEthernet	192.168.1.1
PC2	FastEthernet	192.168.1.2

4. 测试

PC1 ping PC2,查看是否能够连通。

任务 4.2 交换机的基本配置

知识目标

(1) 理解交换机基本配置的步骤和命令。

(2) 掌握配置交换机的常用命令。

技能目标

能独立完成交换机的简单配置。

职业素质目标

(1) 培养与人合作的意识。

(2) 能正确表达自己的思想,学会理解和分析问题。

任务实施

4.2.1 知识准备

1. 交换机的工作原理

局域网交换技术是为了解决共享以太网在站点增加、负载加大的情况下,由于多个站点共享信道而使实际传送速度降低的问题而提出来的。交换机除了可以取代集线器组建局域网外,还可以像网桥一样连接两个局域网,实现在不同的局域网间转发数据帧、隔离冲突和消除回路等网桥功能。高级交换机还提供了更先进的功能,如虚拟局域网(Virtual Local Area Network,vlan)以及更高的性能和更丰富的管理功能。

交换机的工作原理如下。

(1) 交换机根据收到的数据帧中的源 MAC 地址建立该地址同交换机端口的映射,并将其写入 MAC 地址表中。

(2) 交换机将数据帧中的目的 MAC 地址同已建立的 MAC 地址表进行比较,以决定由哪个端口进行转发。

(3) 如数据帧中的目的 MAC 地址不在 MAC 地址表中,则发送一个广播帧至所有端口。

(4) 如目标端口所连接的计算机响应,则交换机记录该端口与 MAC 地址的对应关系,当下一次接收到一个拥有相同目标 MAC 地址的数据帧时,该数据帧会立即被转发到对应的端口,而不再发广播包。

目前,交换机主流网络设备生产商有 Cisco、华为及 H3C 等。

从层次上分类,交换机可分为二层交换机、三层交换机、四层交换机等。

二层交换机技术发展比较成熟,属于数据链路层设备,可以识别数据包中的 MAC 地址信息,根据 MAC 地址进行转发,并将这些 MAC 地址与对应的端口记录在自己内部的一个地址表中。

三层交换机属于网络层设备,最重要的功能是加快大型局域网络内部的数据的快速转发,加入路由功能也是为这个目的服务的。如果把大型网络按照部门、地域等因素划分成一个个小局域网,采用具有路由功能的快速转发的三层交换机就成为首选。

第四层交换是一种功能,它决定传输不仅仅依据 MAC 地址(第二层网桥)或目标 IP 地址(第三层路由),而且依据 TCP/UDP(第四层)应用端口号,第四层交换功能就像是虚 IP,指向物理服务器,它传输的协议多种多样,有 HTTP、FTP、NFS、Telnet 或其他协议。

2. 地址表

交换机转发数据报文是根据报文的目的 MAC 地址进行的，交换机内部维护着记录了 MAC 地址与其所在端口对应关系的 MAC 地址转发表，转发数据时根据这张表进行转发，如表 4-3 所示。MAC 地址转发表中包含 MAC 地址、vlan ID 和端口。MAC 地址为目的 MAC 地址，vlan ID 为 MAC 所属 vlan，端口为 MAC 地址所在端口。

表 4-3 MAC 地址表

MAC 地址	vlan ID	端口	获取方式
02-01-1A-2B-33-41	1	1/5	静态
01-25-A2-52-77-00	1	1/7	动态
22-33-41-90-B5-24	1	1/12	动态

交换机通过将接收到的数据报文的源 MAC 地址及接收端口记录在地址表中来学习 MAC 地址。MAC 地址表在交换机刚刚启动时是空白的，当它所连接的计算机通过它的端口进行通信时，交换机即可根据所接收或所发送的数据来更新 MAC 地址表。

动态地址是交换机通过自动学习获取的 MAC 地址，交换机通过自动学习新的地址和自动老化掉不再使用的地址来不断更新其动态地址表。交换机地址表的容量是有限的，为了最大限度地利用地址表的资源，交换机使用老化机制来更新地址表，即系统在动态学习地址的同时开启老化定时器，如果在老化时间内没有再次收到相同地址的报文，交换机就会把该 MAC 地址从表中删除。

静态地址表记录了端口的静态地址，静态地址是不会老化的 MAC 地址，这与一般的由端口学习得到的动态地址不同。对于某些相对固定的连接来说，采用静态地址可减少地址学习步骤，从而提高交换机的转发效率。配置静态地址可以实现 MAC 地址的受控接入，它能限制某个 MAC 地址在某个 vlan 中只能在指定的端口接入，而在该 vlan 中其他端口接入时将不能和网络通信。

3. 交换机的组成

交换机相当于是一台特殊的计算机，同样有 CPU、存储介质和操作系统，只不过这些都与 PC 有些差别而已。交换机由硬件和软件两部分组成。

1）软件系统

软件部分主要是 IOS 操作系统，Cisco Catalyst 系列交换机所使用的操作系统是 IOS（Internetwork Operating System，互联网际操作系统）或 COS（Catalyst Operating System），其中以 IOS 使用最为广泛，该操作系统和路由器所使用的操作系统都基于相同的内核和 shell。

IOS 的优点在于命令体系比较易用。利用操作系统所提供的命令，可实现对交换机的配置和管理。Cisco IOS 操作系统具有以下特点。

（1）支持通过命令行（Command-Line Interface，CLI）或 Web 界面来对交换机进行配置和管理。

（2）支持通过交换机的控制端口（Console）或 Telnet 会话来登录连接访问交换机。

（3）提供用户模式（user level）和特权模式（privileged level）两种命令执行级别，并提供全局配置、接口配置、子接口配置和 vlan 数据库配置等多种级别的配置模式,以允许用户对交换机的资源进行配置。

(4) 在用户模式仅能运行少数的命令,允许查看当前配置信息,但不能对交换机进行配置;特权模式允许运行提供的所有命令。

(5) IOS 命令不区分大小写。

(6) 在不引起混淆的情况下,支持命令简写,例如,enable 通常可简约表达为 en。

(7) 可随时使用“?”来获得命令行帮助,支持命令行编辑功能,并可将执行过的命令保存下来,供进行历史命令查询。

2) 硬件系统

硬件主要包含 CPU、端口和存储介质。交换机的端口主要有以太网端口(Ethernet)、快速以太网端口(Fast Ethernet)、吉比特以太网端口(Gigabit Ethernet)和控制台(Console)端口。存储介质主要有 ROM(Read-Only Memory,只读储存设备)、Flash(闪存)、NVRAM(非易失性随机存储器)和 DRAM(动态随机存储器)。

其中,ROM 相当于 PC 的 BIOS,交换机加电启动时,将首先运行 ROM 中的程序,以实现对交换机硬件的自检并引导启动 IOS。该存储器在系统掉电时程序不会丢失。

Flash 是一种可擦写、可编程的 ROM,Flash 包含 IOS 及微代码。Flash 相当于 PC 的硬盘,但速度要快得多,可通过写入新版本的 IOS 来实现对交换机的升级。Flash 中的程序在掉电时不会丢失。

NVRAM 用于存储交换机的配置文件,该存储器中的内容在系统掉电时也不会丢失。

DRAM 是一种可读/写存储器,相当于 PC 的内存,其内容在系统掉电时将完全丢失。

4.2.2 实验过程

1. 连接交换机

在对交换机进行配置之前,首先应登录连接到交换机,可通过交换机的控制端口(Console)连接或通过 Telnet 登录来实现。对于首次配置交换机,必须采用该方式。对交换机设置管理 IP 地址后,就可采用 Telnet 登录方式来配置交换机。

对于可管理的交换机一般都提供一个名为 Console 的控制台端口(又称配置口),该端口采用 RJ-45 接口,是一个符合 EIA/TIA-232 异步串行规范的配置口,通过该控制端口可实现对交换机的本地配置,如图 4-20 所示。

图 4-20 Console 控制台端口

交换机一般都随机配送了一根控制线,它的一端是 RJ-45 水晶头,用于连接交换机的控制台端口;另一端提供了 DB-9(针)和 DB-25(针)串行接口插头,用于连接 PC 的 COM1 或 COM2 串行接口。Cisco 的控制线两端均是 RJ-45 水晶头接口,但配送有 RJ-45 到 DB-9 和

RJ-45 到 DB-25 的转接头，如图 4-21 和图 4-22 所示。

图 4-21　控制线

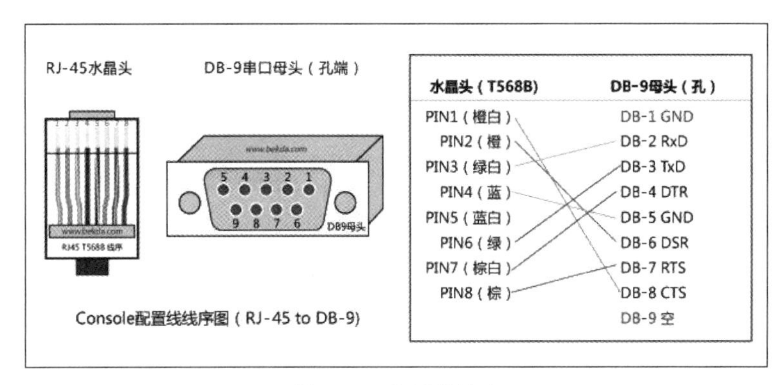

图 4-22　配置线接法

通过该控制线将交换机与 PC 相连，并在 PC 上运行超级终端仿真程序，即可实现将 PC 仿真成交换机的一个终端，从而实现对交换机的访问和配置。

(1) 建立本地配置环境，将笔记本电脑或台式计算机的串口通过专用配置电缆与交换机的 Console 口连接，如图 4-23 所示。

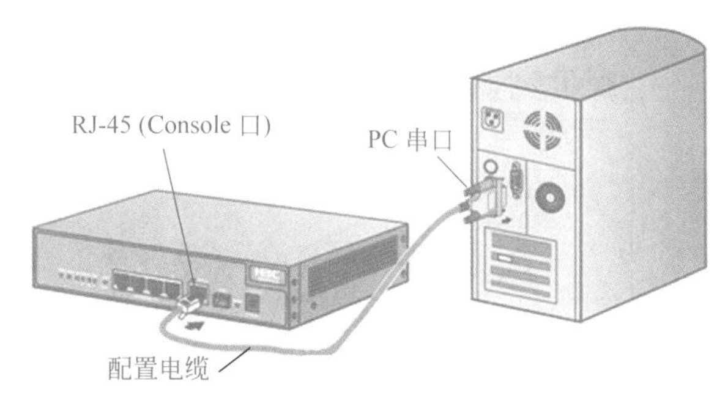

图 4-23　配置线连接交换机

(2) 在笔记本电脑上运行终端仿真程序(微软并没有在 Windows 7 之后的操作系统中提供超级终端软件，可以利用第三方软件解决，如 Securecrt，或添加 Windows 7 超级终端)，如图 4-24 所示。

输入连接名称，单击“确定”按钮，如图 4-25 所示。

(3) 这里要选择计算机的 COM1(或 COM2)端口，单击“确定”按钮，如图 4-26 所示。

(4) 配置终端通信参数，每秒位数选择“9600”，数据位选择“8”，奇偶校验选择“无”，停止位选择“1”，数据流控制选择“无”，单击“确定”按钮，如图 4-27 所示。

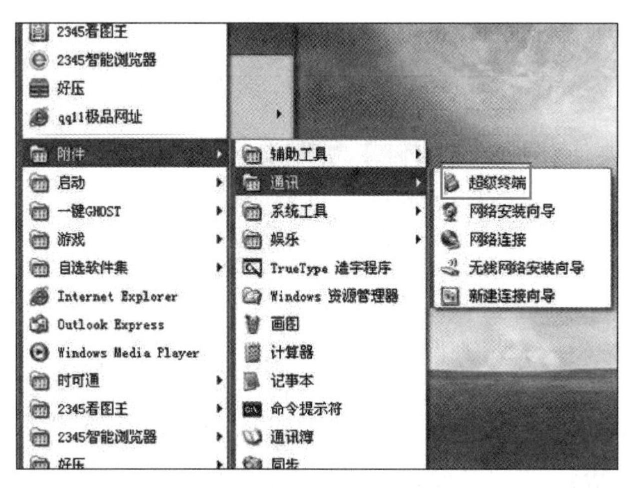

图 4-24　超级终端

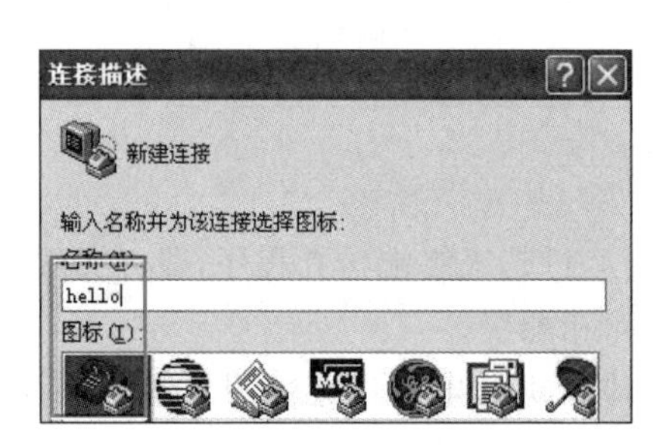

图 4-25　连接描述

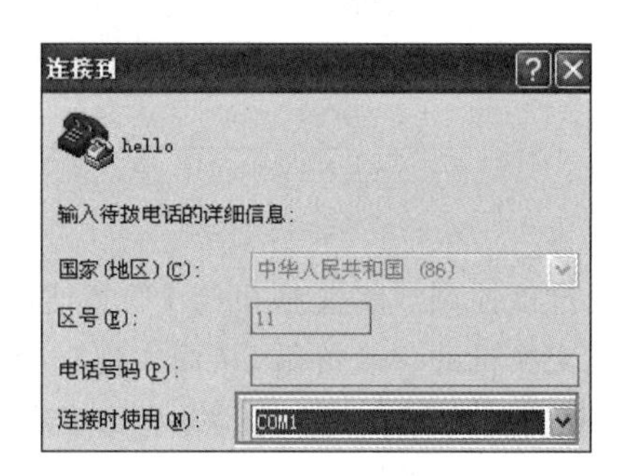

图 4-26　端口选择

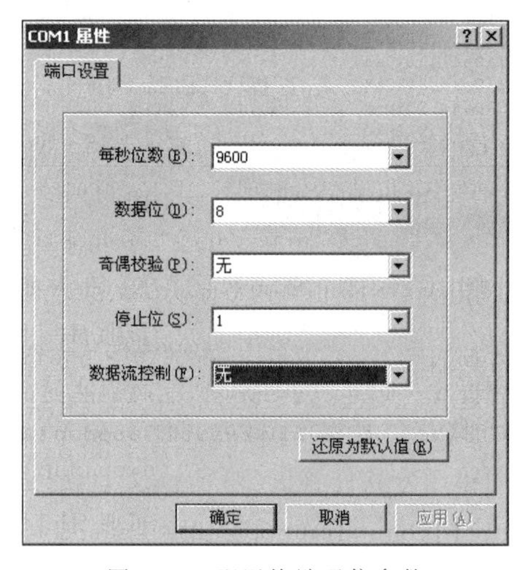

图 4-27　配置终端通信参数

配置好终端后,会显示超级终端界面,如图 4-28 所示。

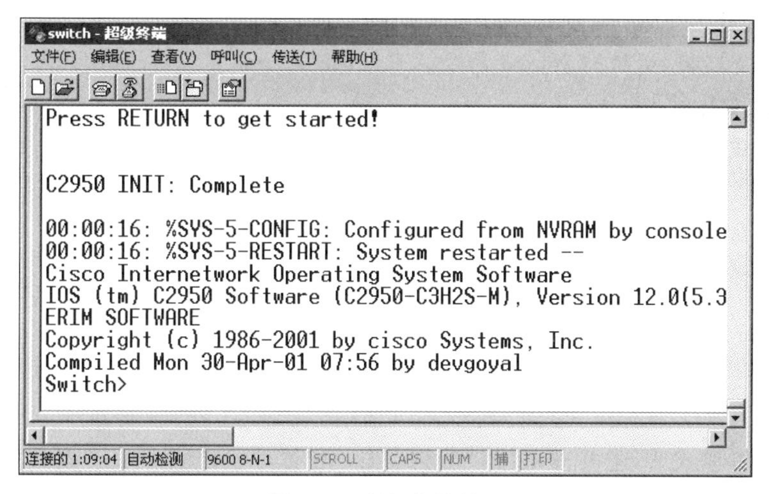

图 4-28 超级终端界面

2. 配置交换机

Cisco IOS 提供了用户 EXEC 模式和特权 EXEC 模式两种基本的命令执行级别，同时还提供了全局配置、接口配置、Line 配置和 vlan 数据库配置等多种级别的配置模式，以允许用户对交换机的资源进行配置和管理。

1）用户 EXEC 模式

当用户通过交换机的控制台端口或 Telnet 会话连接并登录到交换机时，此时所处的命令执行模式就是用户 EXEC 模式。在该模式下，只执行有限的一组命令，这些命令通常用于查看显示系统信息、改变终端设置和执行一些最基本的测试命令，如 ping、traceroute 等。

用户 EXEC 模式的命令状态行为：

```
Switch>
```

其中，Switch 是交换机的主机名。在用户 EXEC 模式下，直接输入“?”并按 Enter 键，可获得在该模式下允许执行的命令帮助。

2）特权 EXEC 模式

在用户 EXEC 模式下，执行 enable 命令，将进入特权 EXEC 模式。在该模式下，用户能够执行 IOS 提供的所有命令。

特权 EXEC 模式的命令状态行为：

```
Switch#
Switch>enable
Password:
Switch#
```

在前面的启动配置中，设置了登录特权 EXEC 模式的密码，因此系统提示输入用户密码，密码输入时不回显，输入完毕按 Enter 键，密码校验通过后，即进入特权 EXEC 模式。

若进入特权 EXEC 模式的密码未设置或需要修改，可在全局配置模式下，利用 enable secret 命令进行设置。

在该模式下输入“?”，可获得允许执行的全部命令的提示。离开特权模式，返回用户模式,可执行 exit 或 disable 命令。

重新启动交换机,可执行 reload 命令。

3) 全局配置模式

在特权模式下,执行 configure terminal 命令即可进入全局配置模式。在该模式下,只要输入一条有效的配置命令并按 Enter 键,内存中正在运行的配置就会立即改变生效。该模式下的配置命令的作用域是全局性的,对整个交换机起作用。

全局配置模式的命令状态行为:

```
Switch(config)#
Switch#config terminal
Switch(config)#
```

在全局配置模式下,还可进入接口配置、Line 配置等子模式。从子模式返回全局配置模式,执行 exit 命令;从全局配置模式返回特权模式,执行 exit 命令;若要退出任何配置模式,直接返回特权模式,则要执行 end 命令或按 Ctrl+Z 组合键。

例如,若要设交换机名称为 student,则可使用 hostname 命令来设置,其配置命令为

```
Switch(config)#hostname student
Switch(config)#
```

若要设置或修改进入特权 EXEC 模式的密码为 123456,则配置命令为

```
Switch(config)#enable secret 123456
```

或

```
Switch(config)#enable password 123456
```

其中,enable secret 命令设置的密码在配置文件中是加密保存的,推荐采用该方式;而 enable password 命令所设置的密码在配置文件中是采用明文保存的。

对配置进行修改后,为了使配置在下次掉电重启后仍生效,需要将新的配置保存到 NVRAM 中,其配置命令为

```
Switch(config)#exit
Switch#write
```

或

```
copy run start
```

去除密码:

```
Switch(config)#no enable secret(password)
```

4) 接口配置模式

在全局配置模式下,执行 interface 命令即可进入接口配置模式。在该模式下,可对选定的接口(端口)进行配置,并且只能执行配置交换机端口的命令。

接口配置模式的命令行提示符为

```
switch(config-if)#
```

例如，若要将 Cisco Catalyst 2950 交换机的 0 号模块上的第 3 个快速以太网端口的端口通信速度设置为 100Mbit/s，全双工方式，则配置命令为

```
Switch(config)#interface fastethernet 0/3
Switch(config-if)#speed 100
Switch(config-if)#duplex full
Switch(config-if)#end
Switch#write
```

或

```
copy run start
```

或

```
copy run flash
```

5）Line 配置模式

在全局配置模式下，执行 line vty 或 line console 命令，将进入 Line 配置模式。该模式主要用于对虚拟终端(vty)和控制台端口进行配置，其配置主要是设置虚拟终端和控制台的用户级登录密码。VTY 是 TELNET 用户接入，AUX 是 MODEM 远程接入，CON 才是串口接入。

Line 配置模式的命令行提示符为

```
switch(config-line)#
```

交换机有一个控制端口(Console)，其编号为 0，通常利用该端口进行本地登录，以实现对交换机的配置和管理。为安全起见，应为该端口的登录设置密码，设置方法为

```
Switch#config terminal
Switch(config)#line console 0
Switch(config-line)#?
exit        exit from line configuration mode
login       Enable password checking
password    Set a password
```

从帮助信息可知，设置控制台登录密码的命令是 password，若要启用密码检查，即让所设置的密码生效，则还应执行 login 命令。

下面设置控制台登录密码为 654321，并启用该密码，则配置命令为

```
Switch(config-line)#password 654321
Switch(config-line)#login
Switch(config-line)#end
Switch#write
```

设置该密码后，以后利用控制台端口登录访问交换机时，就会首先询问并要求输入该登录密码，密码校验成功后，才能进入交换机的用户 EXEC 模式。

交换机支持多个虚拟终端，一般为 16 个(0～15)。设置了密码的虚拟终端，就允许登录；没有设置密码的，则不能登录。如果对 0～4 条虚拟终端线路设置了登录密码，则交换机

就允许同时有 5 个 telnet 登录连接，其配置命令为

```
Switch(config)#line vty 0 4
Switch(config-line)#password 123456
Switch(config-line)#login
switch(config-line)#end
Switch#write
```

若要设置不允许 telnet 登录，则取消对终端密码的设置即可，为此可执行 no password 命令和 no login 命令来实现。

在 Cisco IOS 命令中，若要实现某条命令的相反功能，只需在该条命令前面加 no，并执行前缀有 no 的命令即可。

为了防止空闲的连接长时间存在，通常还应给通过 Console 口的登录连接和通过 vty 线路的 telnet 登录连接设置空闲超时的时间，默认空闲超时的时间是 10min。

设置空闲超时时间的配置命令为

```
exec-timeout 分钟数 秒数
```

例如，要将 vty 0-4 线路和 Console 的空闲超时时间设置为 3min 0s，则配置命令为

```
Switch#config t
Switch(config)#line vty 0 4
Switch(config-line)#exec-timeout 3 0
Switch(config-line)#line console 0
Switch(config-line)#exec-timeout 3 0
Switch(config-line)#end
Switch#
```

6）vlan 数据库配置模式

在特权 EXEC 模式下执行 vlan database 配置命令，即可进入 vlan 数据库配置模式，此时的命令行提示符为

```
switch(vlan)#
Switch#vlan database
Switch(vlan)#
```

在该模式下，可实现对 vlan(虚拟局域网)的创建、修改或删除等配置操作。退出 vlan 配置模式，返回特权 EXEC 模式，可执行 exit 命令。

例如，若要创建 vlan，编号为 10，命名为 jsj，其配置命令为

```
Switch(vlan)#vlan 10 name jsj
```

若要删除 vlan，其配置命令为

```
Switch(vlan)#no vlan 10
```

7）配置管理 IP 地址

在二层交换机中，IP 地址仅用于远程登录管理交换机，对于交换机的正常运行不是必需的。若没有配置管理 IP 地址，则交换机只能采用控制端口进行本地配置和管理。

默认情况下,交换机的所有端口均属于 vlan 1,vlan 1 是交换机自动创建和管理的。每个 vlan 只有一个活动的管理地址,因此,对二层交换机设置管理地址之前,首先应选择 vlan 1 接口,然后再利用 ip address 配置命令设置管理 IP 地址,其配置命令为

```
Interface vlan vlan-id
ip address address netmask
```

参数说明如下。

- vlan-id 代表要选择配置的 vlan 号。
- address 为要设置的管理 IP 地址,netmask 为子网掩码。

Interface vlan 配置命令用于访问指定的 vlan 接口。二层交换机,如 2900/3500XL、2950 等没有三层交换功能,运行的是二层 IOS,vlan 间无法实现相互通信,vlan 接口仅作为管理接口。

例如,若要配置交换机管理 IP 地址为 192.168.1.1,其配置命令为

```
Switch(config)#interface vlan 1
Switch(config-if)#ip address 192.168.1.1 255.255.255.0
```

若要取消管理 IP 地址,可执行 no ip address 配置命令。

8)配置默认网关

为了使交换机能与其他网络通信,需要给交换机设置默认网关。网关地址通常是某个三层接口的 IP 地址,该接口充当路由器的功能。

设置默认网关的配置命令为

```
ip default-gateway gatewayaddress
```

在实际应用中,二层交换机的默认网关通常设置为交换机所在 vlan 的网关地址。假设 switch 交换机为 192.168.168.0/24 网段的用户提供接入服务,该网段的网关地址为 192.168.168.1,则设置交换机的默认网关地址的配置命令为

```
Switch(config)#ip default-gateway 192.168.168.1
```

若要查看默认网关,可执行 show ip route default 命令。

9)设置 DNS 服务器

为了使交换机能解析域名,需要为交换机指定 DNS 服务器。

(1)启用与禁用 DNS 服务。

① 启用 DNS 服务,配置命令为

```
ip domain-lookup
```

② 禁用 DNS 服务,配置命令为

```
no ip domain-lookup
```

默认情况下,交换机启用了 DNS 服务,但没有指定 DNS 服务器的地址。启用 DNS 服务并指定 DNS 服务器地址后,在对交换机进行配置时,对于输入错误的配置命令,交换机会试着进行域名解析,这会影响配置,因此在实际应用中,通常禁用 DNS 服务。

(2) 指定 DNS 服务器地址。其配置命令为

```
ip name-server serveraddress1 [serveraddress2...serveraddress6]
```

交换机最多可指定 6 个 DNS 服务器的地址,各地址间用空格分隔,排在最前面的为首选 DNS 服务器。

例如,若要将交换机的 DNS 服务器的地址设置为 61.128.128.68 和 61.128.192.68,则配置命令为

```
ip name-server 61.128.128.68 61.128.192.68
```

10) 查看交换机信息

查看交换机信息,可使用 show 命令来实现。

(1) 查看 IOS 版本。其查看命令为

```
show version
```

(2) 查看配置信息。要查看交换机的配置信息,需要在特权模式运行 show 命令,其查看命令为

```
show running-config        //显示当前正在运行的配置
show startup-config        //显示保存在 NVRAM 中的启动配置
```

例如,若要查看当前交换机正在运行的配置信息,则查看命令为

```
Switch#show run
```

11) 查看交换机的 MAC 地址表

其配置命令为

```
show mac-address-table [dynamic|static] [vlan vlan-id]
```

该命令用于显示交换机的 MAC 地址表,若指定 dynamic,则显示动态学习到的 MAC 地址;若指定 static,则显示静态指定的 MAC 地址表;若未指定,则显示全部。

若要显示交换表中的所有 MAC 地址,即动态学习到的和静态指定的,则查看命令为

```
show mac-address-table
```

12) 选择多个端口

对于 Cisco 2900、Cisco 2950 和 Cisco 3550 交换机,支持使用 range 关键字来指定一个端口范围,从而实现选择多个端口,并对这些端口进行统一配置。

同时选择多个交换机端口的配置命令为

```
interface range typemod/startport -endport
```

其中,startport 代表要选择的起始端口号,endport 代表结尾的端口号,用于代表起始端口范围的连字符"-"的两端,应注意留一个空格,否则命令将无法识别。

例如,若要选择交换机的第 1 至第 24 口的快速以太网端口,则配置命令为

```
Switch(config)#interface range Fa0/1-24
```

13）通过 Web 界面管理交换机

对于运行 IOS 操作系统的交换机，启用 HTTP 服务后，还可利用 Web 界面来管理交换机。在浏览器中输入“http://交换机管理 IP 地址”，此时将弹出“用户认证”对话框，用户名可不指定，然后在密码输入框中输入进入特权模式的密码，之后就可进入交换机的管理页面。

交换机的 Web 配置界面功能较弱且安全性较差，在实际应用中，主要还是采用命令行来配置。交换机默认启用了 HTTP 服务，因此在配置时，应注意禁用该服务。

（1）启用 HTTP 服务，配置命令为

```
Switch(config)#ip http server
```

（2）禁用 HTTP 服务，配置命令为

```
Switch(config)#no ip http server
```

自主练习部分

1. 通过 Telnet 连接交换机

在首次通过 Console 控制口完成对交换机的配置，并设置交换机的管理 IP 地址和登录密码后，就可通过 Telnet 会话来连接登录交换机，从而实现对交换机的远程配置。

可在 PC 中利用 Telnet 来登录连接交换机，也可在登录一台交换机后，再利用 Telnet 命令来登录连接另一台交换机，实现对另一台交换机的访问和配置。

（1）搭建实验环境。添加计算机 PC1，用直通线将计算机 PC1 的快速以太网卡口（FastEthernet0）连接到交换机 2960 的快速以太网卡口（如 Fa0/1），如图 4-29 所示。

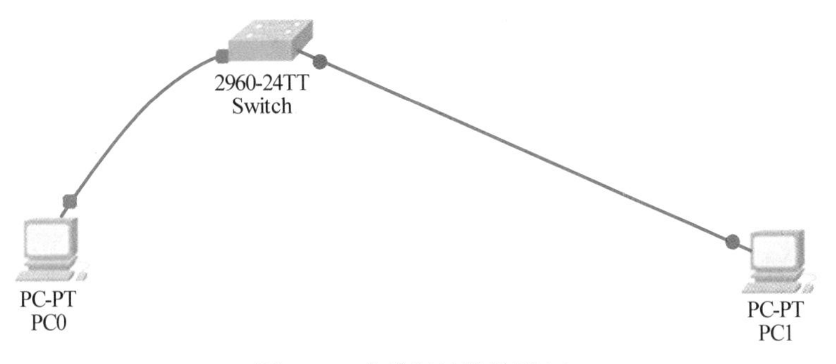

图 4-29　实验拓扑结构图(3)

（2）配置交换机管理地址（配置 vlan 1 接口 IP 地址）。利用 PC0 超级终端登录交换机进行以下配置：

```
Switch(config)#interface vlan 1              //进入 vlan 1 接口模式
Switch(config-if)#ip address 192.168.1.1 255.255.255.0    //配置 vlan 1 接口 IP 地址
Switch(config-if)#no shutdown                //开启端口
```

（3）配置远程登录密码。交换机支持多个虚拟终端，一般为 16 个（0～15）。设置了密码的虚拟终端，就允许登录；没有设置密码的，则不能登录。如果对 0～1 条虚拟终端线路设置了登录密码，则交换机就允许同时有 2 个 Telnet 登录连接。

利用 PC0 超级终端登录交换机进行以下配置：

```
Switch(config)#line vty 0 1                 //进入 line 子模式
Switch(config-line)#password 123456         //设置控制终端登录密码
Switch(config-line)#login                   //表示登录进行密码检测
Switch(config-line)#end
Switch#write
```

(4) 从 PC1 远程登录到交换机。配置 PC1 的 IP 地址为"192.168.1.2"(注意，IP 必须与交换机管理 IP 在同一段网络中)，再利用"PC1"→"桌面"→"run"输入"telnet 192.168.1.1(交换机管理 IP)"，输入登录密码，即可登录交换机，如图 4-30 所示。

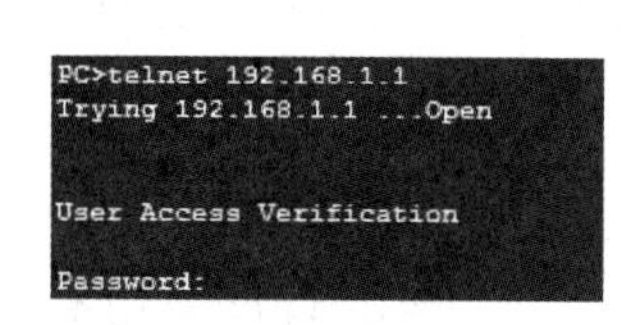

图 4-30 远程登录

2. 命令练习

常用的模式有用户模式、特权模式、配置模式等。第一次进入交换机时的界面为普通用户模式：

```
Switch>                    //是普通用户模式的提示符,Switch 是交换机名
Switch>en                  //进入特权模式,en 是 enable 的缩写
Switch#                    //特权模式的提示符
Switch#erase nvram         //全部清除交换机的所有配置
Switch#conf t              //进入配置模式,conf t 表示 configure terminal
Switch(config)#            //配置模式的提示符
Switch(config)#exit        //退出配置模式
Switch#exit                //退出特权模式
```

1) 命令行在线帮助

在任何模式下，输入问号"?"即可获得帮助。帮助可分为以下三种。

(1) 完全帮助：直接输入"?"获取该模式下所有命令及其简单描述。

```
Switch>?
access-enable    Create a temporary Access-List entry
connect          Open a terminal connection
enable           Turn on privileged commands 进入特权模式
exit             Exit from the EXEC(quit,该字体表示华为的对应命令)
help             Description of the interactive help system
lock             Lock the terminal
logout           Exit from the EXEC
ping             Send echo messages
rcommand         Run command on remote switch
show             Show running system information(display)
systat           Display information about terminal lines
telnet           Open a telnet connection
traceroute       Trace route to destination
tunnel           Open a tunnel connection
```

(2) 部分帮助：输入有效命令或命令的一部分，再输入“?”获取该命令的帮助。

```
Switch>sh?                  //输入命令的一部分,加“?”,显示命令的拼写
Show

switch>show?                //命令后加空格,再加“?”,显示命令的参数
access-lists      List access lists
arp               ARP table
cdp               CDP information
clock             Display the system clock
configuration     Contents of Non-Volatile memory
controllers       Interface controller status
flash             display information about flash: file system
history           Display the session command history
hosts             IP domain-name, nameservers, and host table
interfaces        Interface status and configuration
ip                IP information
ntp               Network time protocol
protocols         Active network routing protocols
running-config    Current operating configuration
sessions          Information about Telnet connections
spanning-tree     Spanning tree subsystem
startup-config    Contents of startup configuration
terminal          Display terminal configuration parameters
terminal          Display console/RS-232 port configuration
users             Display information about terminal lines
version           System hardware and software status
vlan              VTP vlan status
vtp               VTP information

Switch>show c?                         //对于参数,直接加“?”,同样显示其拼写
cdp clock controllers configuration    //有 4 种参数

Switch>show clock ?                    //空格后加“?”,显示更多参数或用法
<cr>
Switch>show clock
*00:22:48 UTC March 1 1993
```

(3) 命令自动填充：仅输入命令单词的开始部分，接着按 Tab 键，交换机或路由器会自动填充其余的部分，前提是已输入的部分命令没有二义性，即只有一种填充可能的情况。

```
Switch>sh                              //按 Tab 键
Switch>show ver                        //自动补足“show”,再输入 ver,按 Tab 键
Switch>show version                    //输出的版本信息
```

输出的版本信息显示的是模拟器的版本。

```
Boson Operating Simulation Software
```

```
BOSS (tm) C3500 Software (C3500-Enterprise), Version 12.1, RELEASE SOFTWARE
Copyright (c) 1998-2003 by Boson Software, Inc.
```

2）命令行显示特性

当显示的信息超过一屏时，提供了暂停功能，用户可以有三种选择：按 Ctrl+C 组合键退出显示、按 Space 键显示下一屏、按 Enter 键显示下一行。

3）命令行历史命令

交换机或路由器将自动保存用户最近输入的 10 条命令，使用以下命令：

```
Switch# show history          //显示最近输入的 10 条命令
quit
enable
exit
exit
show clock
show version
en
show int
show int
show history
Switch#
```

也可以使用↑键或↓键将以前执行过的命令从历史记录中调出来，直接重新执行或修改后再执行。

4）命令的编辑

可以使用的编辑键包括 Backspace 键、Delete 键、Ctrl+B 组合键、Ctrl+F 组合键、↑键或 Ctrl+P 组合键以及↓键或 Ctrl+N 组合键。

5）命令的缩写

例如，exit 的缩写是 ex，enable 的缩写是 en，interface 的缩写是 int，ethernet 的缩写是 e，show 的缩写是 sh，show interface 的缩写是 sh int 等。

6）查看配置

配置分为两种，已保存的配置是指开机时的配置，或开机后修改过并且用保存命令保存过的配置；而当前配置是指当前使用的配置（很可能是还没有保存的）。用下述命令查看当前配置：

```
Switch# show running-config                 //查看当前的配置，只能在特权模式下使用
!
Version 12.1
service timestamps debug uptime
service timestamps log uptime
no service password-encryption
!
hostname Switch
ip name-server 0.0.0.0
enable secret 5 $sdf$6978yhg$jnb76sd         //这是密文密码，内容为 abcde
```

```
enable password 12345                          //这是明文密码
(以下输出略)
```

用下述命令保存当前配置为开机配置：

```
Switch#copy running-configstartup-config
Destination filename [startup-config]?
Building configuration...
[OK]
```

用下述命令查看已保存的配置：

```
Switch#show startup-config                     //查看已保存的配置
```

7）其他查看命令

利用 show 命令可以查看交换机或路由器的许多信息：

```
Switch#show ?
access-listsList access lists
arp             ARP table
cdp             CDP information
clock           Display the system clock
configuration   Contents of Non-Volatile memory
controllers     Interface controller status
flash           display information about flash: file system
history         Display the session command history
hosts           IP domain-name, nameservers, and host table
interfaces      Interface status and configuration
ip              IP information
ntp             Network time protocol
protocols       Active network routing protocols
running-config  Current operating configuration
sessions        Information about Telnet connections
spanning-tree   Spanning tree subsystem
startup-config  Contents of startup configuration
terminal        Display terminal configuration parameters
terminal        Display console/RS-232 port configuration
users           Display information about terminal lines
version         System hardware and software status
vlan            VTP vlan status
vtp             VTP information
Switch#
```

练习下述几个显示命令，研究输出信息：

```
show version
show protocols
show flash
show clock
```

```
show users
show interfaces
```

8）认识和操作端口

了解端口，并简单比较一下交换机和路由器在端口上的区别。

（1）查看端口。端口的配置是配置交换机或路由器的重要一环，首先通过查看端口来了解交换机或路由器的端口及其状态。输入下述命令将会列出所有的端口及其状态（下述是交换机的输出）。

```
Switch#show interfaces
```

该命令显示所有端口的状态，显示的信息达40多屏，按Space键显示下一屏，按Enter键显示下一行，按Ctrl+C组合键退出显示。也可用下述命令显示端口信息的摘要：

```
Switch#show interfaces status
```

交换机上有大量的以太网端口。也可以在命令后加上端口的名称，只查看某个特定端口的情况，例如：

```
Switch#show interfaces Fa0/1                    //只查看 Fa0/1 端口的信息
```

（2）端口视图。进入端口的视图，可以对端口进行一些操作或配置，例如，进入一个以太网端口，先关闭它，然后再开启它，输入下述命令（包括部分屏幕输出）：

```
Switch>en
Switch#conf t
Enter configuration commands, one per line. End with CNTL/Z.
Switch(config)#int Fa0/1                        //进入端口视图
Switch(config-if)#shut down                     //关闭端口,下述输出是对命令的响应
%LINK-5-CHANGED: Interface FastEthernet0/1, changed state to administratively down
Switch(config-if)#no shutdown                   //打开端口,下述输出是对命令的响应
% LINK-3-UPDOWN: Interface FastEthernet0/1, changed state to up
```

9）no命令

no命令具有特别的意义，它表示取消no之后的命令，例如no shutdown表示取消关闭端口命令，即打开端口。no用于取消已经执行过的命令，这是最经常使用的命令，甚至可以用它逐步地取消所有的命令，恢复到开机时的配置状态。这是一个需要特别熟练掌握的命令。

任务4.3 配置单交换机vlan

知识目标

掌握单交换机vlan的配置方法。

技能目标

（1）理解vlan的基本概念。

（2）掌握 vlan 的分类方法和实现原理。

（3）掌握交换机上实现静态 vlan 的基本命令。

职业素质目标

（1）培养与人合作的意识。

（2）能正确表达自己的思想，学会理解和分析问题。

任务实施

4.3.1　知识准备

1. 虚拟局域网简介

Virtual Local Area Network（vlan），翻译成中文是“虚拟局域网”。vlan 所指的 LAN 特指使用交换机分割的网络，即广播域，是指在逻辑上将物理的 LAN 分成不同的小的逻辑子网，每一个逻辑子网就是一个单独的广播域。简单地说，就是将一个大的物理的局域网（LAN）在交换机上通过软件划分成若干个小的虚拟的局域网（vlan）。

2. vlan 的作用

使用集线器或交换机所构成的一个物理局域网，整个网络属于同一个广播域。网桥、集线器和交换机设备都会转发广播帧，因此任何一个广播帧或多播帧都将被广播到整个局域网中的每一台主机。在网络通信中，广播信息是普遍存在的，这些广播帧将占用大量的网络带宽，导致网络速度和通信效率下降，并额外增加了网络主机为处理广播信息所产生的负荷。

目前，蠕虫病毒相当泛滥，如果不对局域网进行有效的广播域隔离，一旦病毒发起泛洪广播攻击，将会很快占用完网络的带宽，导致网络的阻塞和瘫痪。

一个 vlan 就是一个网段，通过在交换机上划分 vlan，可将一个大的局域网划分成若干个网段，每个网段内所有主机间的通信和广播仅限于该 vlan 内，广播帧不会被转发到其他网段，即一个 vlan 就是一个广播域，vlan 间是不能进行直接通信的，从而就实现了对广播域的分割和隔离。

可见，通过在局域网中划分 vlan，可起到以下方面的作用。

（1）控制网络的广播，增加广播域的数量，减小广播域的大小；便于对网络进行管理和控制。vlan 是对端口的逻辑分组，不受任何物理连接的限制，同一 vlan 中的用户，可以连接在不同的交换机，并且可以位于不同的物理位置，增加了网络连接、组网和管理的灵活性。

（2）增加网络的安全性。由于默认情况下，vlan 间是相互隔离的，不能直接通信，对于保密性要求较高的部门（如财务处），可将其划分在一个 vlan 中，这样，其他 vlan 中的用户将不能访问该 vlan 中的主机，从而起到了隔离作用，并提高了 vlan 中用户的安全性。可通过应用 vlan 的访问控制列表来实现 vlan 间的安全通信。

3. vlan 的分类

1）静态 vlan

静态 vlan 就是明确指定各端口所属 vlan 的设定方法，通常又称为基于端口的 vlan，其特点是将交换机按端口进行分组，每一组定义为一个 vlan，属于同一个 vlan 的端口，可来自一台交换机，也可来自多台交换机，即可以跨越多台交换机设置 vlan。

静态指定各端口所属的 vlan，需要对每一个端口进行设置，当要设定的端口数目较多时，工作量会比较大，通常适用于网络拓扑结构不是经常变化的情况。静态 vlan 是目前最常用的一种 vlan 端口划分方式。

2）动态 vlan

可以使用 mac-vlan vlan 命令配置基于端口的 vlan，该命令将指定的 MAC 地址加入指定 vlan 中。若有指定的 MAC 地址的无 vlan 标签数据包从交换机端口进入，它将匹配到指定的 vlan 号，从而进入指定的 vlan，不管该数据包从哪个端口进入，其所属 vlan 是一致的。该命令设置后不对有 vlan 标签的数据包进行干涉。使用 show mac-vlan 命令和 show mac-vlan interface 命令查看基于 MAC 地址的 vlan。

可以使用 subnet-vlan 命令配置基于 IP 的 vlan。该命令将指定的 IP 子网加入指定 vlan 中。若有指定的 IP 子网的无 vlan 标签数据包从交换机端口进入，它将匹配到指定的 vlan 号，从而进入指定的 vlan，不管该数据包从哪个端口进入，其所属 vlan 是一致的。该命令设置后不对有 vlan 标签的数据包进行干涉。

可以使用 protocol-vlan 命令配置基于协议的 vlan，使用 show protocol-vlan 命令查看基于协议的 vlan。

4. 配置命令

1）创建 vlan

其配置命令为

```
switch#vlan database                               //进入 vlan 数据库模式
switch(vlan)#vlan 10 name jsj                      //创建 vlan，编号 10，命名为 jsj
```

2）配置端口

（1）定义端口模式。其配置命令为

```
Switchport mode(trunk|access)
```

① 功能：设置交换机的端口为 access 模式或者 trunk 模式。

② 参数：参数 trunk 表示端口允许通过多个 vlan 的流量，工作在 trunk 模下的端口称为 trunk 端口，通过 trunk 端口之间的互联，可以实现不同交换机上的相同 vlan 的互通；参数 access 表示端口只能属于一个 vlan。一般来说，交换机互相的端口设为 Trunk 模式；连接计算机的端口设为 Access 模式。例如：

```
switch (config)#interface Fa0/1                    //进入 1 号端口接口模式
switch (config-if)#switchport mode access          //设置端口为存取模式
```

（2）分配端口。其配置命令为

```
switch (config)#interface Fa0/1                    //进入 1 号端口接口模式
switch (config-if)#switchport access vlan 10       //将 1 号端口加入 vlan 10 中
```

4.3.2 实验过程

背景描述及要求：假设此交换机是宽带小区城域网中的一台楼道交换机，住户 PC1、

PC2、PC3、PC4 分别接在交换机的 0/1、0/2、0/3、0/4 端口。PC1 和 PC3 是一个单位的两家住户，PC2 和 PC4 是另一个单位的两家住户，现要求同一个单位的住户能够互联互通，不同单位的住户不能互通，如图 4-31 所示。

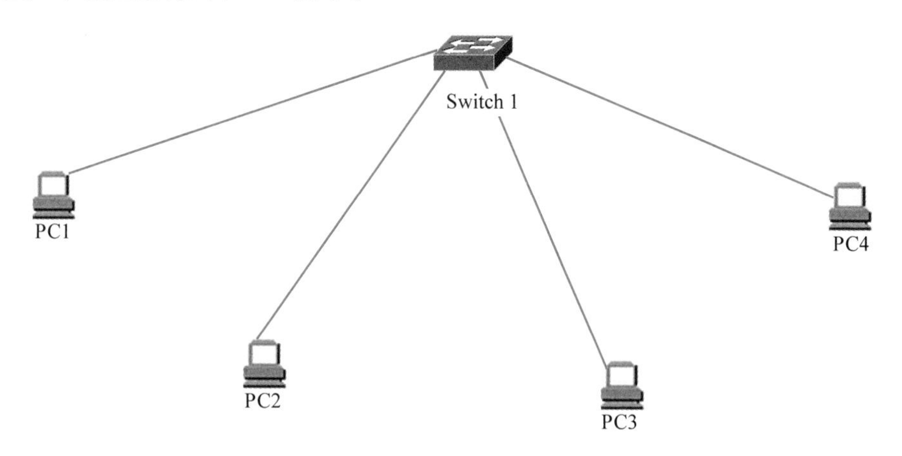

图 4-31　实验拓扑结构图(4)

(1) 绘制网络拓扑结构图。双击打开 Cisco Packet Tracer，绘制出如图 4-31 所示的拓扑结构图。其中，计算机 PC1、PC2、PC3、PC4 的以太网卡分别通过直通线与交换机 Switch 1 的 Fa0/1、Fa0/2、Fa0/3、Fa0/4 端口连接。

(2) 图形化配置计算机的 IP 地址。具体设置如下。

PC1　IP 地址：192.168.1.1　子网掩码：255.255.255.0　默认网关：192.168.1.254

PC2　IP 地址：192.168.1.2　子网掩码：255.255.255.0　默认网关：192.168.1.254

PC3　IP 地址：192.168.1.3　子网掩码：255.255.255.0　默认网关：192.168.1.254

PC4　IP 地址：192.168.1.4　子网掩码：255.255.255.0　默认网关：192.168.1.254

(3) PC1、PC2、PC3 及 PC4 相互 ping，都能显示连通，可见此时属于同一个 LAN。

(4) 进入 Switch 的配置界面，用 switch # show vlan 命令查看，如图 4-32 所示。

```
VLAN Name                             Status    Ports
---- -------------------------------- --------- -------------------------------
1    default                          active    Fa0/1, Fa0/2, Fa0/3, Fa0/4
                                                Fa0/5, Fa0/6, Fa0/7, Fa0/8
                                                Fa0/9, Fa0/10, Fa0/11, Fa0/12
                                                Fa0/13, Fa0/14, Fa0/15, Fa0/16
                                                Fa0/17, Fa0/18, Fa0/19, Fa0/20
                                                Fa0/21, Fa0/22, Fa0/23, Fa0/24
                                                Gig1/1, Gig1/2
```

图 4-32　vlan 1 端口图

(5) 创建 vlan。利用 vlan database 进入交换机的 vlan 数据库维护模式，建立一个编号为 555、名字为 jsj 的虚拟网，并退出 vlan 数据库维护模式。其配置命令如下。

```
switch>enable                        //进入特权模式
switch#vlan database                 //进入 vlan 数据库模式
switch(vlan)#vlan 555 name jsj       //创建 vlan,编号 555,命名为 jsj
switch(vlan)#exit
```

```
switch# show vlan                    //查看 vlan 信息
```

屏幕提示如图 4-33 所示，可见一个新的编号为 555 的 vlan 被成功创建。

```
VLAN Name                             Status    Ports
---- -------------------------------- --------- -------------------------------
1    default                          active    Fa0/1, Fa0/2, Fa0/3, Fa0/4
                                                Fa0/5, Fa0/6, Fa0/7, Fa0/8
                                                Fa0/9, Fa0/10, Fa0/11, Fa0/12
                                                Fa0/13, Fa0/14, Fa0/15, Fa0/16
                                                Fa0/17, Fa0/18, Fa0/19, Fa0/20
                                                Fa0/21, Fa0/22, Fa0/23, Fa0/24
                                                Gig1/1, Gig1/2
555  jsj                              active
1002 fddi-default                     act/unsup
1003 token-ring-default               act/unsup
1004 fddinet-default                  act/unsup
1005 trnet-default                    act/unsup
```

图 4-33 vlan 端口图(1)

(6) 为新建 vlan 分配端口。接上面执行 configure terminal 命令进入全局配置模式，并告知交换机要配置的端口为其 1 号端口，再将它分配给新建的编号为 555 的 vlan，采用的是静态方案(Static)。其配置命令如下：

```
switch(config)#interface Fa0/1                    //进入端口 1 接口模式
switch(config-if)#switchport mode access          //设置端口为存取模式
switch(config-if)#switchport access vlan 555      //将 1 号端口加入 vlan 555 中
switch(config-if)#exit                            //可利用 end 命令直接退至特权模式
switch(config)#exit
switch# show vlan
```

如图 4-34 所示，端口 Fa0/1 被成功分到了新的编号为 555 的 vlan 中。

```
VLAN Name                             Status    Ports
---- -------------------------------- --------- -------------------------------
1    default                          active    Fa0/2, Fa0/3, Fa0/4, Fa0/5
                                                Fa0/6, Fa0/7, Fa0/8, Fa0/9
                                                Fa0/10, Fa0/11, Fa0/12, Fa0/13
                                                Fa0/14, Fa0/15, Fa0/16, Fa0/17
                                                Fa0/18, Fa0/19, Fa0/20, Fa0/21
                                                Fa0/22, Fa0/23, Fa0/24, Gig1/1
                                                Gig1/2
555  jsj                              active    Fa0/1
```

图 4-34 vlan 端口图(2)

(7) 同样，将 3 号端口加入此 vlan(编号为 555 的 vlan)中。

```
switch (config)#interface Fa0/3                   //进入 3 号端口接口模式
switch (config-if)#switchport mode access         //设置端口为存取模式
switch (config-if)#switchport access vlan 555     //将 3 号端口加入 vlan 555 中
switch (config-if)#end
switch #show vlan
```

采用 switch＃show vlan 命令查看 vlan 信息，可看出 1、3 号端口在 vlan 555 内，2、4 号端口在 vlan 1 内，如图 4-35 所示。

(8) 验证测试。当完成上述配置时，vlan 555 内的 PC1、PC3 可相互 ping 通，vlan 1 内的 PC2、PC4 也可相互 ping 通，但两个 vlan 间的用户无法相互 ping 通。

```
VLAN Name                             Status    Ports
---- -------------------------------- --------- -------------------------------
1    default                          active    Fa0/2, Fa0/4, Fa0/5, Fa0/6
                                                Fa0/7, Fa0/8, Fa0/9, Fa0/10
                                                Fa0/11, Fa0/12, Fa0/13, Fa0/14
                                                Fa0/15, Fa0/16, Fa0/17, Fa0/18
                                                Fa0/19, Fa0/20, Fa0/21, Fa0/22
                                                Fa0/23, Fa0/24, Gig1/1, Gig1/2
555  jsj                              active    Fa0/1, Fa0/3
```

图 4-35　vlan 端口图(3)

注意

删除 vlan 555。

命令提示：

```
(config)#int Fa0/1                                  //进入 1 号端口
(config-if)#no switchport access vlan 555           //将 1 号端口从 vlan 555 中删除
(config-if)#exit                                    //返回全局模式
(config)#int Fa0/3                                  //进入 3 号端口
(config-if)#no switchport access vlan 555           //将 3 号端口从 vlan 555 中删除
(config-if)#end
#vlan database                                      //进入 vlan 数据库
(vlan)#no vlan 555                                  // 删除 555 号 vlan
```

自主练习部分

如图 4-36 所示，PC1、PC2、PC3、PC4、PC5、PC6、PC7 分别接在交换机的 Fa0/1、Fa0/2、Fa0/3、Fa0/4、Fa0/5、Fa0/6、Fa0/7 端口。在交换机上创建 vlan 10、vlan 20、vlan 30，将连接 PC1 和 PC2 的端口划入 vlan 10，将连接 PC4 和 PC5 的端口划入 vlan 20，将连接 PC3、PC6 和 PC7 的端口划入 vlan 30。

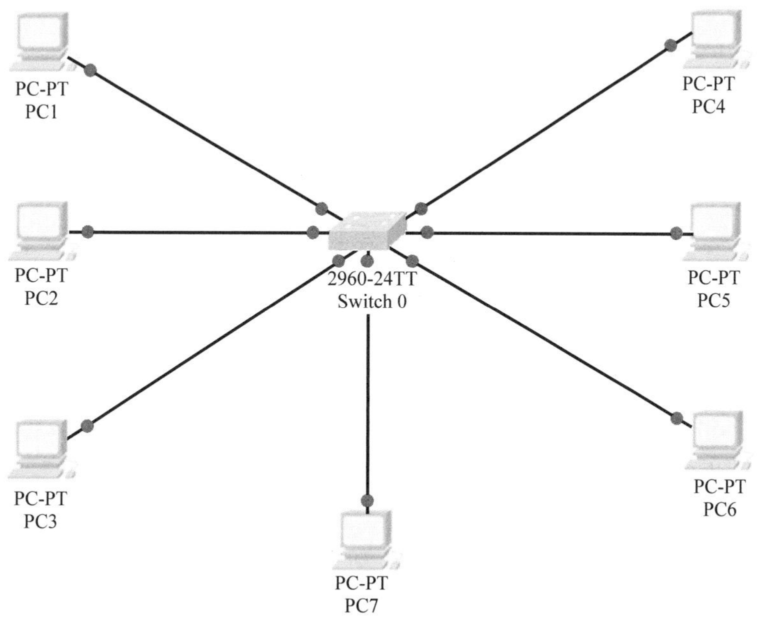

图 4-36　实验拓扑结构图(5)

IP 地址配置如下。

PC1　IP 地址：192.168.1.11　子网掩码：255.255.255.0
PC2　IP 地址：192.168.1.12　子网掩码：255.255.255.0
PC3　IP 地址：192.168.1.13　子网掩码：255.255.255.0
PC4　IP 地址：192.168.1.14　子网掩码：255.255.255.0
PC5　IP 地址：192.168.1.15　子网掩码：255.255.255.0
PC6　IP 地址：192.168.1.16　子网掩码：255.255.255.0
PC7　IP 地址：192.168.1.17　子网掩码：255.255.255.0

任务 4.4　配置跨交换机 vlan

知识目标

掌握跨交换机 vlan 的配置方法。

技能目标

掌握 vlan 的基本配置命令和配置注意事项。

职业素质目标

(1) 培养与人合作的意识。
(2) 能正确表达自己的思想,学会理解和分析问题。

4.4.1　知识准备

1. vlan 的汇聚链接与封装协议

在实际应用中,通常需要跨越多台交换机的多个端口划分 vlan。例如,同一个部门的员工,可能会分布在不同的建筑物或不同的楼层中,此时的 vlan 就将跨越多台交换机,如图 4-37 所示。

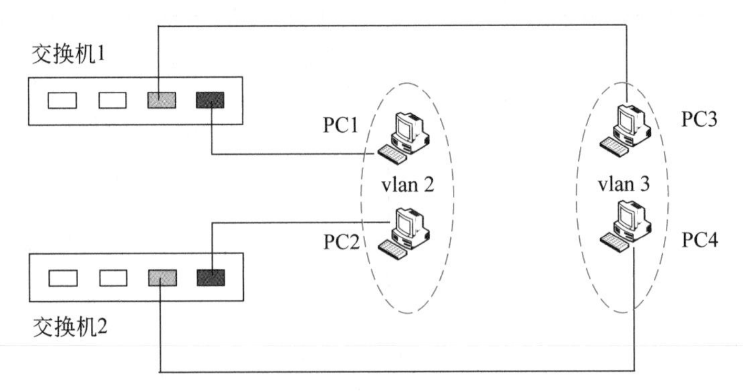

图 4-37　跨越多台交换机的 vlan

跨越多台交换机的 vlan，vlan 内的主机彼此间应可以自由通信，当 vlan 成员分布在多台交换机的端口上时，如何才能实现彼此间的通信呢？解决的办法就是在交换机上各拿出一个端口，用于将两台交换机级联起来，专门用于提供该 vlan 内的主机跨交换机相互通信。有多少个 vlan，就对应地需要占用多少个端口，用来提供 vlan 内主机的跨交换机相互通信，如图 4-38 所示。

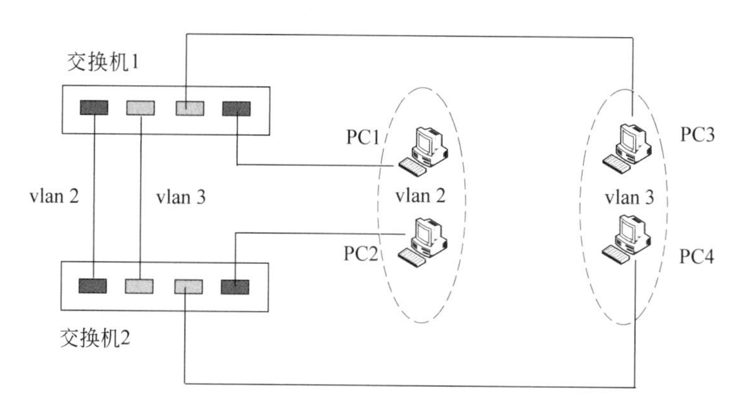

图 4-38 vlan 内的主机在交换机间的通信

这种方法虽然解决了 vlan 内主机间的跨交换机通信，但每增加一个 vlan，就需要在交换机间添加一条互联链路，并且还要额外占用交换机端口，这对宝贵的交换机端口而言是一种严重的浪费，而且扩展性和管理效率都很差。

为了避免这种低效率的连接方式和对交换机端口的大量占用，人们想办法让交换机间的互联链路汇集到一条链路上，让该链路允许各个 vlan 的通信流经过，这样就可以解决对交换机端口的额外占用，这条用于实现各 vlan 在交换机间通信的链路，称为交换机的汇聚链路或主干链路(Trunk Link)，如图 4-39 所示。用于提供汇聚链路的端口称为汇聚端口。由于汇聚链路承载了所有 vlan 的通信流量，因此要求只有通信速度在 100Mbit/s 或以上的端口才能作为汇聚端口使用。

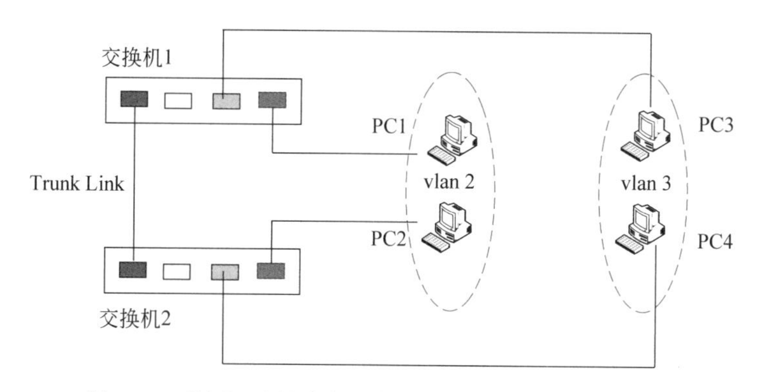

图 4-39 利用汇聚链路实现各 vlan 内主机跨交换机的通信

在引入 vlan 后，交换机的端口按用途可分为访问连接(Access Link)端口和汇聚连接(Trunk Link)端口两种。访问连接端口通常用于连接客户 PC，以提供网络接入服务。该种端口只属于某一个 vlan，并且仅向该 vlan 发送或接收数据帧。端口所属的 vlan 通常又称 native vlan。汇聚连接端口属于所有 vlan 共有，承载所有 vlan 在交换机间的通信流量。由于汇聚链路承载了所有 vlan 的通信流量，为了标识各数据帧属于哪一个 vlan，需要对流经汇聚链接的数据帧进行打标(tag)封装，以附加上 vlan 信息，这样交换机就可通过 vlan 标识将数据帧转发到对应的 vlan 中。

Trunk 采用两种封装协议，一种为 Cisco 私有的 ISL 协议，另一种为业界标准的 IEEE 802.1Q。IEEE 802.1Q 是经过 IEEE 认证的对数据帧附加 vlan 识别信息的协议，属于国际标准协议，适用于各个厂商生产的交换机，该协议通常又简称为 dot1q。目前主流的封装方式为 802.1Q 封装。

交换机两端的封装协议必须一致，2960 以下交换机仅支持 802.1Q；3550 以上交换机同时支持 802.1Q 和 ISL。

在 3550 以上型号交换机配置 Trunk，其语法为

```
Switch(config-if)#switchport trunk encapsulation dot1q
```

2. 设置交换机的 Trunk

1）switchport mode 命令

其语法为

```
switchport mode (trunk|access)      //参数 trunk 表示端口允许通过多个 vlan 的流量
```

2）switchport trunk allowed vlan 命令

其语法为

```
switchport trunk allowed vlan (VID|all|add VID except VID| remove VID)
```

其功能是设置 trunk 端口允许通过的 vlan。参数说明如下。

- all：所有的 VID，即 1～4094。
- add：在现有的允许加入的 vlan(allowed vlan)后面加入指定的 VID。
- except：除了指定的 VID 外所有的 VID 都加为 allowed vlan。
- remove：从现有的 allowed vlan 列表中删除指定的 allowed vlan。

3）native vlan(本征 vlan)命令

native vlan(本征 vlan)和其他 vlan 的另外一个区别在于：非 native vlan 在 Trunk 中传输数据时是要被添加 vlan 标记的(如 dot1q 或者 ISL)，但是 native vlan 在 Trunk 中传输数据时是不进行标记的。

在 Trunk 链路上，如果 switchport trunk allowed vlan all，那么所有带有 vlan 信息的帧都允许通过，如果配置了只允许特定 vlan 通过，那么只有 native vlan 和特定 vlan 的帧才能通过，默认 native vlan 是 vlan 1。一般可以将数据流量较大的 vlan 设为 native vlan，对这个 vlan 数据的传递不加标签，其根本目的是降低交换机的资源消耗，提升交换机对二层数据处理的能力。

其语法为

```
Switch(config-if)#switchport trunk native vlan vlanID
```

3. VTP 协议

VTP(vlan Trunk Protocol,vlan 干道协议)的功能与 GVRP 相似,也是用来使 vlan 配置信息在交换网内其他交换机上进行动态注册的一种二层协议。在一台 VTP Server 上配置一个新的 vlan 信息,则该信息将自动传播到本域内的所有交换机,从而减少在多台设备上配置同一信息的工作量,并且方便了管理。VTP 信息只能在 trunk 端口上传播。

任何一台运行 VTP 的交换机都可以工作在以下三种模式。

(1) VTP Server 维护该 VTP 域中所有 vlan 信息列表,可以增加、删除或修改 vlan。

(2) VTP Client 也维护该 VTP 域中所有 vlan 信息列表,但不能增加、删除或修改 vlan,任何变化的信息必须从 VTP Server 发布的通告报文中接收。

(3) VTP Transparent 不参与 VTP 工作,它虽然忽略所有接收到的 VTP 信息,但能够将接收到的 VTP 报文转发出去。它只拥有本设备上的 vlan 信息。

其中,VTP Server 和 VTP Client 必须处于同一个 VTP 域,且一个交换机只能位于一个 VTP 域中。

4.4.2 实验过程

1. 案例 1：配置跨交换机 vlan

1) 实验环境

2～3 台交换机,4 台 PC,实验组网如图 4-40 所示。

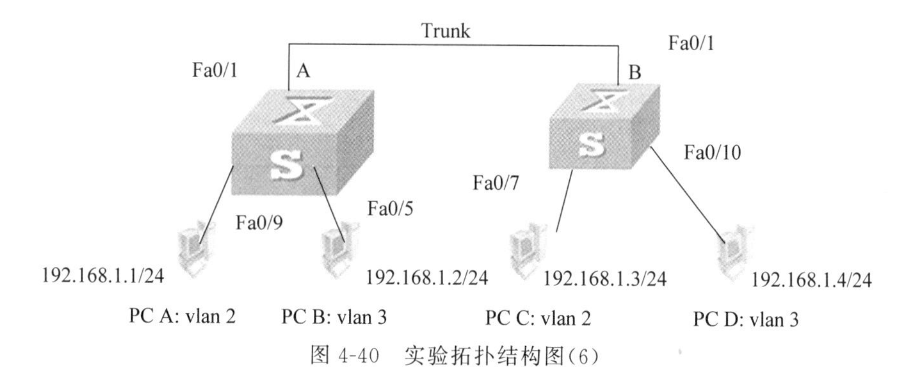

图 4-40 实验拓扑结构图(6)

2) 实验要求

如图 4-40 所示,将 PC A 和 PC C 连接端口划入 vlan 2 中,将 PC B 和 PC D 连接端口划入 vlan 3 中。

3) 实验步骤

(1) 绘制拓扑结构图(交换机互连使用交叉线,计算机与交换机连接使用直通线)。

(2) 配置 PC 的 IP 地址和子网掩码,配置好 IP 地址后,互相 ping,看能否 ping 通。

(3) 配置交换机 A 上的 vlan 2、vlan 3,并将 PC A 连接端口划入 vlan 2 中,将 PC B 连接端口划入 vlan 3 中。

① 创建 vlan 命令：

```
switch>enable                                //进入特权模式
switch#vlan database                         //进入 vlan 数据库模式
```

```
switch(vlan)#vlan 2                           //创建 vlan,编号 2
switch(vlan)#exit
```

② 划分端口命令：

```
switch(config)#interface Fa0/9                //进入 9 号端口接口模式
switch(config-if)#switchport mode access      //设置端口为存取模式
switch(config-if)#switchport access vlan 2    //将 9 号端口加入 vlan 2 中
```

如图 4-41 所示，使用 show vlan 命令查看 vlan 信息。

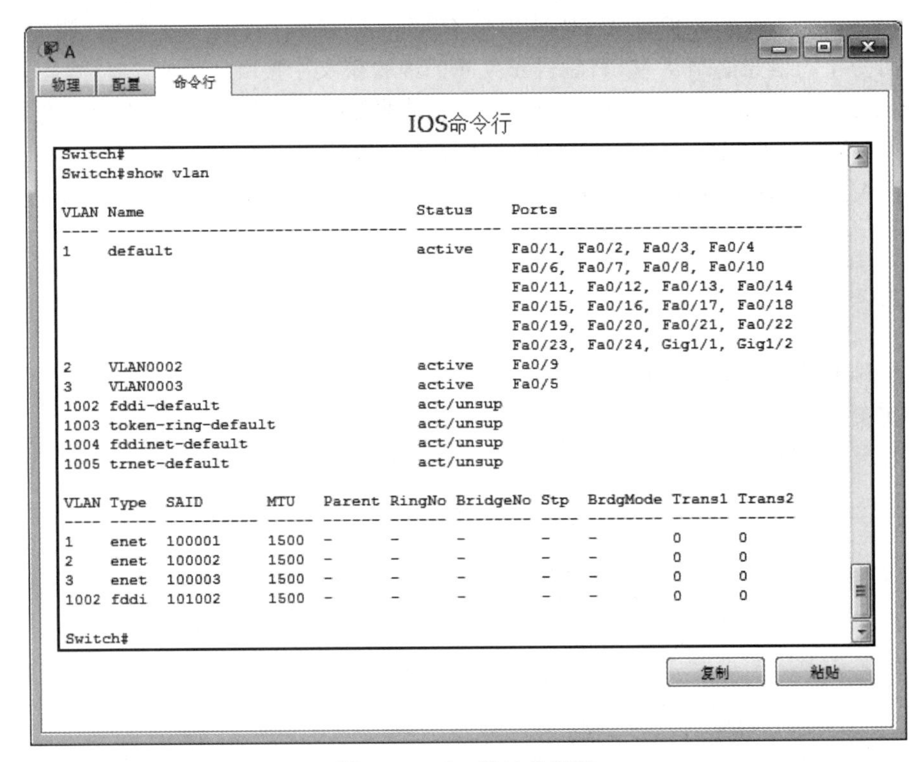

图 4-41 vlan 端口分配图

(4) 配置交换机 B 上的 vlan 2、vlan 3，并将 PC C 连接端口划入 vlan 2 中，将 PC D 连接端口划入 vlan 3 中。(此时相互间能否 ping 通？为什么？)

(5) 配置 Trunk。交换机互联的端口配置为 trunk 端口(即交换机 A 的 Fa0/1 端口和交换机 B 的 Fa0/1 端口)，允许所有的 vlan 通信。

分别配置两台交换机 1 号端口的 trunk 功能，其命令为

```
switch(config)#interface Fa0/1                //进入 Fa0/1 接口模式
switch(config-if)#switchport mode trunk       //打开 trunk 功能(如果是 3550 以上型
                                              //号交换机,还需选择 802.1Q 封装)
switch(config-if)#switchport trunk allowed vlan all
                                              //设置 trunk 端口允许通过所有的 VID
```

(6) 测试。互相 ping，看哪两台计算机能 ping 通。

2. 案例 2：使用 VTP 域配置 vlan

1）实验环境

（1）背景描述：假设宽带小区城域网中有两台楼道交换机，住户 PC1、PC2、PC3、PC4 分别接在交换机一的 Fa0/1、Fa0/2 端口和交换机二的 Fa0/1、Fa0/2 端口。PC1 和 PC3 是一个单位的两家住户，PC2 和 PC4 是另一个单位的两家住户，现要求同一个单位的住户能够互联互通，不同单位的住户不能互通，如图 4-42 所示。

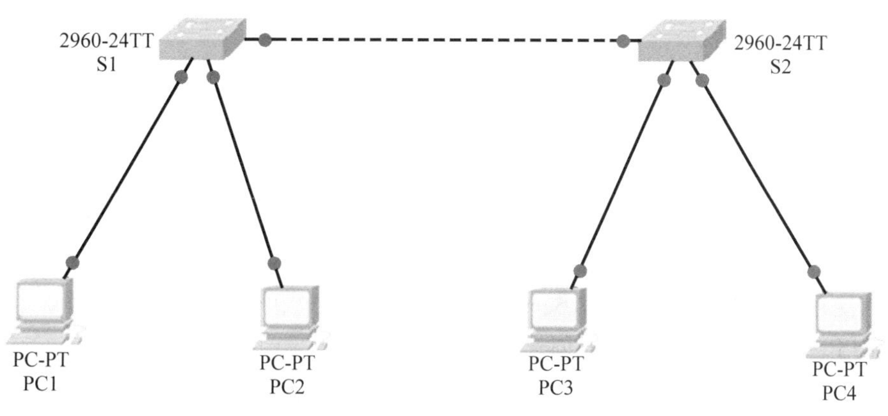

图 4-42 实验拓扑结构图(7)

（2）实验拓扑：线路连接情况为：交换机 S1 的 Fa0/12 端口和交换机 S2 的 Fa0/12 端口相连，S1 的 Fa0/1、Fa0/2 分别和 PC1、PC2 相连，S2 的 Fa0/1、Fa0/2 分别和 PC3、PC4 相连。

IP 地址设置如下。

PC1 IP 地址：192.168.1.1 子网掩码：255.255.255.0

PC2 IP 地址：192.168.1.2 子网掩码：255.255.255.0

PC3 IP 地址：192.168.1.3 子网掩码：255.255.255.0

PC4 IP 地址：192.168.1.4 子网掩码：255.255.255.0

2）实验要求

在同一 vlan 里的计算机系统能跨交换机进行相互通信，而在不同 vlan 里的计算机系统不能进行相互通信。

3）实验步骤

（1）绘制拓扑结构图（交换机互联使用交叉线，计算机与交换机连接使用直通线）。

（2）配置每台 PC 的 IP 地址和子网掩码。配置好 IP 地址后，互相 ping，看能否 ping 通。

（3）配置 Trunk。交换机互联的端口配置为 trunk 端口（即交换机 S1 的 Fa0/12 端口和交换机 S2 的 Fa0/12 端口），允许所有的 vlan 通信。

分别配置两台交换机 Fa0/12 端口的 trunk 功能，其命令为

```
(config)#interface Fa0/12                      //进入 Fa0/12 接口模式
(config-if)#switchport mode trunk              //打开 trunk 功能
(config-if)#switchport trunk allowed vlan all  //设置 trunk 端口允许通过所有的 VID
```

(4) 创建 VTP 域。将两台交换机加入域,其中的一台(S1)作为 VTP Server,另一台(S2)作为 VTP Client。

① 交换机 S1 配置:

```
Switch#vlan database                    //进入 vlan 数据库模式
Switch(vlan)#vtp domain xyz             //创建 VTP 域 xyz
Switch(vlan)#vtp server                 //指定交换机 S1 在域中的身份为服务器
```

② 交换机 S2 配置:

```
Switch#vlan database                    //进入 vlan 数据库模式
Switch(vlan)#vtp domain xyz             //创建(加入)VTP 域 xyz
Switch(vlan)#vtp client                 //指定交换机 S2 在域中的身份为客户机
```

(5) 创建 vlan。VTP Server 维护该 VTP 域中所有 vlan 信息列表,可以增加、删除或修改 vlan;VTP Client 也维护该 VTP 域中所有 vlan 信息列表,但不能增加、删除或修改 vlan,任何变化的信息必须从 VTP Server 发布的通告报文中接收 vlan。

在 VTP Server(交换机 S1)上创建 vlan 2、vlan 3:

```
switch>enable                           //进入特权模式
switch#vlan database                    //进入 vlan 数据库模式
switch (vlan)#vlan 2                    //创建 vlan,编号 2
switch (vlan)#exit
switch#show vlan                        //查看 vlan 信息
```

如图 4-43 所示,在 VTP Client(交换机 S2)上查看自动获取的 vlan 信息。

```
Switch#show vlan

VLAN Name                             Status    Ports
---- -------------------------------- --------- -------------------------------
1    default                          active    Fa0/1, Fa0/2, Fa0/3, Fa0/4
                                                Fa0/5, Fa0/6, Fa0/7, Fa0/8
                                                Fa0/9, Fa0/10, Fa0/11, Fa0/12
                                                Fa0/13, Fa0/14, Fa0/15, Fa0/16
                                                Fa0/17, Fa0/18, Fa0/19, Fa0/20
                                                Fa0/21, Fa0/22, Fa0/23, Fa0/24
                                                Gig1/1, Gig1/2
2    VLAN0002                         active
3    VLAN0003                         active
1002 fddi-default                     act/unsup
1003 token-ring-default               act/unsup
1004 fddinet-default                  act/unsup
1005 trnet-default                    act/unsup
```

图 4-43 交换机 S2 的 vlan 信息图

(6) 划分端口分配。

配置交换机 S1,并将 PC1 连接端口划入 vlan 2 中,将 PC2 连接端口划入 vlan 3 中。

```
switch (config)#interface Fa0/1                  //进入 1 号端口接口模式
switch (config-if)#switchport mode access        //设置端口为存取模式
switch (config-if)#switchport access vlan 2      //将 1 号端口加入 vlan 2
```

同样，配置交换机 S2，并将 PC3 连接端口划入 vlan 2 中，将 PC4 连接端口划入 vlan 3 中。使用 show vlan 命令查看 vlan 信息。

(7) 验证测试。当完成上述配置时，vlan 2 内的 PC1、PC3 可相互 ping 通，vlan 3 内的 PC2、PC4 也可相互 ping 通，但两个 vlan 间的用户无法相互 ping 通。

3. 案例 3

1) 实验环境

如图 4-44 所示，实验共需要 3 台交换机和 4 台主机。

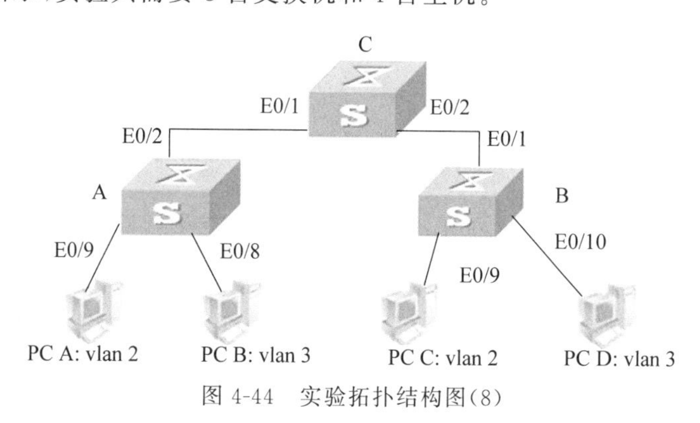

图 4-44　实验拓扑结构图(8)

IP 地址设置如下。

PC A　IP 地址：192.168.1.1　子网掩码：255.255.255.0

PC B　IP 地址：192.168.1.2　子网掩码：255.255.255.0

PC C　IP 地址：192.168.1.3　子网掩码：255.255.255.0

PC D　IP 地址：192.168.1.4　子网掩码：255.255.255.0

2) 实验要求

在同一 vlan 里的计算机系统能跨交换机进行相互通信，而在不同 vlan 里的计算机系统不能进行相互通信。

3) 实验步骤

(1) 绘制拓扑结构图(交换机互连使用交叉线，计算机与交换机连接使用直通线)。

(2) 配置每台 PC 的 IP 地址和子网掩码。配置好 IP 地址后，互相 ping，看能否 ping 通。

(3) 配置 Trunk。分别配置 3 台交换机互联端口(交换机 A 的端口 2、交换机 B 的端口 1、交换机 C 的端口 1、2)的 trunk 功能，其命令为

```
(config)#interface e0/9 (或 Fa0/9)              //进入 9 号端口接口模式
(config-if)#switchport mode trunk               //打开端口 2 trunk 功能
(config-if)#switchport trunk allowed vlan all   //设置 trunk 端口允许通过所有的 VID
```

(4) 创建 VTP 域。将交换机 C 作为 VTP Server，另两台交换机(A 和 B)作为 VTP Client。

① 配置 VTP Server (交换机 C)：

```
Switch#vlan database                            //进入 vlan 数据库模式
```

```
Switch(vlan)#vtp domain xyz                 //创建 VTP 域 xyz
Switch(vlan)#vtp server                     //指定交换机 C 在域中的身份为服务器
```

② 配置 VTP Client(交换机 A、B)：

```
Switch#vlan database                        //进入 vlan 数据库模式
Switch(vlan)#vtp domain xyz                 //创建(加入)VTP 域 xyz
Switch(vlan)#vtp client                     //指定交换机 A、B 在域中的身份为客户机
```

(5) 创建 vlan。在 VTP Server(交换机 C)上创建 vlan 2、vlan 3：

```
switch>enable                               //进入特权模式
switch#vlan database                        //进入 vlan 数据库模式
switch (vlan)#vlan 2                        //创建 vlan,编号 2
switch (vlan)#exit
switch#show vlan                            //查看 vlan 信息
```

在 VTP Client(交换机 A、B)上查看自动获取的 vlan 信息。

(6) 配置交换机 A,并将 PC A 连接端口划入 vlan 2 中,将 PC B 连接端口划入 vlan 3 中。

```
switch (config)#interface Fa0/9             //进入端口 9 接口模式
switch (config-if)#switchport mode access   //设置端口为存取模式
switch (config-if)#switchport access vlan 2 //将端口 1 加入 vlan 2
```

使用 show vlan 命令查看 vlan 信息。

(7) 配置交换机 B,并将 PC C 连接端口划入 vlan 2 中,将 PC D 连接端口划入 vlan 3 中。

(8) 验证测试。当完成上述配置时,vlan 2 内的 PC A、PC C 可相互 ping 通,vlan 3 内的 PC B、PC D 也可相互 ping 通,但两个 vlan 间的用户无法相互 ping 通。

1. 实验环境

10 个工作站分布在三个楼层中,构成三个局域网,即 vlan 1(A1、A2、A3、A4)、vlan 2(B1、B2、B3)和 vlan 3(C1、C2、C3),如图 4-45 所示。现因用户性质和需要发生变化,须将 A1、A2、B1、C1 四个节点,A3、B2、C2 三个节点,A4、B3、C3 三个节点划分为三个工作组。若在不改变网络拓扑结构及工作站物理连接的同时,希望限制接收广播信息的工作站数量,应如何实现上述要求?

2. IP 地址设置

A1　IP 地址：192.168.1.1　子网掩码：255.255.255.0

A2　IP 地址：192.168.1.2　子网掩码：255.255.255.0

A3　IP 地址：192.168.1.3　子网掩码：255.255.255.0

A4　IP 地址：192.168.1.4　子网掩码：255.255.255.0

B1　IP 地址：192.168.1.5　子网掩码：255.255.255.0

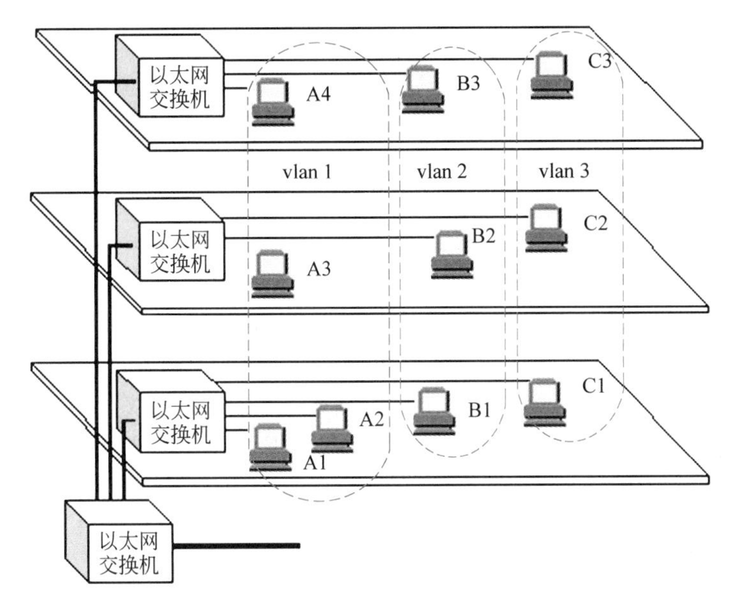

图 4-45　实验拓扑结构图(9)

B2　IP 地址：192.168.1.6　子网掩码：255.255.255.0

B3　IP 地址：192.168.1.7　子网掩码：255.255.255.0

C1　IP 地址：192.168.1.8　子网掩码：255.255.255.0

C2　IP 地址：192.168.1.9　子网掩码：255.255.255.0

C3　IP 地址：192.168.1.10　子网掩码：255.255.255.0

任务 4.5　配置 vlan 间的路由

知识目标

掌握交换机 vlan 间的路由配置方法。

技能目标

掌握基于三层交换机进行 vlan 间路由的配置方法。

职业素质目标

(1) 培养与人合作的意识。

(2) 能正确表达自己的思想,学会理解和分析问题。

任务实施

4.5.1 知识准备

在交换机中,可使用 vlan 技术隔离广播域,每个 vlan 对应一个 IP 网段,各网段间不能直接通信,但引入 vlan 并不是为了不让网络之间互通,只是为了隔离广播报文、提高网络带宽的利用率,因此,需要有相应的解决方案使不同 vlan 间能够通信。要实现不同 vlan 之间报文的互通必须借用三层路由技术,目前有两种方法:一种是在三层交换机上通过 vlan 接口来实现;另一种是在路由器上通过三层以太网接口来实现。

三层交换机就是具有第三层路由功能的交换机,其目的是加快大型局域网内部的数据交换,实现一次路由、多次转发。在三层交换机中,数据包转发等规律性的过程由硬件高速实现,路由信息更新、路由表维护、路由计算、路由确定等功能由软件实现。

在三层交换机中,当某一信息源的第一个数据流进行第三层交换后,其中的路由系统将会产生一个 MAC 地址与 IP 地址的映射表,并将该表存储起来,当同一信息源的后续数据流再次进入交换环境时,交换机将根据第一次产生并保存的地址映射表,直接从第二层由源地址传输到目的地址,不再经过第三路由系统处理,从而消除了路由选择时造成的网络延迟,提高了数据包的转发效率,解决了网间传输信息时路由产生的速率瓶颈。在三层交换机中,只需为三层 vlan 接口配置相应的 IP 地址,交换机即可通过内置的三层路由转发引擎在 vlan 间进行路由转发,实现不同 vlan 的通信。

开启三层交换机路由功能的命令为 zc(config)#ip routing。

4.5.2 实验过程

1. 案例 1:配置 vlan 间的路由

1) 实验环境

计算机 PC1、PC2、PC3、PC4 分别通过双绞线和交换机 Switch 1(三层交换机)的 Fa0/1、Fa0/2、Fa0/3、Fa0/4 端口连接,如图 4-46 所示。

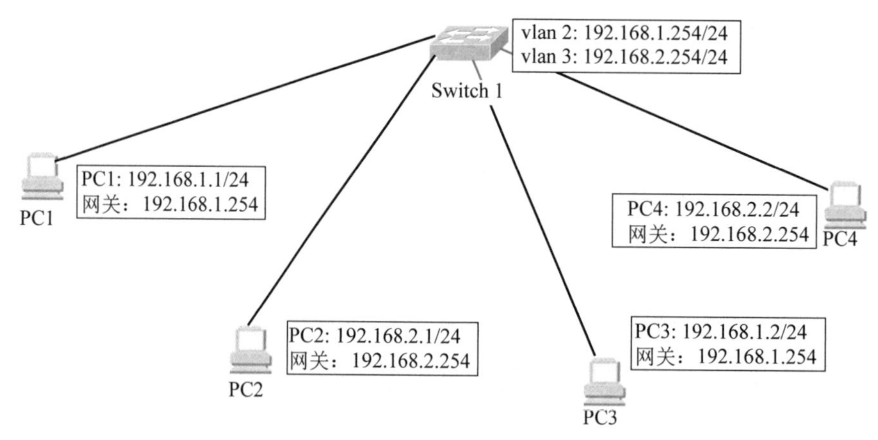

图 4-46 实验拓扑结构图(10)

2）实验要求

实现 PC1、PC2、PC3、PC4 之间的通信。

3）实验步骤

（1）绘制网络拓扑结构图。

（2）配置计算机的 IP 地址。

PC1 IP 地址：192.168.1.1 子网掩码：255.255.255.0 默认网关：192.168.1.254

PC2 IP 地址：192.168.2.1 子网掩码：255.255.255.0 默认网关：192.168.2.254

PC3 IP 地址：192.168.1.2 子网掩码：255.255.255.0 默认网关：192.168.1.254

PC4 IP 地址：192.168.2.2 子网掩码：255.255.255.0 默认网关：192.168.2.254

（3）用 ping 命令测试，PC1、PC2、PC3 及 PC4 相互 ping，看能否 ping 通。

（4）创建 vlan 2、vlan 3，将 PC1、PC3 连接端口划入 vlan 2，将 PC2、PC4 连接端口划入 vlan 3。

（5）配置 vlan 虚拟接口 IP 地址。

① 配置 vlan 2 虚拟接口：

```
Switch(config)#interface vlan 2              //创建虚拟接口 vlan 2
Switch(config-if)#ip address 192.168.1.254 255.255.255.0
//配置虚拟接口 vlan 2 的地址为 192.168.1.254
Switch(config-if)#no shutdown                //开启端口,端口默认状态为关闭
```

② 配置 vlan 3 虚拟接口：

```
Switch(config)#interface vlan 3              //创建虚拟接口 vlan 3
Switch(config-if)#ip address 192.168.2.254 255.255.255.0
//配置虚拟接口 vlan 3 的地址为 192.168.2.254
Switch(config-if)#no shutdown                //开启端口,端口默认状态为关闭
```

（6）打开三层交换机的路由功能。其命令为

```
Switch(config)#ip routing
```

（7）用 ping 测试。

2. 案例 2：配置 vlan 间的路由

1）实验环境

计算机 PC1、PC2 分别通过双绞线和交换机 Switch A（三层交换机）的 Fa0/5、Fa0/10 端口连接，计算机 PC3 和交换机 Switch B（二层交换机）的 Fa0/5 端口连接，交换机 Switch A 与交换机 Switch B 通过端口 Fa0/12 互联，如图 4-47 所示。

vlan 的设置如下。

Switch A（三层交换机）：

vlan 10=192.168.10.254 vlan 20=192.168.20.254

IP 地址设置如下。

PC1（vlan 10） 192.168.10.10 子网掩码：255.255.255.0 默认网关：192.168.10.254

PC2（vlan 20） 192.168.20.20 子网掩码：255.255.255.0 默认网关：192.168.20.254

PC3（vlan 10） 192.168.10.30 子网掩码：255.255.255.0 默认网关：192.168.10.254

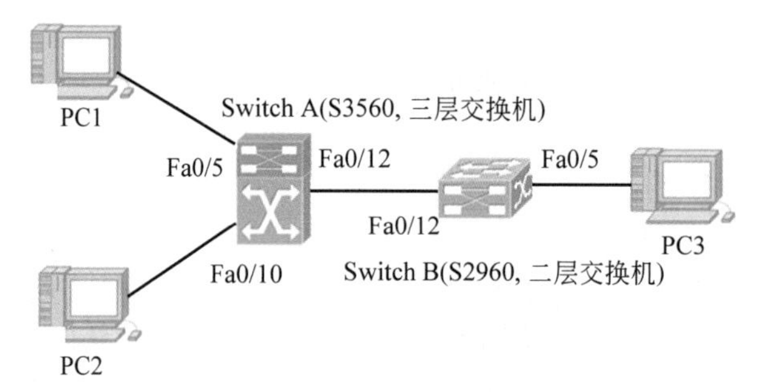

图 4-47　实验拓扑结构图(11)

2）实验要求

实现 PC1、PC2、PC3 之间的通信。

3）实验步骤

(1) 绘制网络拓扑结构图。

(2) 配置计算机的 IP 地址。

PC1　IP 地址：192.168.10.10　子网掩码：255.255.255.0　默认网关：192.168.10.254

PC2　IP 地址：192.168.20.20　子网掩码：255.255.255.0　默认网关：192.168.20.254

PC3　IP 地址：192.168.10.30　子网掩码：255.255.255.0　默认网关：192.168.10.254

(3) 用 ping 命令测试，PC1、PC2、PC3 及 PC4 相互 ping，看能否 ping 通。

(4) 配置 Trunk。将交换机互联端口定义为 Trunk 模式，即把交换机 Switch A 与 Switch B 相连端口(Fa0/12) 定义为 Trunk 模式。

① 配置三层交换机 Switch A：

```
Switch (config)#interface fastethernet 0/12        //进入 Fa0/12 接口配置模式
Switch (config-if)#switchport trunk encapsulation dot1q
//配置三层交换机 trunk 采用业界标准的 IEEE 802.1Q 封装协议
Switch (config-if)#switchport mode trunk           //将 Fa0/12 端口设为 trunk 模式
```

② 配置二层交换机 Switch B：

```
Switch (config)#interface fastethernet 0/12        //进入 Fa0/12 接口配置模式
Switch (config-if)#switchport mode trunk           //将 Fa0/12 端口设为 trunk 模式
```

(5) 创建 vlan，划分端口。在交换机 Switch A 上创建 vlan 10，并将 Fa0/5 端口划分到 vlan 10 中；在交换机 Switch A 上创建 vlan 20，并将 Fa0/10 端口划分到 vlan 20 中；在交换机 Switch B 上创建 vlan 10，并将 Fa0/5 端口划分到 vlan 10 中。

(6) 在三层交换机(Switch A)上配置 vlan 虚拟接口 IP 地址。

① 配置 vlan 10 虚拟接口：

```
Switch(config)#interface vlan 10                   //进入虚拟接口 vlan 10 模式
Switch(config-if)#ip address 192.168.10.254 255.255.255.0
//配置虚拟接口 vlan 10 的地址为 192.168.10.254
Switch(config-if)#no shutdown                      //开启端口，端口默认状态为关闭
```

② 配置 vlan 20 虚拟接口：

```
Switch(config)#interface vlan 20                    //进入虚拟接口 vlan 20 模式
Switch(config-if)#ip address 192.168.20.254 255.255.255.0
//配置虚拟接口 vlan 20 的地址为 192.168.20.254
Switch(config-if)#no shutdown                       //开启端口,端口默认状态为关闭
```

(7) 打开三层交换机(Switch A)的路由功能。其命令为

```
Switch (config)#ip routing
```

(8) 用 ping 测试,看能否 ping 通。

验证测试：查看三层交换机 Switch A(S3560) 路由接口的状态。

```
switchA#show ip interface                      //查看 IP 接口的状态
Interface                     : vlan 10
Description                   : vlan 10
OperStatus                    : UP
ManagementStatus              : Enabled
Primary Internet address      : 192.168.10.254/24
Broadcast address             : 255.255.255.255
PhysAddress                   : 00d0.f8ff.8ab5
Interface                     : VL20
Description                   : vlan 20
OperStatus                    : UP
ManagementStatus              : Enabled
Primary Internet address      : 192.168.20.254/24
Broadcast address             : 255.255.255.255
PhysAddress                   : 00d0.f8ff.8ab6
```

3. 案例 3：配置 vlan 间的路由

1) 实验环境

实验环境如图 4-48 所示,交换机 S1 选择三层交换机,交换机 S2 选择二层交换机。

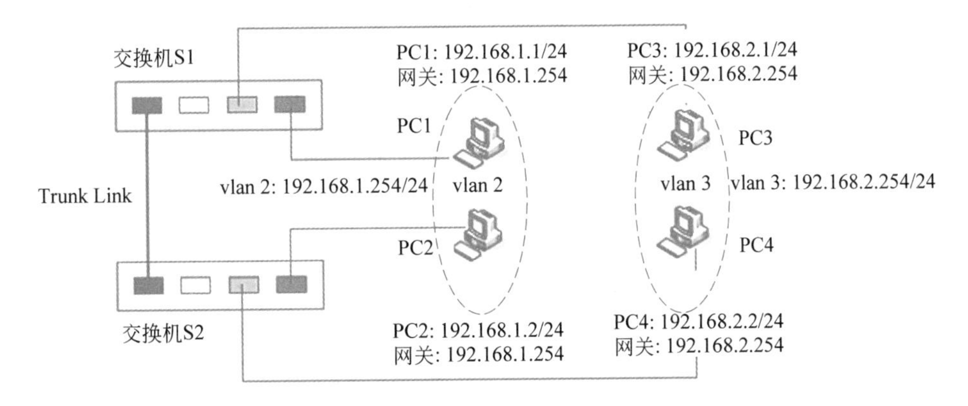

图 4-48　实验拓扑结构图(12)

2）实验要求

要求实现 PC1、PC2、PC3、PC4 之间的通信，要求利用 VTP 域配置 vlan。

3）实验步骤

（1）绘制网络拓扑结构图，并配好计算机的 IP 地址及网关。

（2）配置 Trunk。将交换机 S1 和交换机 S2 互连的两个端口设为 trunk 端口。

① 交换机 S1 配置：

```
Switch (config)#interface fastethernet 0/12          //进入 Fa0/2 接口配置模式
Switch (config-if)#switchport trunk encapsulation dot1q
//三层交换机需选择 trunk 采用 IEEE 802.1Q 封装协议
```

② 交换机 S2 配置：

```
Switch (config-if)#switchport mode trunk             //将 Fa0/12 端口设为 trunk 模式
```

（3）配置 VTP 域。

① 交换机 S1 配置：

```
Switch#vlan database                 //进入 vlan 数据库模式
Switch(vlan)#vtp domain xyz          //创建 VTP 域 xyz
Switch(vlan)#vtp server              //指定交换机 S2 在域中的身份为服务器
```

② 交换机 S2 配置：

```
Switch#vlan database                 //进入 vlan 数据库模式
Switch(vlan)#vtp domain xyz          //创建(加入)VTP 域 xyz
Switch(vlan)#vtp CLIENT              //指定交换机 S2 在域中的身份为客户机
```

（4）创建 vlan。在 VTP Server(即交换机 S1)上创建 vlan。

```
Switch#vlan database
Switch(vlan)#vlan 2
Switch(vlan)#vlan 3
```

在 VTP Client(即交换机 S2)上运行 show vlan 命令，查看获取的 vlan 信息。

（5）划分端口。分别在交换机 S1 和交换机 S2 上进行配置，将 PC1 和 PC2 连接的端口划入 vlan 2，将 PC3 和 PC4 连接的端口划入 vlan 3。

（6）在三层交换机(交换机 S1)上配置 vlan 虚拟接口 IP 地址。

① 配置 vlan 2 虚拟接口 IP 地址：

```
Switch(config)#interface vlan 2
Switch(config-if)#ip address 192.168.1.254 255.255.255.0
Switch(config-if)#no shutdown
```

② 配置 vlan 3 虚拟接口 IP 地址：

```
Switch(config)#interface vlan 3
Switch(config-if)#ip address 192.168.2.254 255.255.255.0
Switch(config-if)#no shutdown
```

(7) 打开三层交换机(交换机 S1) 的路由功能。其命令为

```
Switch (config)#ip routing
```

(8) 用 ping 测试,写出结果。

自主练习部分

1. 实验环境

实验环境如图 4-49 所示,交换机 A 为三层交换机,其余为二层交换机。交换机 B 端口 8、10 连接 PC1、PC2,交换机 C 端口 2、3 连接 PC3、PC4,交换机 D 端口 6、9 连接 PC5、PC6,交换机 A 的 1、2、3 端口分别连接交换机 B、C、D 的 1 端口。

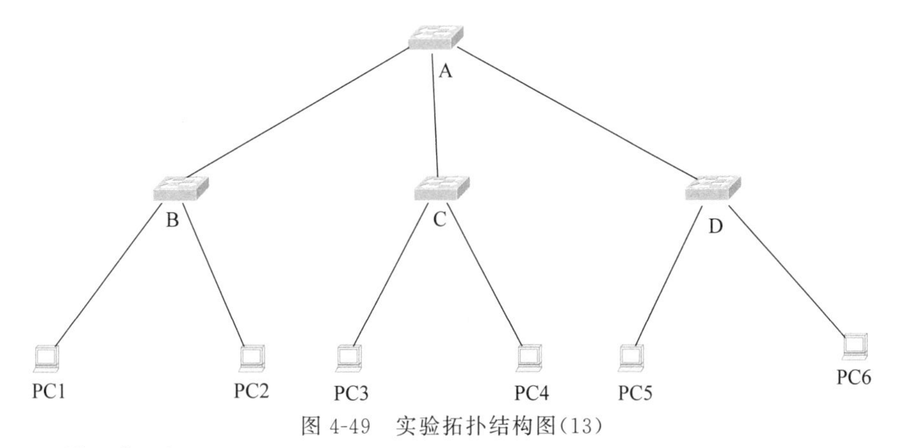

图 4-49 实验拓扑结构图(13)

IP 地址设置如下。

PC1 IP 地址:192.168.10.1 子网掩码:255.255.255.0

PC2 IP 地址:192.168.20.1 子网掩码:255.255.255.0

PC3 IP 地址:192.168.30.1 子网掩码:255.255.255.0

PC4 IP 地址:192.168.10.2 子网掩码:255.255.255.0

PC5 IP 地址:192.168.20.2 子网掩码:255.255.255.0

PC6 IP 地址:192.168.30.2 子网掩码:255.255.255.0

2. 实验要求

实现 PC 之间的互相通信。

项目5　配置Cisco路由器

学习目标

(1) 掌握路由器基本配置命令的使用方法。

(2) 掌握配置单臂路由的方法。

(3) 掌握配置静态路由的方法。

(4) 掌握配置动态路由 RIP 的方法。

(5) 掌握配置动态路由 OSPF 的方法。

(6) 掌握配置动态路由 EIGRP 的方法。

(7) 掌握配置访问控制列表的方法。

(8) 掌握配置 NAT 的方法。

任务 5.1　路由器基本配置命令的使用

知识目标

(1) 掌握路由器的连接方式和使用的基本规则。

(2) 掌握路由器的基本配置命令。

技能目标

能独立使用路由器构建网络。

职业素质目标

(1) 培养与人合作的意识。

(2) 能正确表达自己的思想,学会理解和分析问题。

任务实施

5.1.1　知识准备

1. 认识路由器

是什么把网络相互连接起来的?是路由器,路由器是互联网络的枢纽。路由器(Router)用于连接多个逻辑上分开的网络,所谓逻辑网络,是指代表一个单独的网络或者一个子网。当数据从一个子网传输到另一个子网时,可通过路由器来完成。因此,路由器具有判断网络地址和选择路径的功能,它能在多网络互联环境中建立灵活的连接,可用完全不同的数据分组和介质访问方法连接各种子网。

要解释路由器的概念,首先得知道什么是路由。所谓"路由",是指把数据从一个地方传送到另一个地方的行为和动作,而路由器正是执行这种行为动作的机器,它的英文名称为Router,是一种连接多个网络或网段的网络设备,它能将不同网络或网段之间的数据信息进行"翻译",以使它们能够相互"读懂"对方的数据,从而构成一个更大的网络。

一般来说,在路由过程中,数据至少会经过一个或多个中间路由节点,路由器通过路由决定数据的转发。转发策略称为路由选择(Routing),这也是路由器名称的由来(Router,转发者)。

路由器的主要工作就是为经过路由器的每个IP数据包寻找一条最佳传输路径,并将该数据包有效地传送到目的站点。由此可见,选择最佳路径的策略(即路由算法)是路由器的关键所在。为了完成这项工作,在路由器中保存着各种传输路径的相关数据——路由表(Routing Table),供路由选择时使用,也就是说,路由器转发IP数据包是根据路由表进行的,这一点有点类似于交换机,交换机转发数据帧是根据MAC地址表进行的。

路由表中保存着子网的标志信息、路径的代价和下一个路由器的名字等内容。路由表可以是由系统管理员固定设置好的,也可以由路由器系统自动创建并动态维护,即路由表有静态路由表和动态路由表之分。

(1) 静态路由表:由系统管理员事先设置好的固定的路由表称为静态(Static)路由表,一般是在系统安装时就根据网络的配置情况预先设定的,它不会随未来网络结构的改变而改变。

(2) 动态路由表:动态(Dynamic)路由表是路由器根据网络系统的运行情况而自动创建、调整和维护的路由表。路由器根据路由选择协议(Routing Protocol)提供的功能,自动学习和记忆网络运行情况,在需要时自动计算数据传输的最佳路径,并去创建动态路由表。

2. 路由器的主要功能

路由器的功能主要集中在两个方面:路由寻址和协议转换。路由寻址主要包括为数据包选择最优路径并进行转发、学习和维护网络的路径信息(即路由表);协议转换主要包括连接不同通信协议网段(如局域网和广域网)、过滤数据包、拆分大数据包、进行子网隔离等。

1) 数据包转发

在网际间接收节点发来的数据包,然后根据数据包中的源IP地址和目的IP地址,对照自己缓存中的路由表,把IP数据包直接转发到目的节点,这是路由器的最主要也是最基本的路由作用。

2) 路由选择

为网际间通信选择最合理的路由,这个功能其实是上述路由功能的一个扩展功能。如果有几个网络通过各自的路由器连在一起,一个网络中的用户要向另一个网络中的用户发出访问请求,存在多条路径,路由器就会分析发出请求的源地址和接收请求的目的节点地址中的网络ID号,找出一条最佳、最经济、最快捷的通信路径。

3) 不同网络之间的协议转换

目前多数中、高档的路由器往往具有多通信协议支持的功能,这样就可以起到连接两个不同通信协议网络的作用。例如,常用Windows操作平台所使用的通信协议主要是TCP/

IP 协议，但如果是 Net Ware 系统，则所采用的通信协议主要是 IPX/SPX 协议，同样在广域网和广域网、局域网和广域网之间也会采用不同的协议，这些网络的互联都需要靠支持这些协议的路由器来连接。

4）拆分和包装数据包

有时在数据包转发过程中，由于网络带宽等因素，如果数据包过大，很容易造成网络堵塞，这时路由器就要把大的数据包根据对方网络带宽的状况拆分成小的数据包，到了目的网络的路由器后，目的网络的路由器就会再把拆分的数据包装成一个原来大小的数据包。

5）解决网络拥塞问题

拥塞现象是指到达通信子网中某一部分的数据包数量过多，使该部分网络来不及处理，以致引起这部分乃至整个网络性能下降的现象，严重时甚至会导致网络通信业务陷入停顿，即出现死锁现象。这种现象跟公路网中经常所见的交通拥挤一样，当节假日公路网中车辆大量增加时，各种走向的车流相互干扰，使每辆车到达目的地的时间都相对增加（即延迟增加），甚至有时在某段公路上车辆因堵塞而无法开动（即发生局部死锁）。而在网络中，路由器之间可以通过拥塞控制、负载均衡等方法解决网络拥塞问题。

6）网络安全控制

目前许多路由器都具有防火墙功能，例如简单的包过滤防火墙，它能够起到基本的防火墙功能，即能够屏蔽内部网络的 IP 地址、自由设定 IP 地址、过滤通信端口，使网络更加安全。

3. IP 路由过程

路由器最基本的功能就是 IP 数据包的转发，即 IP 路由的过程。

1）IP 数据包发送流程

下面首先通过一个示例来理解主机 IP 数据包发送时对网络的判断。如图 5-1 所示，计算机 A 和计算机 B 连接在同一台交换机上。

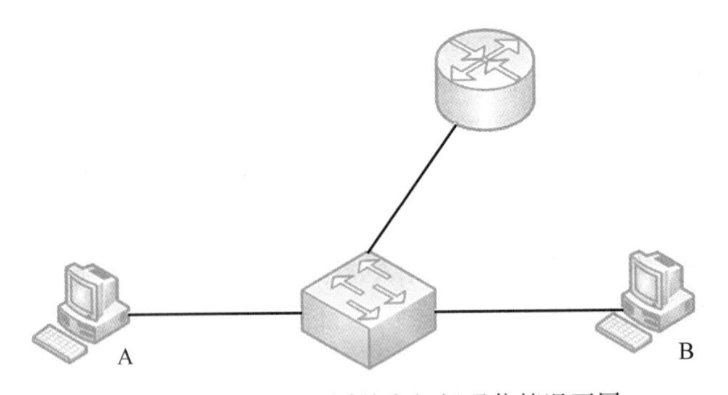

图 5-1 子网掩码不同的主机间通信情况不同

如果计算机 A 的 IP 地址配置为 192.168.250.1，子网掩码为 255.255.0.0，计算机 B 的 IP 地址配置为 192.168.5.1，子网掩码为 255.255.0.0，则这两台计算机之间是可以相互 ping 通的。而如果计算机 A 的 IP 地址不变，把子网掩码改变成 255.255.255.0，计算机 B 的 IP 地址也不变，把子网掩码改变成 255.255.255.0，则这两台计算机之间不能够相互 ping 通。

这是因为计算机 A 和计算机 B 的子网掩码都为 255.255.0.0，那么计算机 A 和计算机 B 都属于 192.168.0.0 网络，所以它们之间可以相互 ping 通。如果计算机 A 和计算机 B 的子网掩码都为255.255.255.0，那么计算机A属于192.168.250.0网络，而计算机B属于192.168.5.0网络，所以它们之间无法相互ping通。

通过以上的解释，我们可以理解，如果源A主机和目的B主机处于同一个网络，那么它们之间是可以直接进行数据传输的。可如果源A主机和目的B主机不处于同一个网络，那么它们之间又是如何通信的呢？

要理解这个问题，首先需要知道什么是默认网关。网络管理员会为网络上的每一台主机配置一个默认路由器，即默认网关Default Gateway，默认网关提供对远程网络上所有主机的访问，如图5-2所示。

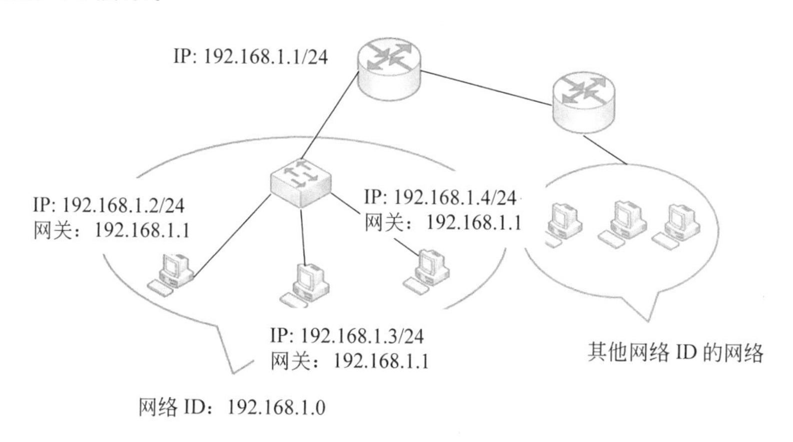

图5-2　默认网关

在192.168.1.0网络中的所有主机都会配置同一个网关，即连接192.168.1.0网络的路由器接口的IP地址。192.168.1.0网络中的计算机如果想和其他网络中的主机通信，则必须将IP数据包发送给默认网关192.168.1.1。

现在来理解主机发送IP数据包的流程，以及IP数据包在网络中转发的流程。

(1) 源主机用自己的IP与自己的子网掩码相与，获得自己IP所在的源网络ID。

(2) 如果目的网络ID与自己的源网络ID相符，说明源主机和目的主机处于同一个网络，然后源主机查询目的主机IP地址的MAC地址（通过ARP广播或自己的ARP缓存），获得后进行数据帧的封装，将数据发送给目的IP的计算机。

(3) 如果目的网络ID与自己的源网络ID不符，说明源主机和目的主机不处于同一个网络，源主机需要将IP数据包发送给自己的默认网关路由器，因此，源主机查询默认网关的MAC地址（通过ARP广播或自己的ARP缓存），获得后进行数据帧的封装，将IP数据包发送给自己的默认网关。

(4) 默认网关实质就是一台路由器，这台路由器接收到IP数据包后，提取出IP数据包的目的地址，与自己的路由表进行匹配查找，查询自己的路由表是否有到达目的网络的路径。

(5) 如果默认网关路由器在自己的路由表中找到了到达目的网络的路径，它会去判断这条路径是否和自己直接相连，如果直接相连，则去查询目的主机IP地址的MAC地址，并发送IP数据包给目的主机，如果不是直接相连，则递交IP数据包给路由表中指向的下一台路由器。

(6) 经过多次传递之后，源主机发出的 IP 数据包经过 IP 路由最终到达目的主机。

2) IP 数据包路由过程

如图 5-3 所示，主机 1.1 要发送数据到主机 4.1，路由器 A 收到数据包，查看数据包中的目标地址为 4.1，路由器 A 对照自己的路由表转发数据到 S0 口。路由器 B 接收到数据包，查看数据包的目标地址，并对照路由表，根据路由表转发数据到 E0 口，最后，主机 4.1 接收到数据包。

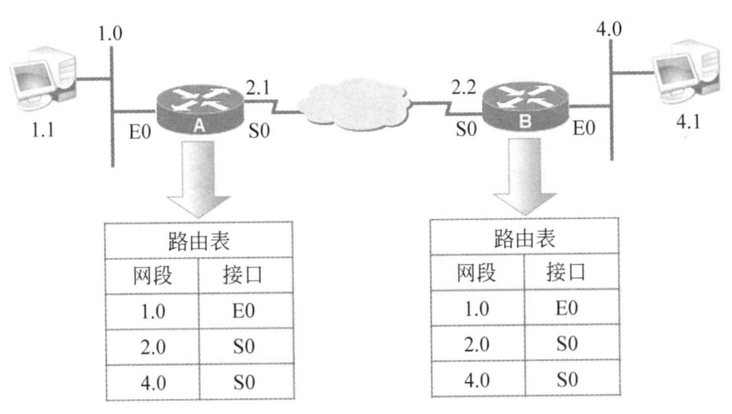

图 5-3 IP 数据包路由过程

可见，IP 数据包的传输就像进行接力棒传递一样，由路由器根据路由表进行传输路径判断，逐步递交到目的主机，这就是 IP 数据包的路由。

4. 路由器的组成

路由器是组建互联网的重要设备，它和 PC 非常相似，实际上可以被看成一台计算机，每台路由器由硬件和软件两部分组成，只不过它没有键盘、鼠标和显示器等外设。

1) 路由器内部组成

计算机有四个基本部件：CPU、存储器、接口和总线，路由器也有这些部件，因此它也是计算机。但它是专用计算机，是专门用来路由的，如图 5-4 所示。

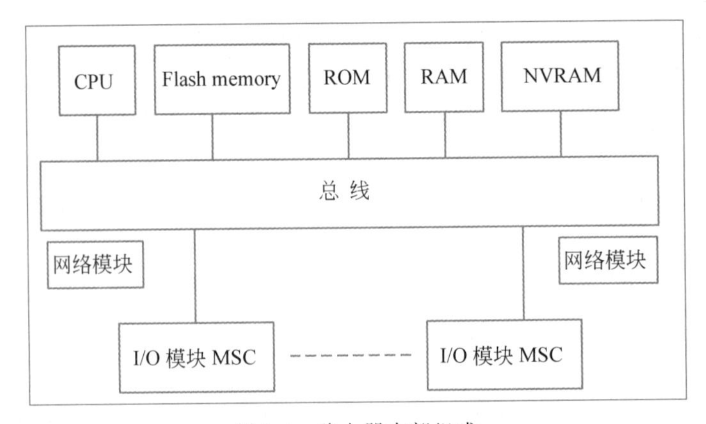

图 5-4 路由器内部组成

(1) 中央处理单元。中央处理单元(CPU)负责执行路由器操作系统(IOS)的指令，包括系统初始化、路由功能以及网络接口控制等功能。

(2) 存储器。所有的路由器中都安装了不同类型的存储器,Cisco 路由器主要采用了以下四种类型。

- 只读内存:保存着路由器的引导(启动)软件,这是路由器运行的第一个软件,负责让路由器进入正常工作状态。
- 闪存(Flash):主要用来保存 Cisco IOS 软件映像。在多数路由器启动时会把闪存的 Cisco IOS 复制到 RAM 中。
- 随机存储内存(RAM):用来保存运行的 Cisco IOS 软件以及它所需要的工作内存。
- 非易失性 RAM(NVRAM):用来保存路由器的初始化或启动配置文件(startup-config)。

(3) 总线。总线提供了物理的手段为路由器在不同组件之间移动比特。多数路由器包含系统总线和 CPU 总线。系统总线用来在 CPU 和接口之间进行通信,如把数据包从一个接口传送到另一个接口。CPU 使用 CPU 总线来访问路由器存储设备,如 NVRAM 和 Flash。

(4) 电源。把标准输出的电压和电流转换为路由器中的设备需要的电压和电流。

2) 路由器外部接口

在 Cisco 路由器上,接口特指路由器上的物理连接器,用来接收和发送数据包。这些接口由插座或插孔构成,使电缆能够很容易地连接。接口在路由器外部,一般都位于路由器的背面,图 5-5 所示为 Cisco 2800 系列路由器背面的图片。

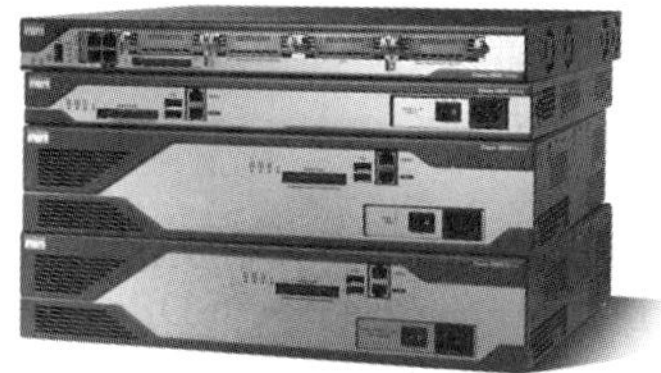

图 5-5 Cisco 2800 系列路由器

(1) 以太网接口电缆 L:许多路由器的以太网、快速以太网和吉比特以太网都使用 RJ-45 插孔,支持使用非屏蔽双绞线(UTP)连接。

(2) 串行(Serial)接口:常用于连接广域网接入,如帧中继、DDN 专线等,也通过背对背电缆用来进行路由器之间的互联。

(3) AUX 口(辅助接口):Cisco 路由器本身一般都带有一个 AUX 接口,它是一个异步串行口,具有很多功能,主要有远程拨号调试功能、拨号备份功能、网络设备之间的线路连接、本地调试口等作用。

(4) Console(控制口 RJ-45):控制口用于在本地连接到计算机,用计算机进行路由器配置的接口。

(5) BRI 接口:ISDN 的基本速率接口,用于 ISDN 广域网接入的连接,BRI 接口也是 RJ-45 接口。

3) 接口编号规则

路由器可以有多种类型的端口,用于连接不同的网络,常用的有以太网端口(Ethernet)、快速以太网端口(FastEthernet)、高速同步串口(Serial)及吉比特以太网端口(Gigabit Ethernet)等。有的端口是固定端口,有的端口是通过在插槽上安装模块扩展的。固定端口用"端口类型端口号"来表示,扩展端口用"端口类型插槽号/端口号"来表示。

4) 路由器的软件

如同 PC 一样,路由器也需要操作系统才能运行。Cisco 公司将所有重要的软件性能都集合到一个大的操作系统中,被称为网络互联操作系统 IOS(Internetwork Operating

System)。IOS 提供路由器所有的核心功能，主要包括以下几个方面。

- 控制路由器物理接口发送接收数据包。
- 出口转发数据包前在 RAM 中存储该数据包。
- 路由(发送)数据包。
- 使用路由协议动态学习路由。

5. 路由器的基本配置模式

一般来说，Cisco 路由器可以通过五种方式来进行配置，如图 5-6 所示。

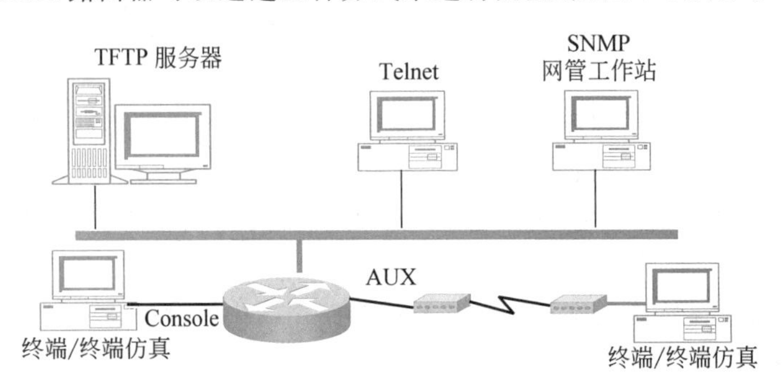

图 5-6 基本配置模式

1) 通过 Console 口访问路由器

新路由器在进行第一次配置时必须通过 Console 口访问路由器。计算机的串口和路由器的 Console 口是通过反转线(roll over)进行连接的，反转线的一端接在路由器的 Console 口上，另一端接到一个 DB9-RJ45 的转接头上，DB9 则接到计算机的串口上，如图 5-7 所示。所谓的反转线，就是指线两端的 RJ-45 接头上的线序是反的。

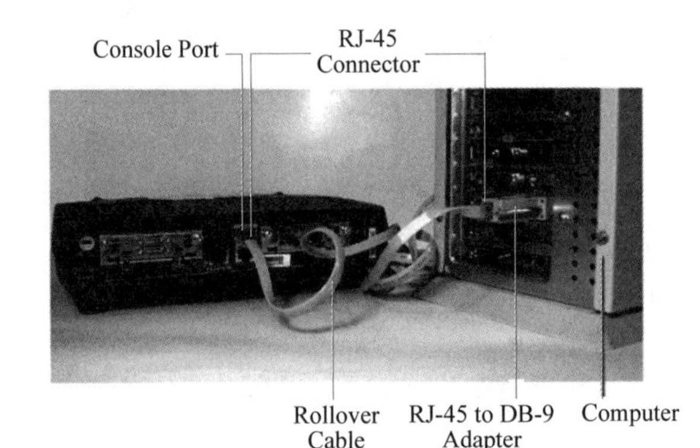

图 5-7 通过 Console 口访问路由器

2) 通过 Telnet 访问路由器

如果管理员不在路由器跟前，可以通过 Telnet 远程配置路由器，当然这需要预先在路由器上配置 IP 地址和密码，并保证管理员的计算机和路由器之间是 IP 可达的。Cisco 路由器通常支持多人同时 Telnet，每一个用户称为一个虚拟终端(VTY)。第一个用户为 vty 0，第二个用户为 vty 1，以此类推。

3）终端访问服务器

稍微复杂一点的实验就会用到多台路由器或者交换机，如果通过计算机的串口和它们连接，就需要经常拔插 Console 线。终端访问服务器可以解决这个问题，其连接图如图 5-8 所示。终端访问服务器实际上就是有 8 个或者 16 个异步口的路由器，从它引出多条连接线到各个路由器上的 Console 口。使用时，首先登录到终端访问服务器，然后从终端访问服务器再登录到各个路由器。

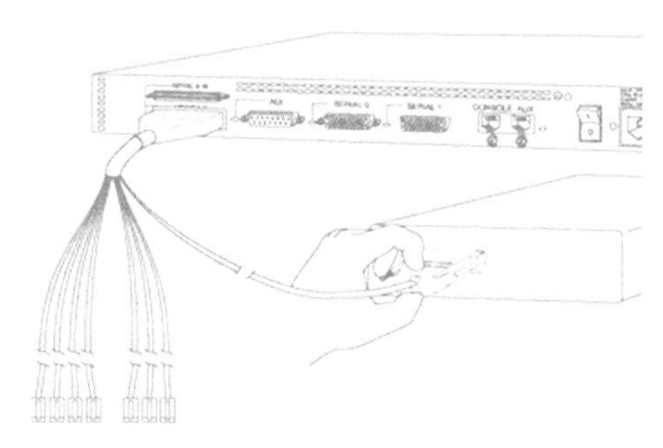

图 5-8 终端访问服务器

4）通过 AUX 接口接 Modem 进行远程配置

AUX 接口接 Modem，通过电话线与远程的终端或运行终端仿真软件的微机相连。

5）通过 Ethernet 上的 SNMP 网管工作站

通过网管工作站进行配置，这就需要在网络中有至少一台运行 Ciscoworks 及 CiscoView 等的网管工作站，还需要另外购买网管软件。

6. 路由器的配置模式

常见的路由器配置模式如表 5-1 所示。

表 5-1 常见的路由器配置模式

提示符	配置模式	描述
Router>	用户 EXEC 模式	查看有限的路由器信息
Router#	特权 EXEC 模式	详细地查看、测试、调试和配置命令
Router(config)#	全局配置模式	修改高级配置和全局配置
Router(config-if)#	接口配置模式(interface)	执行用于接口的命令
Router(config-subif)#	子接口配置模式(Subinterface)	执行用于子接口的命令
Router(config-controller)#	控制器配置模式(controller)	配置 T1 或 E1 接口
Router(config-map-list)#	映射列表	映射列表配置
Router(config- map-class)#	映射类	映射类配置
Router(config-line)#	线路配置模式(Line)	执行线路配置命令
Router(config-router)#	路由引擎配置模式(Router)	执行路由引擎命令
Router(config-router-map)#	路由映射配置模式	路由映射配置

1）全局配置模式

全局配置模式中可以配置一些全局性的参数。要进入全局配置模式，必须首先进入特权模式。全局配置模式的提示符为

```
router(config)#
```

如果配置了路由器的名字，则提示符为

```
路由器的名字(config)#
```

退出方法：用 Exit、End 按 Ctrl+Z 组合键退到特权模式。

2）全局配置模式下的配置子模式

在全局配置模式下可进入各种配置子模式（如路由、接口配置子模式）。要进入配置子模式，首先必须进入全局配置模式。

（1）接口配置模式（Interface Configuration）。

进入方式：在全局模式下用 interface 命令进入具体的接口。

```
router(config)#interface interface-type interface-number
```

提示符为

```
router(config-if)#
```

例如配置接口 fastethernet0/0：

```
router(config)#interface fastethernet0/0
```

（2）子接口配置模式（Subinterface Configuration）。

进入方式：在接口配置模式下用 interface 命令进入指定子接口。

```
Router(config-if)#interface interface-type interface number.number
```

提示符为

```
Router(config-subif)#
```

（3）控制器配置模式（Controller Configuration）。

进入方式：在全局配置模式下，用 controller 命令配置 T1 或 E1 接口。

```
Router(config)#controller el slot/port
```

或

```
number
```

提示符为

```
Router(config-controller)#
```

（4）线路配置子模式（Line Configuration）。

进入方式：在全局配置模式下，用 line 命令指定具体的 line 接口。

```
Router(config)#line number
```

或

```
{vty| aux |con}number
```

提示符为

```
Router(config-line)#
```

(5) 路由配置子模式(Router Configuration)。

进入方式：在全局配置模式下,用 router protocol 命令指定具体的路由协议。

```
Router(config)#router protocol[option]
```

提示符为

```
Router(config-router)#
```

5.1.2 实验步骤

如图 5-9 所示,要求通过控制端口(Console)连接、配置路由器,实现通过 Telnet 登录路由器。

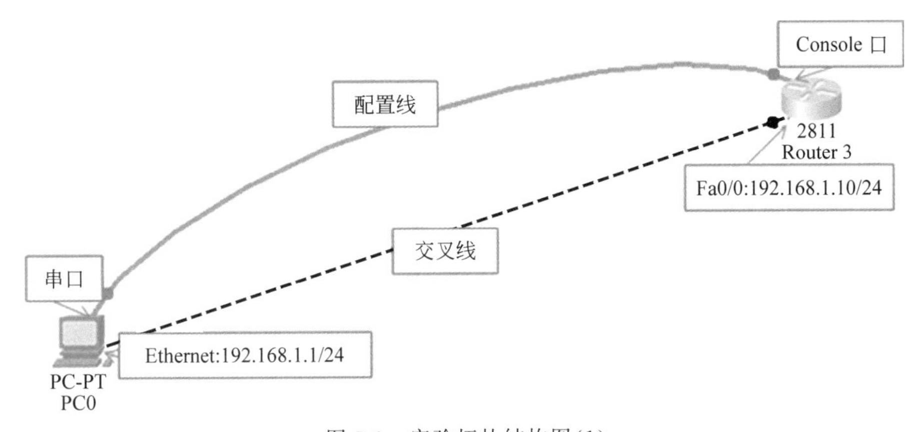

图 5-9 实验拓扑结构图(1)

使用配置线将计算机 PC0 的 RS-232 端口(串口)连接到路由器 2811 的 Console 端口;使用交叉线将计算机 PC0 的网卡(Ethernet)连接到路由器 2811 的 Fa0/0 端口。

IP 地址：PC0 的 IP 地址设为 192.168.1.1/24,Router Fa0/0 端口 IP 地址设为 192.168.1.10/24。

(1) 绘制网络拓扑结构图。

(2) 打开超级终端。设置参数如图 5-10 所示。

(3) 通过 Console 口连接路由器,并进行配置。

① 设置控制台登录路由器的口令。通过控制台登录路由器的口令即进入用户模式的口令。如果不需要对操作员的身份进行验证,可简单配置为

```
Router#config terminal
router(config)#line console 0
router(config-line)#login
router(config-line)#password cisco
```

这种配置不进行身份验证,只要知道口令就可以登录路由器。如果网络管理员有多人,并且操作时需要进行身份验证,可采用以下配置：

```
Router#config terminal
```

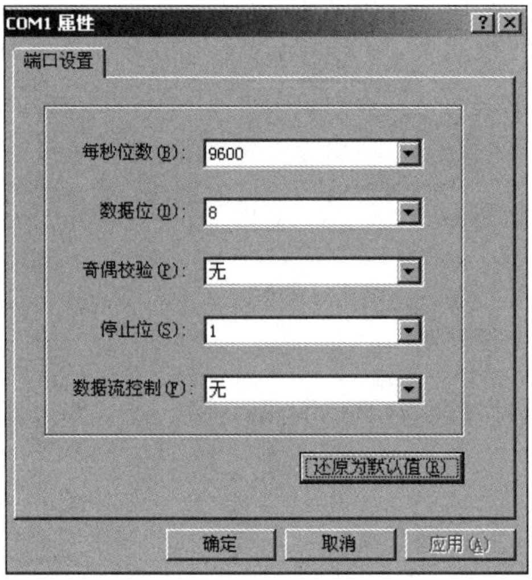

图 5-10　参数设置

```
router(config)#username user1 password password1
router(config)#username user2 password password2
router(config)#username user3 password password3
…
router(config)#line console 0
router(config-line)#login local
```

② 建立 Telnet 会话访问时使用的密码保护。只有配置了 VTY 线路的密码后，才能利用 Telnet 远程登录路由器。新 IOS 支持 vty line 0～15，即同时允许 16 个 Telnet 连接。假设要设置 VTY 0 4 条线路的密码为 Cisco，则配置命令为

```
router(config)#line VTY 0 4
router(config-line)#password cisco
```

将 vty 线路 0 4 的 exec-timeout 值设置为 15min 0s：

```
Router(config-line)#exec-timeout 15 0
Router #copy running-config startup-config(或 Write)
```

通过 session-limit number 来限制远程登录的用户数：

```
Router(config-line)#session-limit 1
```

(4) 配置计算机的 IP 地址。配置 PC0 和路由器 Fa0/0 端口的 IP 地址。

(5) 通过 Telnet 访问路由器。

利用 PC0→“桌面”→run 输入 telnet 192.168.1.10(路由器 Fa0/0 端口 IP)，输入登录密码，即可登录路由器。

注意

只有设置了用户模式进入特权模式的密码，Telnet 登录后才可从用户模式进入特权模式。

自主练习部分

1. 绘制网络拓扑结构图

绘制图 5-11 所示的网络拓扑结构图。

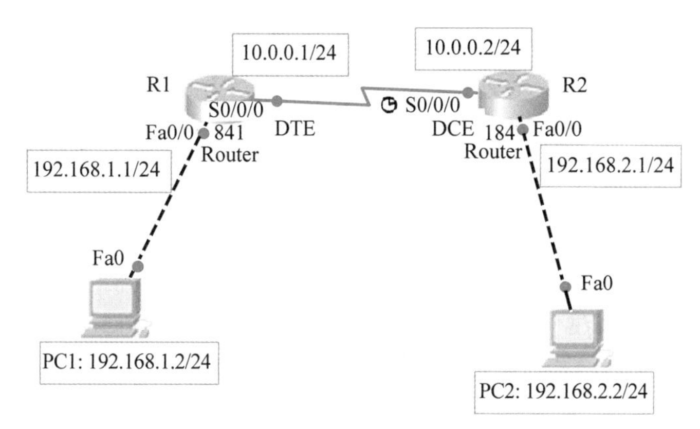

图 5-11　实验拓扑结构图(2)

2. 配置要求

(1) 配置路由器的名字和特权密码。

```
Router1>enable
Router1#conf t
Router1(config)#hostname R1
R1(config)#enable secret 123456
```

(2) 配置路由器各端口的 IP 地址。

① 配置路由器的 Ethernet 端口。

```
R1(config)#interface e0
R1(config-if)#ip address 192.168.1.1 255.255.255.0
R1(config-if)#no shutdown
```

② 配置路由器的 Serial 端口(DTE 端)。

```
R1(config)#interface s0
R1(config-if)#ip address 10.0.0.1 255.255.255.0
R1(config-if)#no shutdown
```

③ 配置路由器的 Serial 端口(DCE 端)。

```
R2(config)#interface s0
R2(config-if)#ip address 10.0.0.2 255.255.255.0
R2(config-if)#clock rate 64000 时钟速率(64000)
R2(config-if)#no shutdown
```

配置完成后,用 show ip interface brief 命令查看配置结果。

(3) 配置主机 PC1、PC2 的 IP 属性,注意网关的选择。

(4) 测试。

① 在 PC1 上 ping R1 的 Fa0/0、S0/0/0 端口，ping R2 的 S0/0/0、Fa0/0 端口，ping PC2。结果：________________。

② 在 PC2 上 ping R2 的 Fa0/0、S0/0/0 端口，ping R1 的 S0/0/0、Fa0/0 端口，ping PC1。结果：________________。

任务 5.2 配置单臂路由

知识目标

（1）掌握路由器的基本配置命令。

（2）了解实现 vlan 间通信的目的及意义。

（3）掌握单臂路由的配置命令。

技能目标

使用路由器实现 vlan 间的通信。

职业素质目标

（1）培养与人合作的意识。

（2）能正确表达自己的思想，学会理解和分析问题。

任务实施

5.2.1 知识准备

1. 单臂路由概述

单臂路由技术可以实现局域网不同 vlan 之间的数据互访，通过在路由器物理接口划分不同的逻辑子接口实现。逻辑子接口映射到不同的 vlan，承载不同网段的流量。逻辑子接口具备独立的 IP 地址，并且 IP 地址一般为 vlan 的网关地址。

2. 单臂路由的特征

单臂路由虽然能实现 vlan 间的通信，但是随着 vlan 数目的增加，路由器和交换机之间承载的压力非常大，容易造成单链路故障。所以在目前的网络拓扑设计中，单臂路由已经慢慢淡出人们的视野。

5.2.2 实验过程

1. 案例 1：配置单臂路由

（1）绘制网络拓扑结构图，如图 5-12 所示。

（2）配置 IP 地址，看 PC1 能否 ping 通 PC2。结果：________________。

（3）配置路由器。

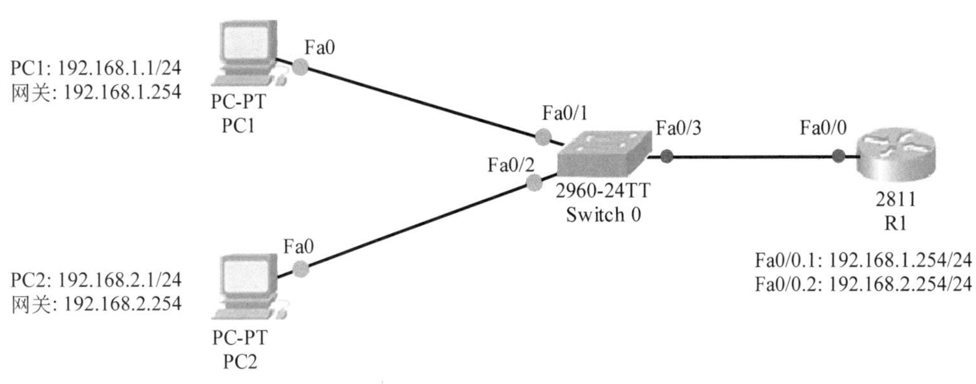

图 5-12 实验拓扑结构图(3)

```
Router(config)#int Fa0/0                        //进入 Fa0/0 端口接口模式
Router(config-if)#no shutdown                   //打开物理接口
Router(config-if)#int Fa0/0.1
//进入 Fa0/0 的第一个子接口,物理接口支持多个子接口,至于使用哪个子接口没有什么区别,一般
  习惯使用和 vlan 号相同的子接口
Router(config-subif)#encapsulation dot1 1
//给子接口配置 IP 地址前,要先封装 Trunk 协议,因交换机上封装的是 dot1,所以这里也要使用
  dot1;后面的 1 是指 vlan 号,vlan 1 的计算机网关要指向该接口配置的 IP 地址
Router(config-subif)#ip add 192.168.1.254 255.255.255.0
                                                //配置 Fa0/0 的第一个子接口 IP 地址
Router(config-subif)#no shut                    //打开物理接口
Router(config-subif)#int Fa0/0.2                //进入 Fa0/0 的第二个子接口
Router(config-subif)#encapsulation dot1 2
//2 是指 vlan 号,vlan 2 的计算机网关要指向该接口配置的 IP 地址
Router(config-subif)#ip add 192.168.2.254 255.255.255.0
                                                //配置 Fa0/0 的第二个子接口 IP 地址
Router(config-subif)#no shut
```

(4) 配置交换机。

① 创建 vlan。

```
switch#vlan database                        //进入 vlan 数据库模式
switch(vlan)#vlan 2                         //创建 vlan,编号 2
```

② 划分端口。

```
switch(config)#interface Fa0/2              //进入 2 号端口接口模式
switch(config-if)#switchport mode access    //设置端口为存取模式
switch(config-if)#switchport access vlan 2  //将 2 号端口加入 vlan 2 中
```

③ 配置 Trunk。

```
switch(config)#interface Fa0/3              //进入 Fa0/3 接口模式
switch(config-if)#switchport mode trunk     //打开 trunk 功能
```

(5) 检验。

PC1 ping PC2。结果:____。

2. 案例 2：配置单臂路由

通过路由器实现各个 PC 的互联互通。实验拓扑结构图如图 5-13 所示。

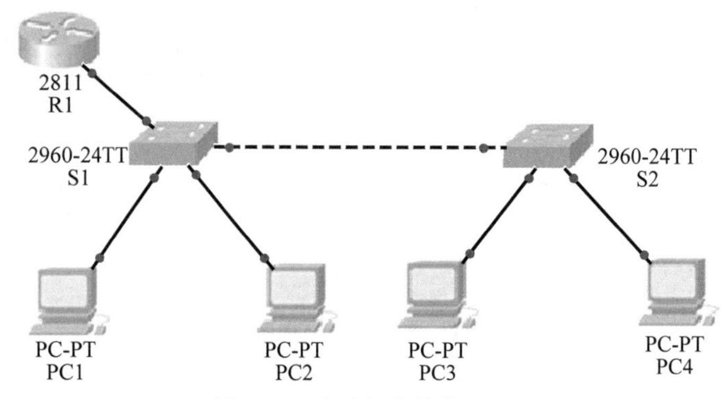

图 5-13 实验拓扑结构图(4)

线路连接情况为：R1 通过 Fa0/0 端口和交换机 S1 的 Fa0/12 端口相连，交换机 S1 的 Fa0/11 端口和交换机 S2 的 Fa0/12 端口相连，S1 的 Fa0/1、Fa0/2 端口分别和 PC1、PC2 相连，S2 的 Fa0/3、Fa0/4 端口分别和 PC3、PC4 相连。

IP 地址设置如下。

PC1 IP 地址：192.168.1.1 子网掩码：255.255.255.0 默认网关：192.168.1.254

PC2 IP 地址：192.168.2.1 子网掩码：255.255.255.0 默认网关：192.168.2.254

PC3 IP 地址：192.168.1.2 子网掩码：255.255.255.0 默认网关：192.168.1.254

PC4 IP 地址：192.168.2.2 子网掩码：255.255.255.0 默认网关：192.168.2.254

(1) 绘制网络拓扑结构图。

(2) 配置 PC IP 地址及网关，看 PC1 能否 ping 通 PC2。结果：________________。

(3) 配置交换机。

① 将交换机互连端口设为 Trunk。

② 将交换机 S1 与路由器连接端口设为 Trunk。

③ 在交换机 S1 和交换机 S2 上创建 vlan 2，并将 PC2、PC4 所接端口划入 vlan 2。

(4) 配置路由器。

```
Router(config)#int Fa0/0
Router(config-if)#no shut                              //打开物理接口
Router(config-if)#int Fa0/0.1                          //进入 Fa0/0 的第一个子接口
Router(config-subif)#encapsulation dot1 1              //封装 Trunk 协议
Router(config-subif)#ip add 192.168.1.254 255.255.255.0
Router(config-subif)#no shut
Router(config-subif)#int Fa0/0.2
Router(config-subif)#encapsulation dot1 2
Router(config-subif)#ip add 192.168.2.254 255.255.255.0
Router(config-subif)#no shut
```

(5) 检验。

PC1 ping PC2。结果：________________________________。

自主练习部分

实验拓扑结构图如图 5-14 所示，路由器型号为 Router 2811，交换机型号为 Switch 2960。PC1、PC4 在 vlan1 内，PC2、PC5 在 vlan 2 内，PC3、PC6 在 vlan 3 内，交换机的 VTP 模式自己设定，当路由器还没有配置时，各 vlan 内用户可以互联互通；当路由器配置完毕后，要求实现各 vlan 间用户也可相互通信。

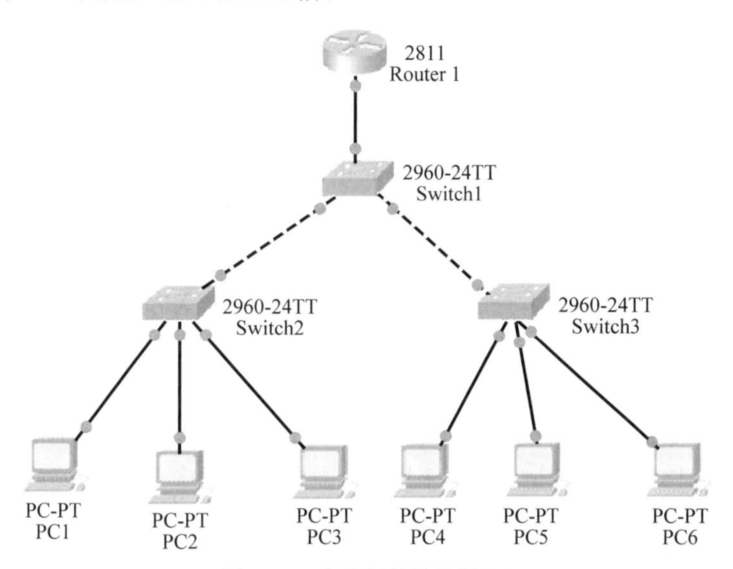

图 5-14 实验拓扑结构图(5)

R2811 子端口可设置如下。

Fa0/0.1 IP 地址：192.168.1.254 子网掩码：255.255.255.0

Fa0/0.2 IP 地址：192.168.2.254 子网掩码：255.255.255.0

Fa0/0.3 IP 地址：192.168.3.254 子网掩码：255.255.255.0

PC1、PC4 在网段 192.168.1.0 内，PC2、PC5 在网段 192.168.2.0 内，PC3、PC6 在网段 192.168.3.0 内。

任务 5.3 配置静态路由

知识目标

(1) 理解静态路由的含义。

(2) 能够利用模拟软件实现静态路由。

技能目标

使用静态路由配置命令组建网络。

职业素质目标

(1) 培养与人合作的意识。

(2) 能正确表达自己的思想,学会理解和分析问题。

任务实施

5.3.1 知识准备

1. 静态路由的概念

静态路由是指由网络管理员手工配置的路由信息。当网络的拓扑结构或链路的状态发生变化时,网络管理员需要手工去修改路由表中相关的静态路由信息。静态路由信息在默认情况下是私有的,不会传递给其他的路由器。当然,网络管理员也可以通过对路由器进行设置使之成为共享的。静态路由一般适用于比较简单的网络环境,在这样的环境中,网络管理员易于清楚地了解网络的拓扑结构,便于设置正确的路由信息。

2. 静态路由的特点

静态路由的 IP 环境最适合小型、单路径、静态 IP 网际网络,具体内容如下。

(1) 小型网际网络的定义是 2～10 个网络。

(2) 单路径表示网际网络上的任意两个终点之间只有一条路径用于传送数据包。

(3) 静态表示网际网络的拓扑结构不随时间的变化而更改。

适合使用静态路由的环境包括以下几种。

(1) 小公司。

(2) 家庭办公室 IP 网际网络。

(3) 使用单个网络的分支机构。

与在通常是低带宽 WAN 链接上运行路由协议不同,分支机构路由器上的单个默认路由可以确保将所有未指定到分支机构网络计算机上的通信都路由到总部。

3. DTE 与 DCE 的区别

DTE 是数据终端设备,如终端,是广义的概念,PC 也可以是终端(一般广域网常用 DTE 设备有路由器、终端主机);DCE 是数据通信设备,如 Modem,连接 DTE 设备的通信设备(一般广域网常用 DCE 设备有 CSU/DSU、广域网交换机、Modem)。

DTE 和 DCE 的区别是 DCE 主动与 DTE 协调时钟频率,DTE 会根据协调的时钟频率工作。DCE 在 DTE 和传输线路之间提供信号变换和编码功能,并负责建立、保持和释放链路的连接。

当两个路由器背靠背实验时,一个作为 DCE,另一个作为 DTE,作为 DCE 的需要配置 clock rate 时钟频率,ISDN 用 64000,或是分时隙的用 64000,只有普通拨号串口用 56000。DTE 和 DCE 的时钟速率要一致,如果不能确定哪台路由器拥有这条线缆的 DTE 端,哪台路由器拥有 DCE 端,可以利用 show controller serial interface-number 来确定 DTE 和 DCE 的区分。

4. 配置命令

1）语法

（1）静态路由语法。

```
Router(config)#ip route network [mask] {address | interface} [distance]
(Router(config)#ip route  目的网地址  掩码  去向)
```

（2）默认路由语法。默认路由又称默认路由，是指路由器没有明确路由可用时所使用的路由。

```
Router(config)#ip route 0.0.0.0 0.0.0.0 {address | interface}[distance]
```

2）配置案例

网络拓扑结构图如图 5-15 所示，静态路由配置如下。

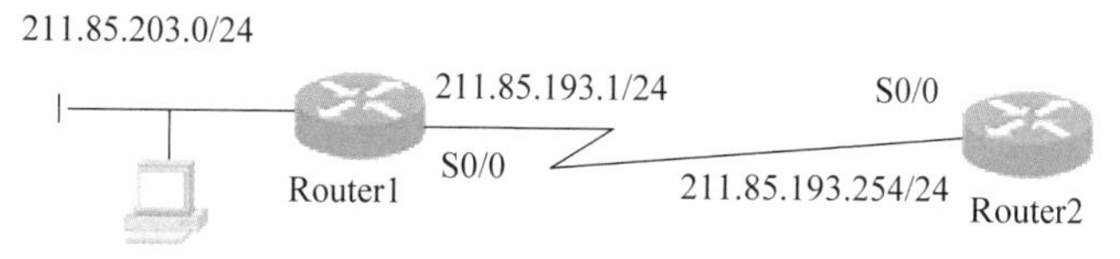

图 5-15 网络拓扑结构图

（1）第一种配置方法

```
Router2(config)#ip route 211.85.203.0 255.255.255.0 211.85.193.1
```

（2）第二种配置方法

```
Router2(config)#ip route 211.85.203.0 255.255.255.0 S0/0
```

它是一条单方向的路径，必须配置一条相反的路径。

（3）默认路由配置方法

在图 5-15 中，对路由器进行默认路由设置的语法为

```
Router1(config)#ip route 0.0.0.0 0.0.0.0 211.85.193.254
```

5.3.2 实验过程

1. 案例 1：配置静态路由

实验拓扑结构图如图 5-16 所示，实现 PC1 与 PC2 之间的通信。

（1）绘制实验拓扑结构图。使用串口线将两台路由器(2811)的串口连接，并将 R1 的 S0/3/0 端口定义为 DCE；使用交叉线连接 PC 和路由器。

（2）配置 PC IP 地址及网关。

（3）配置路由器 R1。

① 配置 S0/3/0 端口：

```
R1(config)#int s0/3/0                        //进入接口配置模式
R1(config-if)#ip add 10.0.0.1 255.0.0.0      //设置接口地址和子网掩码
R1(config-if)clock rate 64000                //设置串口硬件连接的时钟速率，保持同步
R1(config-if)#no shut                        //no shutdown 的简写，表示打开一个
                                             //关闭的接口
```

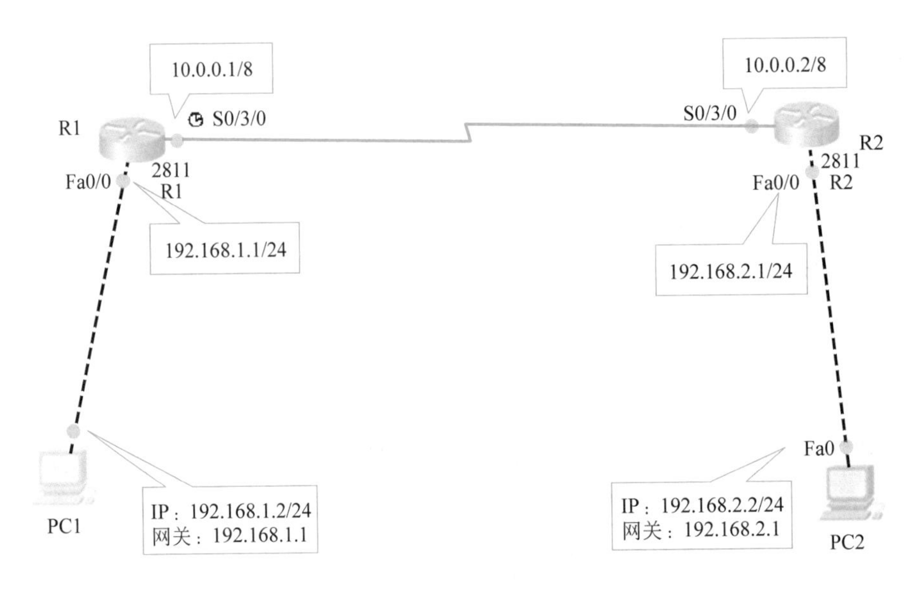

图 5-16 实验拓扑结构图(6)

② 配置 Fa0/0 端口：

```
R1(config)#int Fa0/0                                  //进入接口配置模式
R1(config-if)#ip add 192.168.1.1 255.255.255.0        //设置接口地址和子网掩码
R1(config-if)#no shut
```

③ 配置静态路由：

```
R1(config)#ip route 192.168.2.0 255.255.255.0 10.0.0.2
```

④ 列出接口的 IP 信息和状态：

```
R1#show ip int brief
          Interface      IP-Address     OK?MethodStatus     Protocol
          Serial0        10.0.0.2       YES unset up        up
          Dthernet0      192.168.2.1    YES unset up        up
```

(4) 配置路由器 R2。

① 配置 S0/3/0 端口：

```
R2(config)#int s0/3/0
R2(config-if)#ip add 10.0.0.2 255.0.0.0
R2(config-if)#no shut
```

② 配置 Fa0/0 端口：

```
R2(config)#int Fa0/0
R2(config-if)#ip add 192.168.2.1 255.255.255.0
R2(config-if)#no shut
```

③ 配置静态路由：

```
R2(config)#ip route 192.168.1.0 255.255.255.0 10.0.0.1
```

④ 显示当前路由器 R2 已经配置好的路径表：

```
R2#show ip route
```

```
Gateway of last resort is not set
C       10.0.0.0/8 is directly connected, Serial0
C       192.168.2.0/24 is directly connected, Ethernet0
S       192.168.1.0/24 [1/0] via 10.0.0.1
```

（C 两行：显示当前路由器R2已经配置好的“直接”路径表；S 行：显示当前路由器R2已经配置好的“跳转”路径表）

（5）检验。

PC1 ping PC2。结果：____。

2. 案例 2：配置静态路由

如图 5-17 所示，要求配置静态路由，使任意两台主机或路由器之间都能互通。

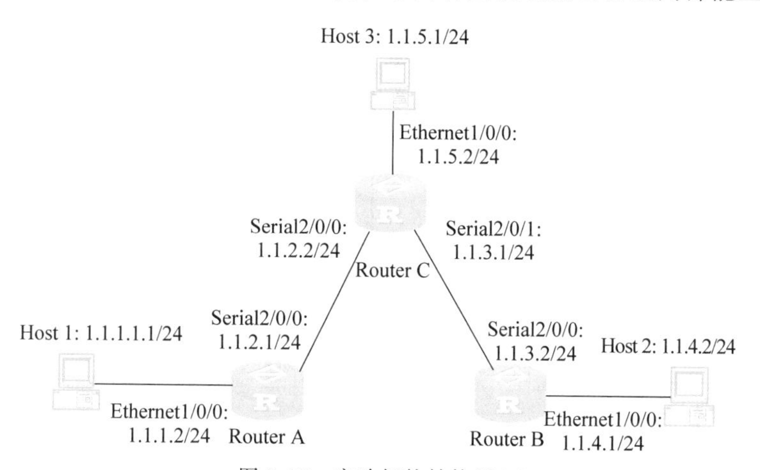

图 5-17 实验拓扑结构图(7)

温馨提示

（1）配置路由器 Router A 静态路由

```
[Router A] ip route-static 1.1.3.0 255.255.255.0 1.1.2.2
[Router A] ip route-static 1.1.4.0 255.255.255.0 1.1.2.2
[Router A] ip route-static 1.1.5.0 255.255.255.0 1.1.2.2
```

或只配默认路由：

```
[Router A] ip route-static 0.0.0.0 0.0.0.0 1.1.2.2
```

（2）配置路由器 Router B 静态路由

```
[Router B] ip route-static 1.1.2.0 255.255.255.0 1.1.3.1
[Router B] ip route-static 1.1.5.0 255.255.255.0 1.1.3.1
[Router B] ip route-static 1.1.1.0 255.255.255.0 1.1.3.1
```

或只配默认路由：

```
[Router B] ip route-static 0.0.0.0 0.0.0.0 1.1.3.1
```

（3）配置路由器 Router C 静态路由

```
[Router C] ip route-static 1.1.1.0 255.255.255.0 1.1.2.1
[Router C] ip route-static 1.1.4.0 255.255.255.0 1.1.3.2
```

自主练习部分

如图 5-18 所示，路由器的串口是背对背的直接连接，DCE 端需配置时钟速率，使用 clock rate 命令进行配置。

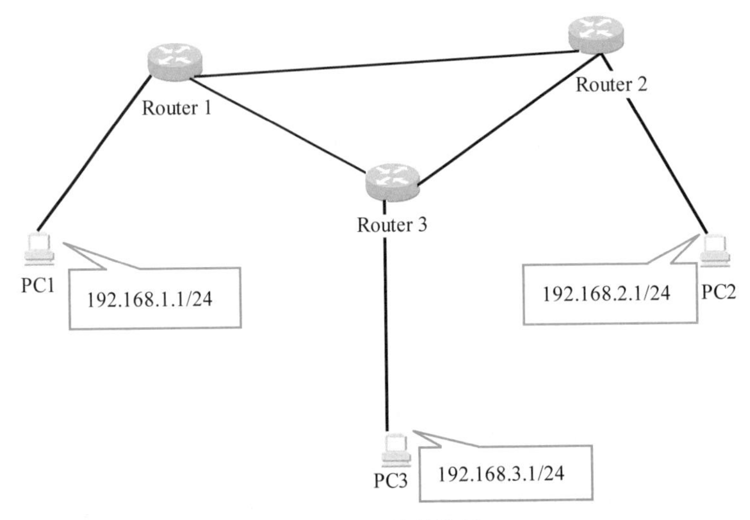

图 5-18　实验拓扑结构图(8)

要求配置静态路由，使任意计算机之间都能互通(路由器各端口 IP 地址自行规划)。

任务 5.4　配 置 RIP

知识目标

(1) 理解 RIP 路由的含义。
(2) 能够利用模拟软件实现 RIP 路由。

技能目标

使用 RIP 路由配置命令组建网络。

职业素质目标

(1) 培养与人合作的意识。
(2) 能正确表达自己的思想，学会理解和分析问题。

任务实施

5.4.1　知识准备

动态路由是指利用路由器上运行的动态路由协议定期和其他路由器交换路由信息，根据从其他路由器上学习到的路由信息,自动建立起自己的路由。

动态路由协议分为内部网关协议 IGP 和外部网关协议 EGP。外部网关协议主要是边界网关协议 BGP;内部网关协议又分为路由信息协议 RIP、内部网关路由协议 IGRP、开放式最短路径优先协议 OSPF、增强型内部网关路由协议 EIGRP。

1. RIP 路由协议的工作原理

RIP 是一个典型的距离矢量路由协议,全称是 Routing Information Protocol(路由信息协议),能够根据网络拓扑的变化而重新计算最佳路由。它使用数据包所经过的网关来作为距离的单位,最大跳数为 15 跳,超过 15 跳便无法到达。正是因为受到 15 跳的限制,所以现在使用越来越少。它只适用于一些规模不大的网络,以及路由器数量不多的网络中。

路由器刚开始工作时,路由表中只包含直接相连网络的路由信息,RIP 协议启动后,以广播方式向各接口发送请求报文,相邻的 RIP 路由器收到请求后,以响应报文回应,报中携带了本路由器路由表的全部信息。请求路由器收到响应报文后,按以下规则对路由表进行更新。

若接收到的路由表项的目的网络不在路由表中,则将该项目添加到路由表中。

若路由表中已有相同目的网络的项目,且下一跳字段相同,则无条件地更新该路由项。

若路由表中有相同目的网络的项目,但下一跳字段不同,则比较它们的度量值,当度量值减少时,更新该路由项。

RIP 路由器以 30s 为更新周期,向邻居路由器广播发送一个路由更新报文。路由器也定义了路由老化时间为 180s,如果在此时间内没有收到邻居路由器发来的更新报文,则相关路由项的度量值会被设置为无穷大(16),并从路由表中删除。RIP 不能在两个网络之间同时使用多条路由,RIP 认为好的路由就是通过的路由器数目少,RIP 只选择一条具有最少路由器的路由。

RIP 协议有 RIPv1 和 RIPv2 两个版本。RIPv1 是有类别路由协议,协议报文中不携带掩码信息,不支持 VLSM(可变长子网掩码);RIPv2 是无类别路由协议,支持 VLSM,使用组播方式进行路由信息的更新。

2. 命令提示

(1) 开启 RIP 路由协议进程。

```
Router(config)#router rip
```

(2) 申请本路由器参与 RIP 协议的直连网段信息。

```
Router(config-router)#network 直接相连的网段
```

(3) 指定 RIP 协议的版本 2(默认是 version1)。

```
Router(config-router)#version 2
```

(4) 在 RIPv2 版本中关闭自动汇总。

```
Router(config-router)#no auto-summary
```

5.4.2 实验过程

1. 案例 1：配置 RIP

如图 5-19 所示，通过配置 RIP，实现计算机之间的通信。使用串口线连接两台路由器的串口，R1 的 S0 端口定义为 DCE。

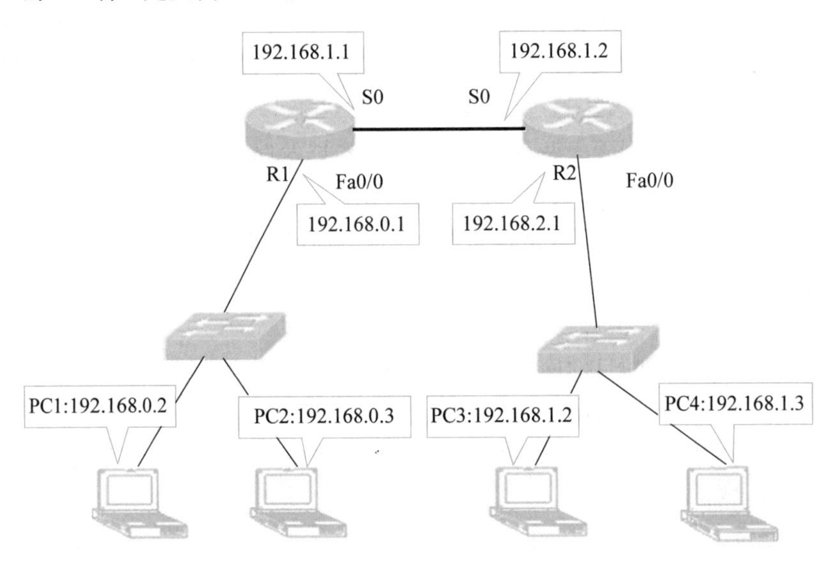

图 5-19 实验拓扑结构图(9)

温馨提示

(1) R1 路由器的配置

```
R1(config)#int Fa0/0
R1(config-if)#ip add 192.168.0.1 255.255.255.0
R1(config-if)#no shut
R1(config)#int serial 0
R1(config-if)#ip add 192.168.1.1 255.255.255.0
R1(config-if)#no shut
R1(config-if)#clock rate 64000
R1(config)#router rip                         //启动 RIP 路由协议
R1(config-route)#network 192.168.0.0          //公布路由器里的网络
R1(config-route)#network 192.168.1.0
```

(2) R2 路由器的配置

```
R2(config)#int Fa0/0
R2(config-if)#ip add 192.168.2.1 255.255.255.0
R2(config-if)#no shut
R2(config)#int serial 0
R2(config-if)#ip add 192.168.1.2 255.255.255.0
R2(config-if)#no shut
R2(config)#router rip
R2(config-route)#network 192.168.1.0
R2(config-route)#network 192.168.2.0
```

2. 案例 2：配置 RIPv2

如图 5-20 所示，要求配置 RIP 路由，使任意两台主机或路由器之间都能互通。

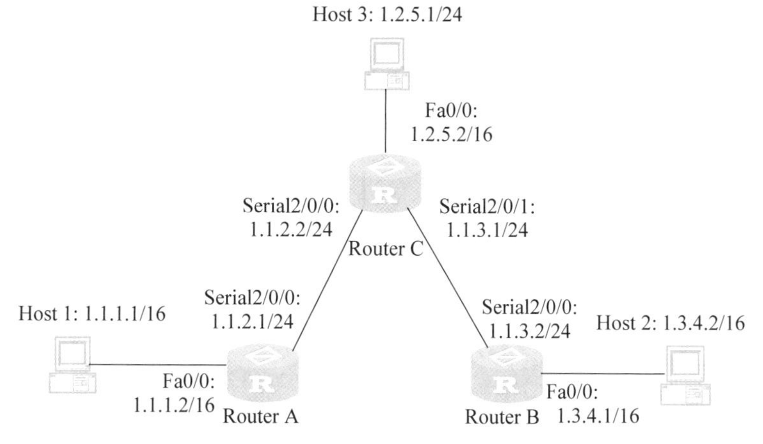

图 5-20　实验拓扑结构图(10)

(1) 配置路由器 Router A RIP 路由

```
Router A(config)#router rip
Router A(config-router)#version 2            //连接网段子网掩码不同,必须指定版本 2
Router A(config-router)#network 1.1.0.0
Router A(config-router)#network 1.1.2.0
Router A(config-router)#(config-router)#no auto-summary
                                             //关闭路由信息的自动汇总功能
```

(2) 配置路由器 Router B RIP 路由

```
Router B(config)#router rip
Router B(config-router)#version 2
Router B(config-router)#network 1.3.0.0
Router B(config-router)#network 1.1.3.0
Router B(config-router)#(config-router)#no auto-summary
```

(3) 配置路由器 Router C RIP 路由

```
Router C(config)#router rip
Router C(config-router)#version 2
Router C(config-router)#network 1.2.0.0
Router C(config-router)#network 1.1.3.0
Router C(config-router)#network 1.1.2.0
Router C(config-router)#(config-router)#no auto-summary
```

如图 5-21 所示，路由器的串口是背对背的直接连接，DCE 端需配置时钟速率，使用 clock rate 命令进行配置。

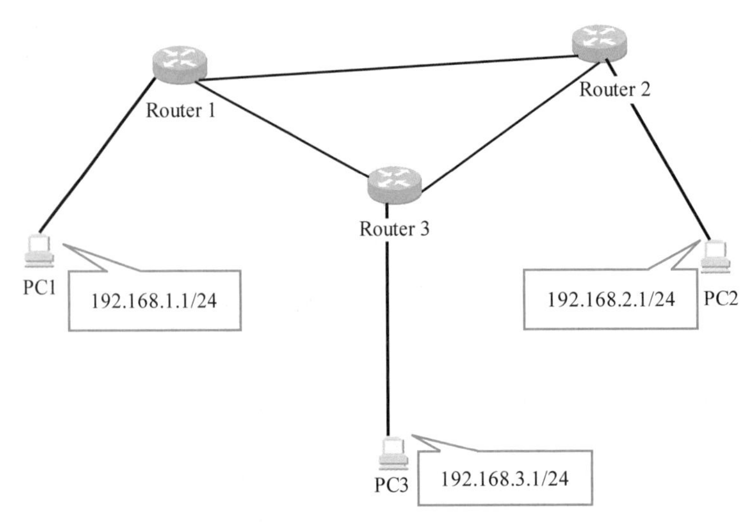

图 5-21 实验拓扑结构图(11)

要求配置动态路由 RIP,使任意计算机之间都能互通(路由器各端口 IP 地址自行规划)。

任务 5.5 配置 OSPF 协议

知识目标

(1) 理解 OSPF 路由的含义。
(2) 能够利用模拟软件实现 OSPF 路由。

技能目标

使用 OSPF 路由配置命令组建网络。

职业素质目标

(1) 培养与人合作的意识。
(2) 能正确表达自己的思想,学会理解和分析问题。

任务实施

5.5.1 知识准备

OSPF(Open Shortest Path First,开放式最短路径优先)是一个内部网关协议,用于在单一自治系统内决策路由。它是基于链路状态的路由协议,链路状态是指路由器接口或链路的参数。使用 Dijkstra 的 SPF(Shortest Path First,最短路径优先算法)计算和选择路由。

1. OSPF 路由协议的工作原理

在 OSPF 中,路由器使用洪泛法(Flooding)向区域内的所有路由器发送本路由器相邻的所有路由器的链路状态(接口 UP、DOWN、IP、掩码、带宽、利用率、时延等),通过频繁的信息交换,所有路由器最终获得全网的拓扑结构图。随后,路由器以此为依据,使用 SPF 算法计算和构造出自己的路由表。

OSPF 直接使用 IP 数据包传输,协议号为 89。OSPF 包采用组播方式进行交换,组播地址为 224.0.0.5(全部 OSPF 路由器)和 224.0.0.6(指定路由器)。与 RIP 协议相比,OSPF 协议具有更大的扩展性、快速收敛性和安排可靠性,使用成本(Cost)作为最佳路径的度量值,能胜任中大型、较复杂的网络环境。

但是,SPF 算法比较复杂,OSPF 计算路由表耗费更多的路由器内存和处理能力。在网络规模较大时,OSPF 采用分层的结构,将一个自治系统(AS,采用相同路由协议的组路由器)划分为若干个更小的范围,这个范围称为区域(Area),每个区域都有一个 32 位的区域标识符。在区域之间通过一个骨干区域互联,骨干区域只能有一个,区域号为 0 或 0.0.0.0,其他非骨干区域都必须连接到骨干区域,以便交换信息和路由数据包。骨干区域和非骨干区域的划分大大降低了区域内路由器的工作负担。

在 OSPF 中,每台路由器有一个 Route ID(路由器 ID),用于唯一标识这台路由器。Route ID 是一个 32 位无符号整数,若不配置,默认值为 Loopback 接口或物理接口上最大的 IP 地址作为 Route ID。

2. 命令提示

(1) 启用 OSPF 动态协议。

```
Router(config)#Router ospf 进程号
```

进程号可以随意设置,只标识 OSPF 为本路由器内的一个进程(交换路由信息的两台路由器的进程号可以不同)。

(2) 定义参与 OSPF 的子网,该子网属于哪一个 OSPF 路由信息交换区域。

```
Router (config-router)#network address wildcard-maskarea area-id
```

路由器将限制只能在相同区域内交换子网信息,不同区域间不交换路由信息。另外,区域 0 为主干 OSPF 区域。不同区域交换路由信息必须经过区域 0。一般情况下,某一区域要接入 OSPF0 路由区域,则该区域必须至少有一台路由器为区域边缘路由器(该路由器两端口分别处于不同区域),即它既参与本区域又参与区域 0 路由。

5.5.2 实验过程

1. 案例 1:配置 OSPF

如图 5-22 所示,通过配置 OSPF,实现计算机之间的通信。

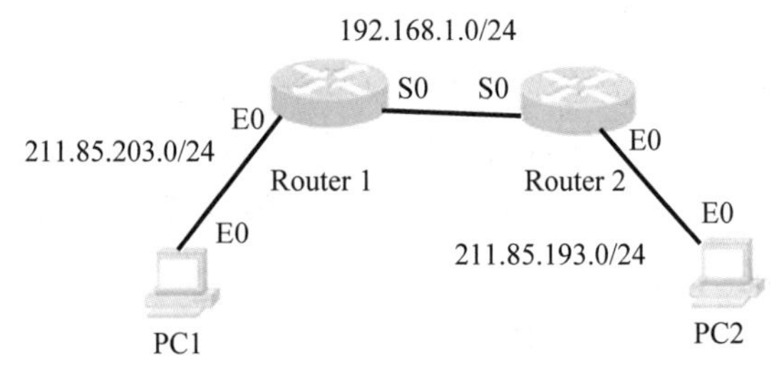

图 5-22 实验拓扑结构图(12)

(1) R1 路由器的配置

```
R1(config)#router ospf 10          //开启 OSPF 进程,10 为进程号
R1(config-router)#network 211.85.203.0 0.0.0.255 area 1
                                   //定义区域 1,子网掩码是反向使用
R1(config-router)#network 192.168.1.0 0.0.0.255 area 1
```

(2) R2 路由器的配置

```
R2(config)#router ospf 11          //开启 OSPF 进程,11 为进程号,可以与 R1 不一样
R2(config-router)#network 211.85.193.0 0.0.0.255 area 1
                                   //定义区域 1,必须与 R1 在同一区域才可交换路由信息
R2(config-router)#network 192.168.1.0 0.0.0.255 area 1
```

分别在路由器 R1 和 R2 上输入 display ip routing-table,查看路由表信息。

2. 案例 2:配置 OSPF

如图 5-23 所示,要求配置 OSPF 路由,使任意两台主机或路由器之间都能互通。

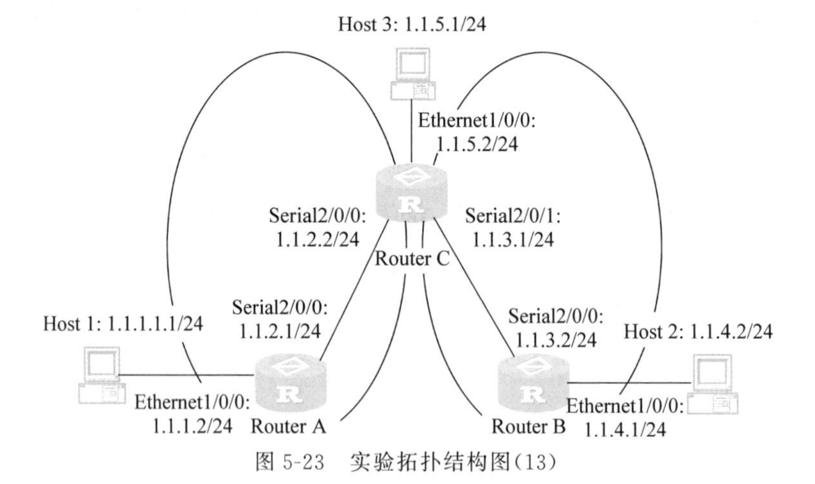

图 5-23 实验拓扑结构图(13)

(1) 配置路由器 Router A OSPF 路由

```
Router A(config)#router ospf 1
Router A(config-router)#network 1.1.1.0 0.0.0.255 area 0
Router A(config-router)#network 1.1.2.0 0.0.0.255 area 0
```

(2) 配置路由器 Router B OSPF 路由

```
Router B(config)#router ospf 1
Router B(config-router)#network 1.1.2.0 0.0.0.255 area 0
Router B(config-router)#network 1.1.3.0 0.0.0.255 area 1
```

(3) 配置路由器 Router C OSPF 路由

```
Router C(config)#router ospf 1
Router C(config-router)#network 1.1.3.0 0.0.0.255 area 1
Router C(config-router)#network 1.1.4.0 0.0.0.255 area 1
```

自主练习部分

如图 5-24 所示，路由器的串口是背对背的直接连接，DCE 端需配置时钟速率，使用 clock rate 命令进行配置。

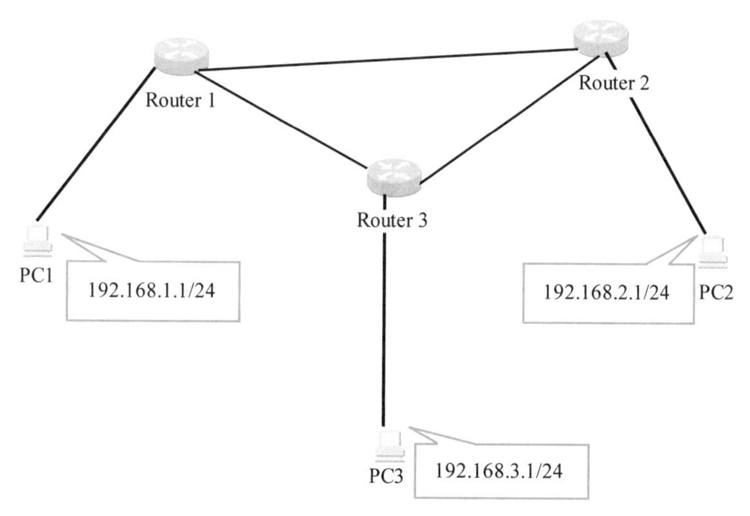

图 5-24 实验拓扑结构图(14)

要求配置动态路由 OSPF，使任意计算机之间都能互通(路由器各端口 IP 地址自行规划)。

任务 5.6 配 置 EIGRP

知识目标

(1) 理解 EIGRP 路由的含义。

(2) 能够利用模拟软件实现 EIGRP 路由。

技能目标

使用 EIGRP 路由配置命令组建网络。

职业素质目标

(1) 培养与人合作的意识。
(2) 能正确表达自己的思想,学会理解和分析问题。

任务实施

5.6.1 知识准备

EIGRP(Enhanced Interior Gateway Routing Protocol,增强型内部网关路由协议)是 Cisco 内部专有协议,其他公司的网络产品是不会拥有该协议的,只有在同一个网络中全部都是 Cisco 的产品时才会使用 EIGRP。EIGRP 是一个混合型的路由协议,结合了距离矢量和链路状态两种路由协议的特性,是 IGRP 的增强版,两者基本上是兼容的,只要将 IGRP 的 metric 乘以 256 就可以变为 EIGRP 的 metric 值,反之则除以 256。但相比 IGRP,EIGRP 的功能更强,性能更优,因为它能够支持多种协议,能够支持 VLSM,而且同时具有距离矢量和链路状态的特性,收敛速度相对 IGRP 更快。

EIGRP 路由器使用组播 hello 包来发现、建立并维护邻居关系。每台路由器在建立邻居关系后,它会把邻居的信息都存储在邻居表中。然后,它通过与邻居之间路由信息的可靠传递方式获得路由信息,并把这些信息放到拓扑表中。随后,根据拓扑表中的信息采用 DUAL 算法计算到达目的地的最佳路径,并把它放到路由转发表中,生成路由表用以转发数据包。

EIGRP 采用增量更新的方式维护路由信息。当拓扑发生变化时,EIGRP 可以采用备份路由迅速地恢复,如果没有备份路由,则采用递归查找方式获得到达目的地所需的路由条目,从而具有较高的收敛速度。

Router eigrp 命令的完整语法格式为

```
Router(config)#router eigrp AS
Router(config-router)#network 直接相连的网段
```

其中,参数 AS(autonomouse-system)(1～65535)用来唯一标识该路由器,以区别于其他 EIGRP 路由器,另外,此参数还用来标识通过的路由选择信息。所有使用协议 EIGRP 的路由器希望使用 EIGRP 交换路由信息,那么必须使用相同的 AS 号(即相同的参数)。

5.6.2 实验过程

如图 5-25 所示,通过配置 EIGRP,实现计算机之间的通信。

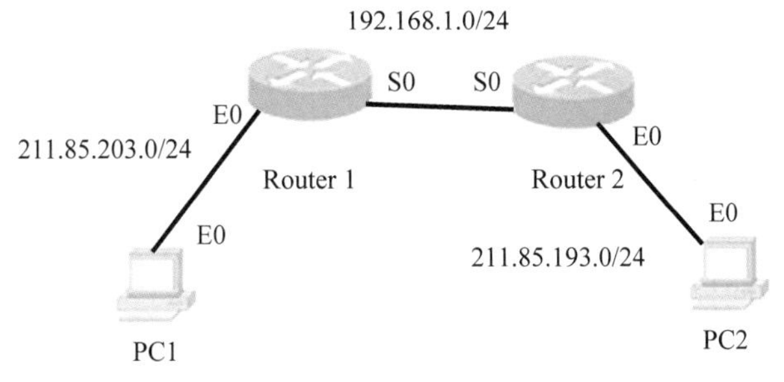

图 5-25　实验拓扑结构图(15)

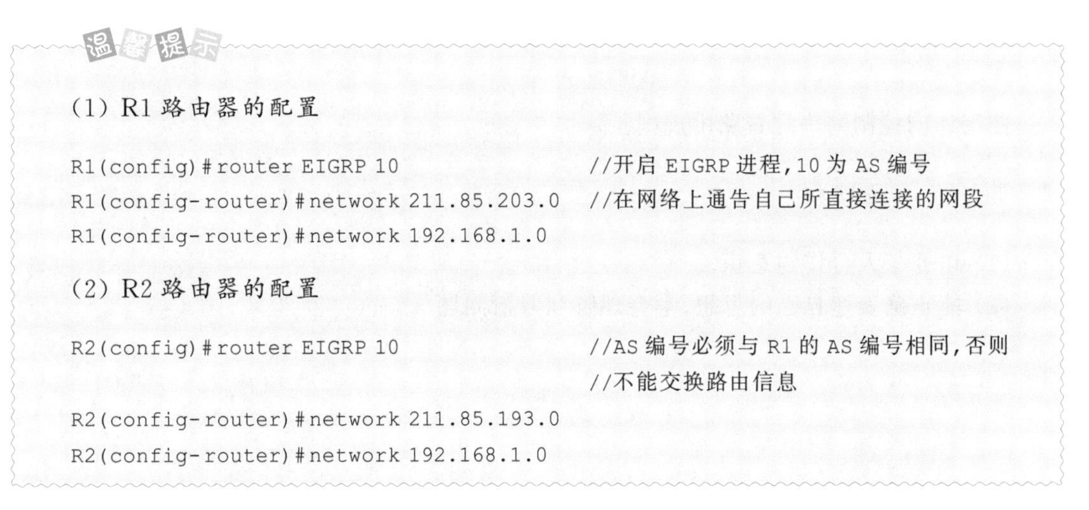

温馨提示

(1) R1 路由器的配置

```
R1(config)#router EIGRP 10                      //开启 EIGRP 进程,10 为 AS 编号
R1(config-router)#network 211.85.203.0   //在网络上通告自己所直接连接的网段
R1(config-router)#network 192.168.1.0
```

(2) R2 路由器的配置

```
R2(config)#router EIGRP 10                      //AS 编号必须与 R1 的 AS 编号相同,否则
                                                 //不能交换路由信息
R2(config-router)#network 211.85.193.0
R2(config-router)#network 192.168.1.0
```

分别在路由器 R1 和 R2 上输入 display ip routing-table,查看路由表信息。

自主练习部分

如图 5-26 所示,要求配置 EIGRP,使任意两台主机或路由器之间都能互通。

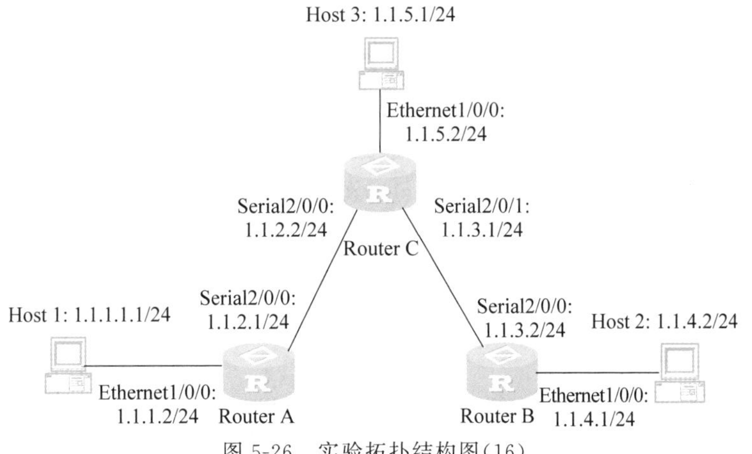

图 5-26　实验拓扑结构图(16)

任务 5.7 配置访问控制列表

知识目标

(1) 理解标准访问控制列表的概念和工作原理。
(2) 掌握标准访问控制列表的配置方法。
(3) 掌握对路由器的管理位置加以限制的方法。

技能目标

使用访问控制列表配置路由规则。

职业素质目标

(1) 培养与人合作的意识。
(2) 能正确表达自己的思想,学会理解和分析问题。

任务实施

5.7.1 知识准备

1. 访问列表概述

访问控制列表(Access Control List,ACL)是由一系列语句组成的列表,这些语句主要包括匹配条件和采取的动作(允许或禁止)两个内容。访问列表应用在路由器的接口上,通过匹配数据包信息与访问表参数来决定允许数据包通过还是拒绝数据包通过某个接口。

数据包是通过还是被拒绝,主要通过数据包中的源地址、目的地址、源端口、目的端口、协议等信息来决定。访问控制列表可以限制网络流量、提高网络性能、控制网络通信流量等,同时 ACL 也是网络访问控制的基本安全手段。

2. 访问列表的类型

访问列表可分为标准 IP 访问列表和扩展 IP 访问列表。

(1) 标准 IP 访问列表:它只检查数据包的源地址,从而允许或拒绝基于网络、子网或主机的 IP 地址的所有通信流量通过路由器的出口。

(2) 扩展 IP 访问列表:它不仅检查数据包的源地址,还要检查数据包的目的地址、特定协议类型、源端口号、目的端口号等。

3. ACL 的相关特性

每一个接口可以在进入(Inbound)和离开(Outbound)两个方向上分别应用一个 ACL,且每个方向上只能应用一个 ACL。

ACL 语句包括两个动作,一个是拒绝(Deny),即拒绝数据包通过,过滤掉数据包;另一个是允许(Permit),即允许数据包通过,不过滤数据包。

在路由选择进行以前,应用在接口进入方向的 ACL 起作用;在路由选择决定以后,应用在接口离开方向的 ACL 起作用。每个 ACL 的结尾有一个隐含的“拒绝的所有数据包(Deny All)”的语句。

4. ACL 转发的过程

ACL 转发的过程如图 5-27 所示。

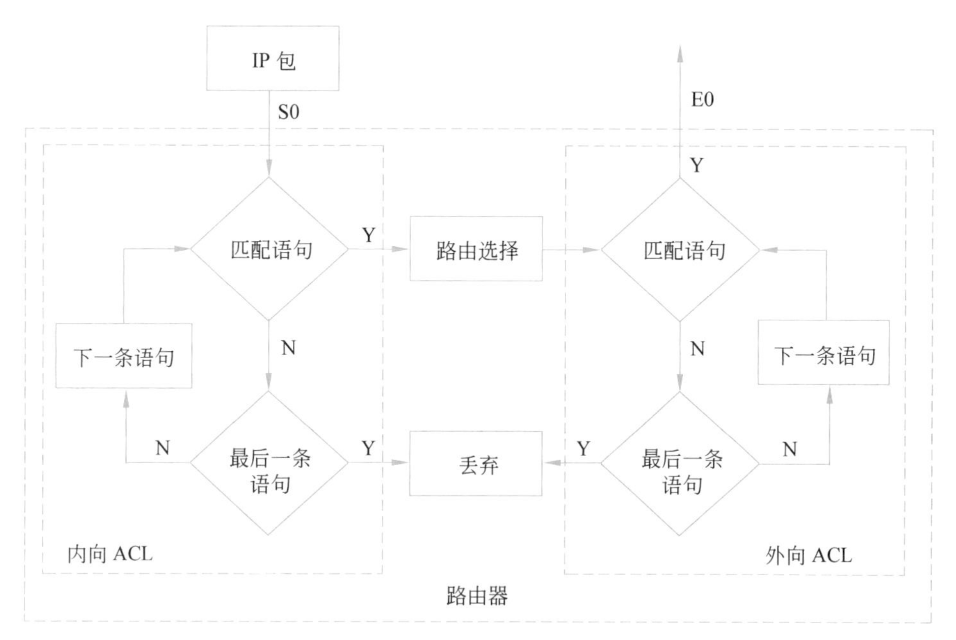

图 5-27 ACL 转发的过程

5. IP 地址与通配符掩码的作用规律

32 位的 IP 地址与 32 位的通配符掩码逐位进行比较，通配符掩码为 0 的位要求 IP 地址的对应位必须匹配，通配符掩码为 1 的位所对应的 IP 地址位不必匹配，如表 5-2 所示。

表 5-2 IP 地址与通配符掩码的作用规律

通配符掩码	掩码的二进制形式	描 述
0.0.0.0	00000000. 00000000. 00000000. 00000000	整个 IP 地址必须匹配
0.0.0.255	00000000. 00000000. 00000000. 11111111	只有前 24 位需要匹配
0.0.255.255	00000000. 00000000. 11111111. 11111111	只有前 16 位需要匹配
0.255.255.255	00000000. 11111111. 11111111. 11111111	只有前 8 位需要匹配
255.255.255.255	11111111. 11111111. 11111111. 11111111	全部不需要匹配

通配符掩码有两种特殊形式：一种是 Host，表示一种精确匹配，是通配符掩码 0.0.0.0 的简写形式；另一种是 any，表示全部不进行匹配，是通配符掩码 255.255.255.255 的简写形式。

6. 访问列表配置步骤

(1) 配置访问列表语句。

(2) 把配置好的访问列表应用到某个端口上。

7. 访问列表注意事项

注意访问列表中语句的次序,尽量把作用范围小的语句放在前面。新的表项只能被添加到访问列表的末尾,这意味着不可能改变已有访问列表的功能。如果必须要改变,只有先删除已存在的访问列表,然后创建一个新访问列表,再将新访问列表用到相应的接口上。

标准的IP访问列表只匹配源地址,一般都使用扩展的IP访问列表以达到精确的要求。标准的访问列表尽量靠近目的端,由于标准访问列表只使用源地址,因此将其靠近源会阻止报文流向其他端口。扩展的访问列表尽量靠近过滤源的位置上,以免访问列表影响其他接口上的数据流。在应用访问列表时,要特别注意过滤的方向。

8. 标准访问控制列表语法

```
access - list (access - list - number) (deny | permit) (source - address) (source -
wildcard)[log]
```

参数说明如下。

(1) access-list-number:标准访问列表编号只能是1~99中的一个数字,同时只要访问列表编号范围在1~99,它既可以定义访问控制列表操作的协议,也可以定义访问控制列表的类型。

(2) deny|permit:deny表示匹配的数据包将被过滤;permit表示允许匹配的数据包通过。

(3) source-address:表示单台或一个网段内的主机的IP地址。

(4) source-wildcard:通配符掩码(反码)。

(5) log:访问列表日志,如果该关键字用于访问列表中,则对匹配访问列表中条件的报文做日志。

1) 应用访问列表到接口

```
ip access-group access-list-number in|out
```

(1) in:通过接口进入路由器的报文。

(2) out:通过接口离开路由器的报文。

2) 显示所有协议的访问列表配置细节

```
show access-list [access-list-number]
```

3) 显示IP访问列表

```
show ip access-list [access-list-number]
```

配置案例:

```
Router(config)#access-list 1 deny 192.168.1.0 0.0.0.255
//拒绝来自192.168.1.0网段的流量通过
Router(config)#access-list 1 permit 192.168.3.0 0.0.0.255
//允许来自192.168.3.0网段的流量通过
Router(config)#interface fa1/0
//要应用访问列表的接口,标准控制列表要应用在尽量靠近目的地址的接口
Router(config-if)#ip access-group 1 out
```

```
//在接口下访问控制列表出栈流量调用
```

9. 扩展访问控制列表语法

```
Lab(config)#access-list [100-199] [permit/deny] 协议源 IP 源 IP 反码目标 IP 目标 IP
反码条件[eq] [具体协议/端口号]
```

配置案例：

```
Router (config)#access-list 101 deny tcp 192.168.1.10 0.0.0.0 172.16.1.2 0.0.0.0
eq telnet
```

或

```
Router (config)#access-list 101 deny tcp host 192.168.1.10 host 172.16.1.2 eq 23
```

注意

(1) 只禁用某个服务(或某个端口)需要把其他设置打开。
(2) eq 为等于；gt 为大于；lt 为小于；neq 为不等于。

```
Router (config)#access-list 101 permit ip any any
Router (config)#int Fa0/0              //将访问列表绑定到接口上
Router (config-if)#ip class-group 101 in
```

10. 命名方式配置访问列表

1) 标准访问控制列表

建立标准 ACL 命名为 test，允许 172.17.31.222 通过，禁止 172.17.31.223 通过，其他主机禁止：

```
Router (config)#ip access-list standard test
Router (config-std-nacl)#permit host 172.17.31.222
Router (config-std-nacl)#deny host 172.17.31.223
```

建立标准 ACL 命名为 test，禁止 172.17.31.223 通过，允许其他所有主机：

```
Router (config)#ip access-list standard test
Router (config-std-nacl)#deny host 172.17.31.223
Router (config-std-nacl)#permit any
```

2) 扩展访问控制列表

建立扩展 ACL 命名为 test1，允许 172.17.31.222 访问所有主机 80 端口，其他所有主机禁止：

```
Router (config)#ip access-list extended test1
Router (config-ext-nacl)#permit tcp host 172.17.31.222 any eq www
```

建立扩展 ACL 命名为 test1，禁止所有主机访问 172.17.31.222 主机 telnet(23) 端口，但允许访问其他端口：

```
Router (config)#ip access-list extended test1
Router (config-ext-nacl)#deny tcp any host 172.17.31.222 eq 23
```

```
Router (config-ext-nacl)#permit tcp any any
```

接口应用：

```
Router (config)#int g1/0/1
Router (config-if)#ip access-group test out
//出方向 out,所有 ACL 只有应用到接口上才能起作用
```

接口应用原则如下。

（1）标准 ACL 的应用靠近目标地址。

（2）扩展 ACL 的应用靠近源地址。

5.7.2 实验过程

1. 配置标准访问控制列表

1）案例 1：配置标准访问控制列表

背景描述：你是一个公司的网络管理员，公司的经理部门、财务部门和销售部门分属三个不同的网段，三个部门之间用路由器进行信息传递，为了安全起见，公司领导要求销售部门不能对财务部门进行访问，但经理部门可以对财务部门进行访问，如图 5-28 所示。

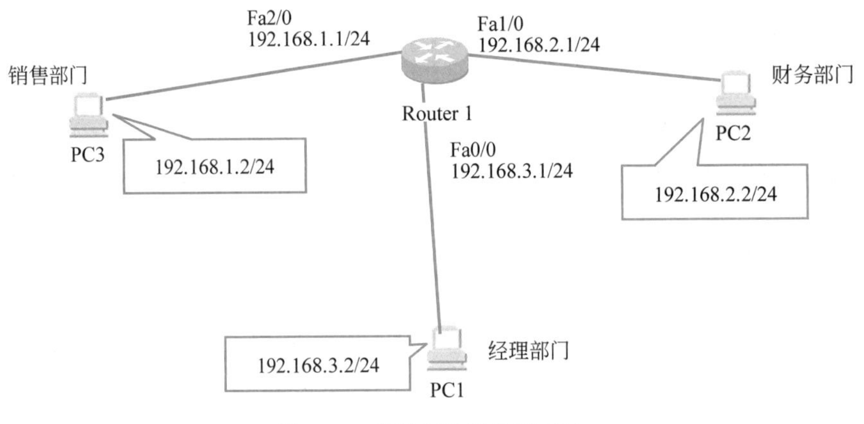

图 5-28 实验拓扑结构图(17)

注意

如果路由器选择 2811，可通过增加板卡 NM-2FE2W，以获取两个快速以太网卡(FastEthernet)。

温馨提示

（1）配置标准访问列表。

```
Router(config)#access-list 1 deny 192.168.1.0 0.0.0.255
//拒绝来自 192.168.1.0 网段的流量通过
Router(config)#access-list 1 permit 192.168.3.0 0.0.0.255
//允许来自 192.168.3.0 网段的流量通过
```

验证测试：

```
Router#show access-list 1
```

(2) 把访问控制列表在接口下应用。

```
Router(config)#int Fa1/0
//要应用访问列表的接口,标准控制列表要应用在尽量靠近目的地址的接口
Router(config-if)#ip access-group 1 out          //在接口下访问控制列表出栈流量调用
```

验证测试：主机 PC3 不能 ping 通主机 PC2；主机 PC1 能 ping 通主机 PC2。

2）案例 2：配置标准访问控制列表

设置访问列表，要求 PC1 用户能访问到 PC3 用户，而 PC2 用户不能访问到 PC3 用户，路由协议自行规划，如图 5-29 所示。

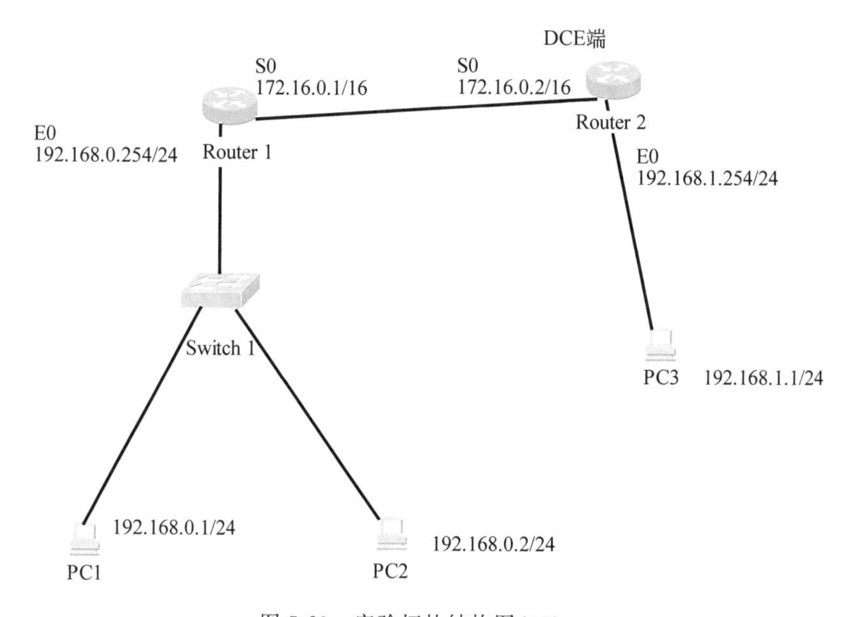

图 5-29 实验拓扑结构图(18)

```
Router2(config)#access-list 1 permit 192.168.0.1 0.0.0.0
//IP 地址精确匹配,使用掩码 0.0.0.0
Router2(config)#access-list 1 deny 192.168.0.2 0.0.0.0
//IP 地址精确匹配,使用掩码 0.0.0.0
Router2(config)#int Fa0/0                    //标准控制列表要应用在尽量靠近目的地址的接口
Router2(config-if)#ip access-group 1 out
```

2. 配置扩展访问控制列表

1）案例 1：配置扩展访问控制列表

背景描述：你是学校的网络管理员，学校规定每年新入学的学生所在的网段不能访问学校的 FTP 服务器，而其他网段可以访问 FTP 服务器，学校规定新生所在网段是 172.16.0.0/16，学校服务器所在网段是 172.18.0.0/16，如图 5-30 所示。

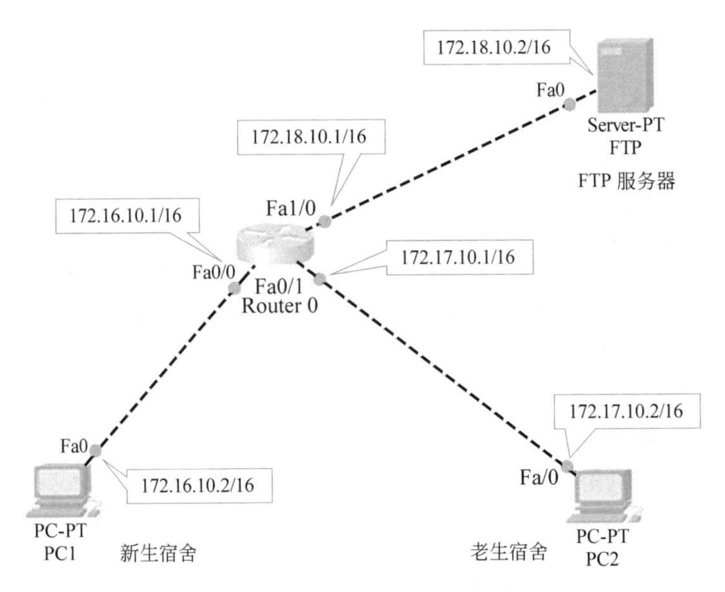

图 5-30 实验拓扑结构图(19)

(1) 添加 FTP 服务器。拖动 Server-PT 按钮,添加 FTP 服务器,并开启 FTP 服务,如图 5-31 所示。

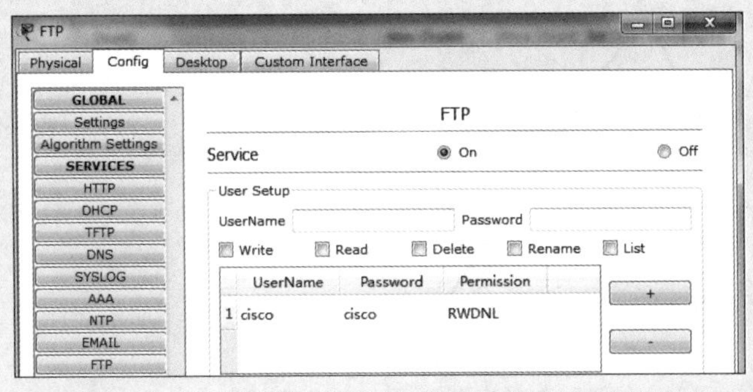

图 5-31 添加 FTP 服务器

(2) 配置扩展 IP 访问控制列表。

```
Router(config)#access-list 101 deny tcp 172.16.0.0 0.0.255.255 172.18.0.0 0.0.255.255 eq ftp
//禁止规定网段 172.16.0.0 对服务器进行 ftp 访问
Router(config)#access-list 101 permit ip any any
//允许其他网段的流量通过,必须配置这条命令,否则所有协议都不能访问
Router(config)#int Fa1/0
Router(config-if)#ip access-group 101 out
//访问控制列表在 Fa1/0 接口下 out 方向应用
```

验证测试:

① PC1、PC2 分别 ping FTP 服务器,结果:________________。

② 访问 FTP 服务器。PC1、PC2 分别在 run 下输入 ftp 172.18.10.2 命令,结果:________________________________。

2）案例 2：配置扩展访问控制列表

设置访问列表，要求 PC1 用户不能访问到 WWW 服务器上的 WWW 服务，而 PC2 用户能访问到 WWW 服务器上的 WWW 服务，如图 5-32 所示。

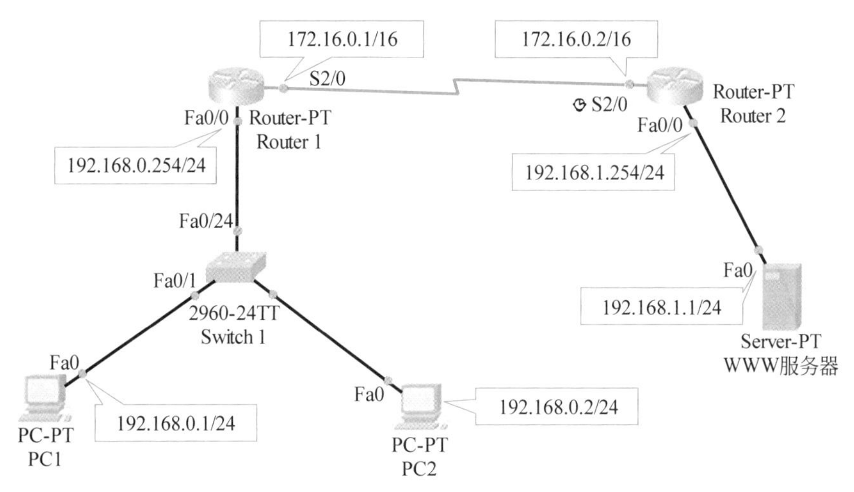

图 5-32 实验拓扑结构图(20)

(1) 配置扩展 IP 访问控制列表。

```
Router2(config)#access-list 101 deny tcp host 192.168.0.1 host 192.168.1.1 eq www
```

或

```
access-list 101 deny tcp 192.168.0.1 0.0.0.0 192.168.1.1 0.0.0.0 eq 80
Router2(config)#access-list 101 permit ip any any
Router2(config)#int Fa0/0
Router2(config-if)#ip access-group 101 out
```

(2) 添加 WWW 服务器。拖动 Server-PT 按钮，添加 WWW 服务器，并开启 HTTP 服务，如图 5-33 所示。

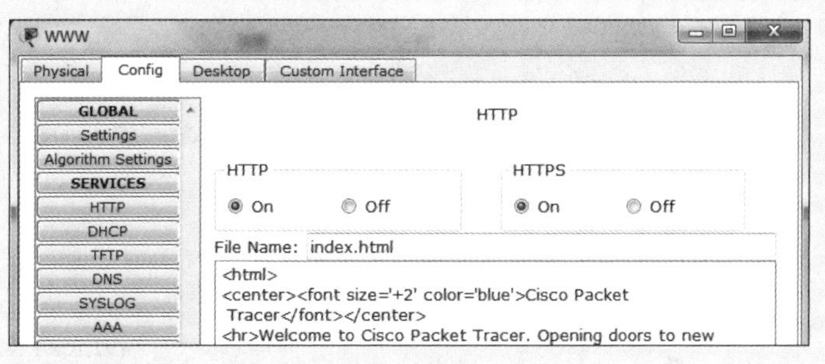

图 5-33 添加 WWW 服务器

验证测试：

① PC1、PC2 分别 ping WWW 服务器，结果：______________________________。

② 访问 WWW 服务器。PC1、PC2 分别在“Web 浏览器”下输入 http://192.168.1.1 命令，结果：____。

3）案例 3：配置扩展访问控制列表

某分公司和总公司分别属于不同的网段，部门之间用路由器进行信息传递，为了安全起见，分公司领导要求部门主机只能访问总公司服务器的 WWW 服务，不能对其使用 ICMP 服务，如图 5-34 所示。

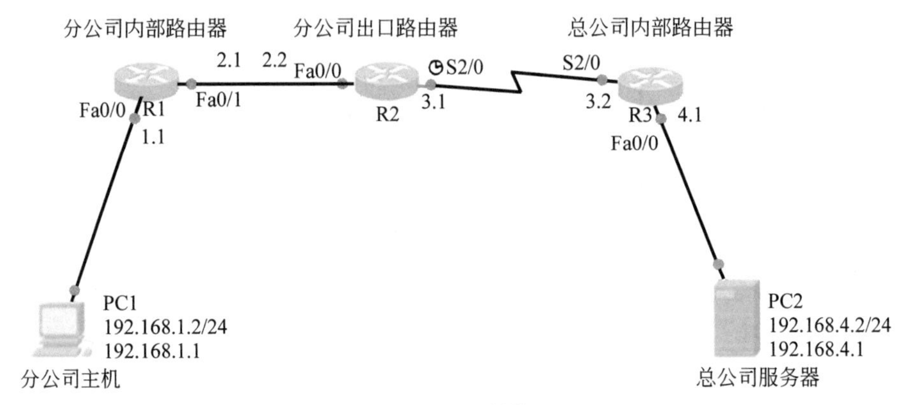

图 5-34　实验拓扑结构图(21)

```
R2(config)#access-list 101 permit tcp host 192.168.1.2 host 192.168.4.2 eq www
R2(config)#access-list 101 deny icmp host 192.168.1.2 host 192.168.4.2 echo
//echo,显示命令执行过程信息
R2(config)#int s2/0
R2(config-if)#ip access-group 101 out          //将控制列表应用于 s2/0 端口
```

自主练习部分

如图 5-35 所示，配置 DNS 服务器，将域名 www.cjy.com 解析至“192.168.1.2”；要求通过配置访问控制列表，实现：

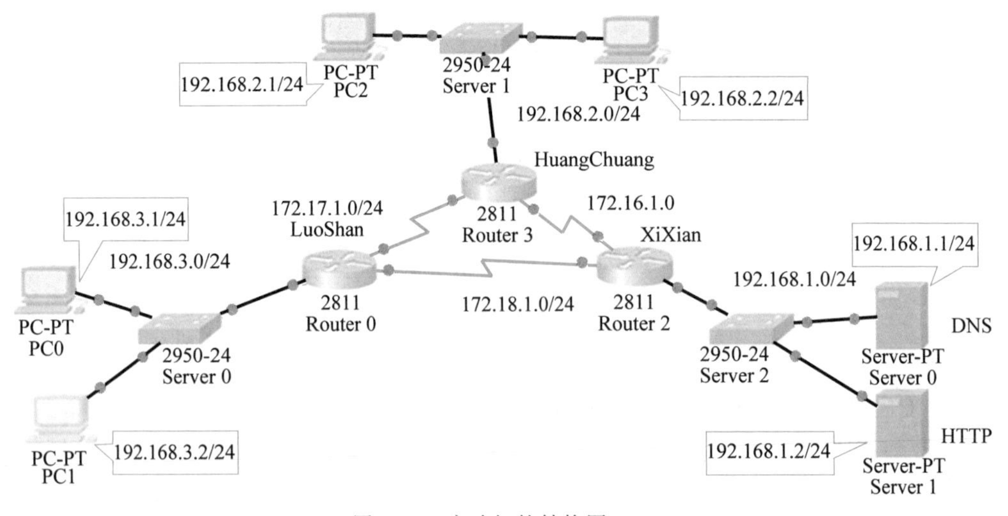

图 5-35　实验拓扑结构图(22)

(1) 只允许 PC3 远程登录到路由器 HuangChuang。

(2) 禁止 192.168.3.0/24 网段的 icmp 协议数据包(ping)通向与 192.168.1.0/24 网段。

(3) 禁止 PC3 打开网页 www.cjy.com。

(1) 配置 DNS 服务器,将域名 www.cjy.com 解析至"192.168.1.2",如图 5-36 所示。

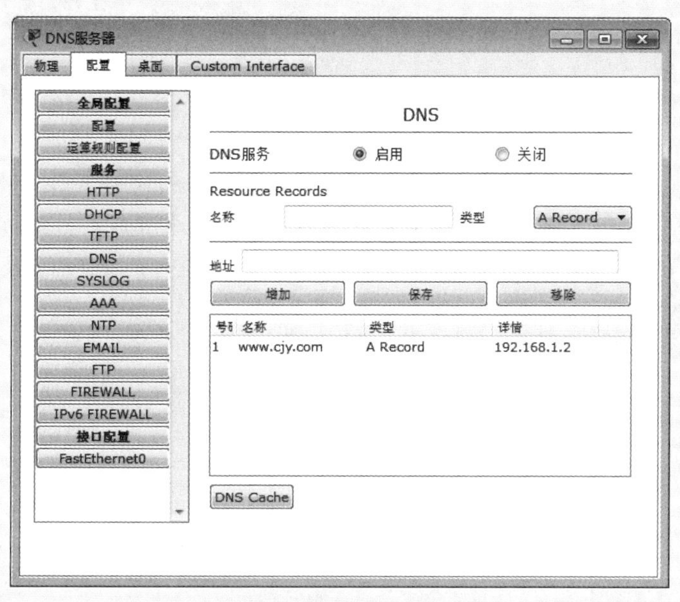

图 5-36 添加 DNS 服务器

(2) 配置 ACL,只允许 PC3 远程登录到路由器 HuangChuang。

```
HuangChuang(config)#access-list 1 permit host 192.168.2.2
//路由器 HuangChuang 只允许 192.168.2.2 远程登录(telnet)
HuangChuang(config)#line vty 0 4
HuangChuang(config-line)#password 123
HuangChuang(config-line)#login
HuangChuang(config-line)#access-class 1 in
//将访问列表 1 应用在 vty 0 4 远程登录
```

验证测试:

① 各计算机 telnet 路由器 HuangChuang,结果:____________________。

② 各计算机 ping 路由器 HuangChuang,结果:____________________。

(3) 配置 ACL,禁止 192.168.3.0/24 网段的 icmp 协议数据包(ping)通向与 192.168.1.0/24 网段。

```
xixian(config)#access-list 101 deny icmp 192.168.3.0 0.0.0.255 192.168.1.0 0.0.0.255
xixian(config)#access-list 101 permit ip any any
xixian(config)#int Fa0/0
xixian(config-if)#ip access-group 101 out
```

验证测试:

① 各计算机 ping HTTP 服务器,结果: ________________。

② 在各计算机 Web 浏览器中输入 http://www.cjy.com,结果: ________。

(4) 配置 ACL,禁止 PC3 打开网页 www.cjy.com。

```
HuangChuang(config)#ip access-list extended ACL1          //创建基于名称的扩展 ACL
HuangChuang(config-ext-nacl)#deny tcp host 192.168.2.2 192.168.1.0 0.0.0.255
eq 80
HuangChuang(config-ext-nacl)#deny udp host 192.168.2.2 192.168.1.0 0.0.0.255
eq 53
```

UDP 用途:为了在给定的主机上能识别多个目的地址,同时允许多个应用程序在同一台主机上工作并能独立地进行数据包的发送和接收,设计用户数据报协议 UDP。UDP 协议包括:TFTP、SNMP、NFS、DNS、BOOTP。端口 53 执行的是 DNS 服务器包的传输。

```
HuangChuang(config-ext-nacl)#permit ip any any
HuangChuang(config-ext-nacl)#exit
HuangChuang(config)#int Fa0/0
HuangChuang(config-if)#ip access-group ACL1 in
```

或

```
HuangChuang (config)#access-list 101 deny tcp host 192.168.2.2 192.168.1.0 0.0.
0.255 eq 80
HuangChuang (config)#access-list 101 permit ip any any
HuangChuang (config)#interface Fa0/0
HuangChuang r(config-if)#ip access-group 101 in
```

验证测试:

① 计算机 PC2、PC3 ping HTTP 服务器,结果: ________________。

② 在计算机 PC2、PC3 的 Web 浏览器中输入 http://www.cjy.com,结果: ______。

任务 5.8 配置 NAT

知识目标

(1) 理解 NAT 网络地址转换的原理及功能。

(2) 掌握静态 NAT 的配置方法,实现局域网访问互联网。

(3) 掌握动态 NAT 的配置方法,实现局域网访问互联网。

(4) 掌握 NAPT 的配置方法,实现局域网访问互联网。

技能目标:

(1) 配置静态 NAT。

(2) 配置动态 NAT。
(3) 配置 NAPT。

职业素质目标

(1) 培养与人合作的意识。
(2) 能正确表达自己的思想,学会理解和分析问题。

任务实施

5.8.1 知识准备

网络地址转换(Network Address Translation,NAT)被广泛应用于各种类型因特网接入方式和各种类型的网络中。原因很简单,NAT 不仅完美解决了 IP 地址不足的问题,而且还能够有效地避免来自网络外部的攻击,隐藏并保护网络内部的计算机。

默认情况下,内部 IP 地址是无法被路由到外网的,内部主机 10.1.1.1 要与外部因特网通信,IP 包到达 NAT 路由器时,IP 包头的源地址 10.1.1.1 被替换成一个合法的外网 IP,并在 NAT 转换表中保存这条记录。当外部主机发送一个应答到内网时,NAT 路由器收到后,查看当前 NAT 转换表,用 10.1.1.1 替换掉这个外网地址。

NAT 的实现可分为静态 NAT、动态 NAT、静态 NAPT(Network Address Port Translation,网络端口地址转换)和动态 NAPT。

1. 静态 NAT

静态 NAT 是指将内部网络的私有 IP 地址转换为公有 IP 地址,IP 地址对是一对一的,是一成不变的,某个私有 IP 地址只转换为某个公有 IP 地址。转换后,一个本地 IP 地址对应一个全局 IP 地址。现实中,静态 NAT 一般都用于服务器。

静态 NAT 命令的完整语法格式为

```
(config)#ip nat inside source static local-ip global-ip
//配置静态的 NAT 映射,local-ip 为本地 IP 地址,global-ip 为公有 IP 地址
(config)#interface interface-type interface-number
//进入内部接口配置模式,interface-type 为端口类型,interface-number 为端口编号
(config-if)#ip nat inside              //定义该接口连接内部网络
(config)#interface interface-type interface-number
//进入外部接口配置模式
(config-if)#ip nat outside             //定义该接口连接外部网络
```

配置案例:

拓扑结构如图 5-37 所示,路由器 Ra 通过 S1/2 端口与 ISP 的路由器 Rb 的 S1/2 端口相连,要求在 Ra 上配置静态 NAT,使因特网上的用户可以通过访问 1.1.1.3/24 访问到 LAN 1 内的 Web 服务器。

```
Ra(config)#interface serial 1/2
Ra(config-if)#ip nat outside               //定义该接口连接外部网络
Ra(config-if)#exit
```

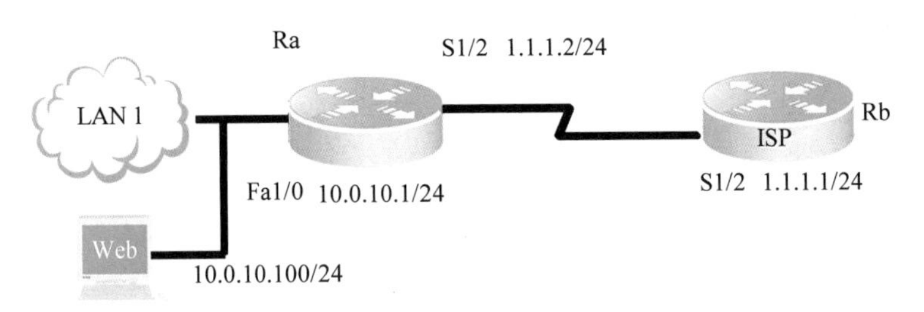

图 5-37 拓扑结构图

```
Ra(config)#interface fastethernet 1/0
Ra(config-if)#ip nat inside                //定义该接口连接内部网络
Ra(config-if)#exit
Ra(config)#ip nat inside source static 10.0.10.100 1.1.1.3
//配置静态的 NAT 映射,将私有地址 10.0.10.100 转换为公有地址 1.1.1.3
```

2. 动态 NAT

动态 NAT 就是把本地局域网 IP 地址和外部公网地址池中的某个地址进行一对一的映射,与静态 NAT 最大的不同点在于,该映射关系存在时效性,会随着应用和时间不断更改映射关系。现实中,动态 NAT 用得比较少。

动态 NAT 命令的完整语法格式为

```
(config)#access-list access-list-number permit ip-address wildcard
//定义内部网络中允许访问外部网络的访问控制列表
(config)#ip nat pool pool-name star-ip end-ip netmask [type rotary]
//定义合法 IP 地址池
```

参数说明如下。

(1) pool-name：放置转换后地址的地址池的名称。

(2) star-ip/end-ip：地址池内起始和结束的 IP 地址。

(3) netmask：子网掩码。

(4) type rotary(可选)：地址池中的地址为循环使用。

```
(config)#ip nat inside source list access-list-number pool pool-name
//实现网络地址转换
(config)#interface interface-type interface-number
//进入内部接口配置模式,interface-type 为端口类型,interface-number 为端口编号
(config-if)#ip nat inside              //定义该接口连接内部网络
(config)#interface interface-type interface-number
//进入外部接口配置模式
(config-if)#ip nat outside             //定义该接口连接外部网络
```

配置案例：

```
router(config)#access-list 1 permit 102.168.1.0 0.0.0.255
router(config) # ip nat pool test0 61.159.62.130 61.159.62.190 netmask 255.255.
255.192
```

```
router(config)#ip nat inside source list 1 pool test0
router(config)#interface serial 0/0
router(config-if)#ip nat outside
router(config)#interface fastethernet 0/0
router(config-if)#ip nat inside
```

3. NAPT

NAPT(Network Address Port Translation)即网络端口地址转换，可将多个内部地址映射为一个合法公网地址，但以不同的协议端口号与不同的内部地址相对应，也就是"内部地址＋内部端口"与"外部地址＋外部端口"之间的转换。NAPT 普遍用于接入设备中，它可以将中小型的网络隐藏在一个合法的 IP 地址后面。NAPT 又被称为"多对一"的 NAT，或者称为 PAT(Port Address Translations，端口地址转换)、地址超载(Address Overloading)。

NAPT 与动态 NAT 不同，它将内部连接映射到外部网络中的一个单独的 IP 地址上，同时在该地址上加上一个由 NAT 设备选定的 TCP 端口号。NAPT 算得上是一种较流行的 NAT 变体，通过转换 TCP 或 UDP 协议端口号以及地址来提供并发性。除了一对源和目的 IP 地址以外，这个表还包括一对源和目的协议端口号，以及 NAT 盒使用的一个协议端口号。

NAPT 分为静态 NAPT 和动态 NAPT。

1) 静态 NAPT

静态 NAPT 一般应用在将内部网指定主机的指定端口映射到全局地址的指定端口上。

静态 NAPT 命令的完整语法格式为

```
(config)#ip nat inside source static{UDP|TCP} local-address
                                                    //定义内部源地址静态转换关系
(config)#interface interface-type interface-number  //进入内部接口配置模式
(config-if)#ip nat inside                           //定义该接口连接内部网络
(config)#interface interface-type interface-number  //进入外部接口配置模式
(config-if)#ip nat outside                          //定义该接口连接外部网络
```

配置案例：

```
(config)#ip nat inside source static tcp192.168.1.7 1024 200.8.7.3 1024
(config)#ip nat inside source static udp 192.168.1.7 1024 200.8.7.3 1024
(config)#interface fastethernet 0
(config-if)#ip nat outside
(config)#interface fastethernet 1
(config-if)#ip nat inside
```

2) 动态 NAPT

动态 NAPT 和动态 NAT 与静态 NAPT 和静态 NAT 的关系类似，在动态 NAPT 中局域网 IP 与端口会和公网地址与端口产生一对一的映射关系，但是映射关系存在时效性，IP 和端口的接口也让多个局域网地址可以共同使用一个公网地址进行常规网络活动。

动态 NAPT 命令的完整语法格式为

```
(config)#ip nat pool address-pool start-address end-address {netmask mask |
prefix-length prefix-length}
//定义一个用于动态 NAT 转换的全局 IP 地址池
(config)#access-list access-list-number permit ip-address wildcard
//定义访问列表,只有匹配该列表的地址才转换
(config)#ip nat inside source listaccess-list-number {[pool address-pool] |
[interface interface-type interface-number]} overload [vrf vrf_name]
//定义内部地址和全局地址间的转换关系,overload 有和没有是一样的效果,仅是兼容主流厂商
  的配置
(config)#interface interface-type interface-number
//进入内部接口配置模式
(config-if)#ip nat inside            //定义该接口连接内部网络
(config)#interface interface-type interface-number
//进入外部接口配置模式
(config-if)#ip nat outside           //定义该接口连接外部网络
```

拓扑结构图如图 5-38 所示,路由器 Ra 通过 S1/2 端口与 ISP 的路由器 Rb 的 S1/2 端口相连,要求在 Ra 上配置动态 NAPT,使 LAN 1 内的所有用户都可以访问因特网。

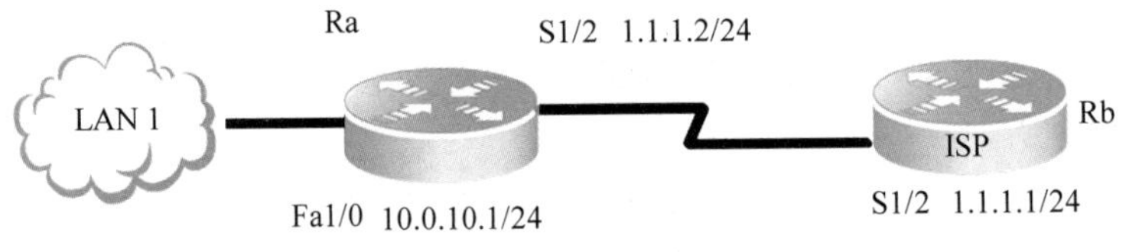

图 5-38 拓扑结构图

```
Ra(config)#ip nat pool abc 1.1.1.2 1.1.1.2 netmask 255.255.255.0
//定义一个用于动态 NAT 转换的全局 IP 地址池(这里只定义一个全局地址: 1.1.1.2)
Ra(config)#access-list 10 permit 10.0.10.0 0.0.0.255
//定义访问列表,只有匹配该列表的地址才转换
Ra(config)#ip nat inside source list 10 pool abc overload
//定义内部地址和全局地址间的转换关系
Ra(config)#interface serial 1/2
Ra(config-if)#ip nat outside
Ra(config-if)#exit
Ra(config)#interface fastethernet 1/0
Ra(config-if)#ip nat inside
```

5.8.2 实验过程

1. 案例 1: 配置静态内部源地址转换 NAT

1) 背景描述

你是某公司的网络管理员,内部网络有 FTP 服务器可以为外部网络提供服务,服务器的 IP 地址必须采用静态地址转换,以便外部用户可以使用这些服务,如图 5-39 所示。

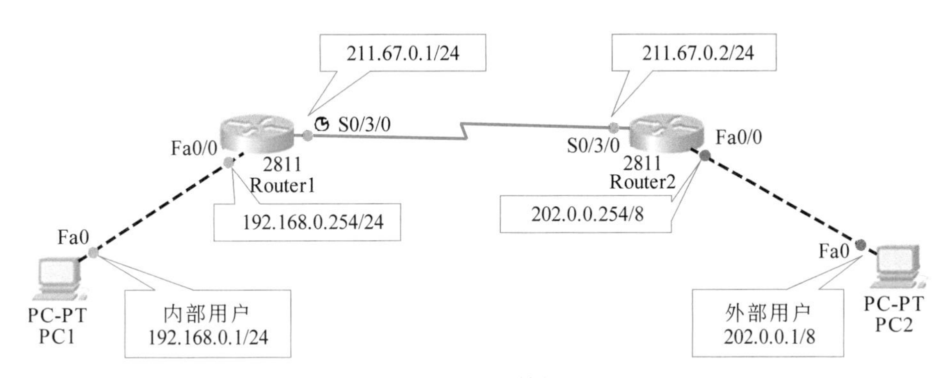

图 5-39 实验拓扑结构图(23)

2）实现功能

一个企业不想让外部网络用户知道自己的网络内部结构，可以通过 NAT 将内部网络与外部因特网隔离开，这样外部用户根本不知道通过 NAT 设置的内部 IP 地址。

3）实验步骤

（1）基本配置。

① R1 配置：

```
R1(config-if)#int s0/3/0
R1(config-if)#ip add 211.67.0.1 255.255.255.0
R1(config-if)#no shut
R1(config-if)#clock rate 64000
R1(config)#int Fa0/0
R1(config-if)#ip add 192.168.0.254 255.255.255.0
R1(config-if)#no shut
```

② R2 配置：

```
R2(config-if)#int s0/3/0
R2(config-if)#ip add 211.67.0.2 255.255.255.0
R2(config-if)#no shut
R2(config)#int Fa0/0
R2(config-if)#ip add 202.0.0.254 255.0.0.0
R2(config-if)#no shut
```

③ PC 配置：

PC1：192.168.0.1 255.255.255.0　　网关：192.168.0.254

PC2：202.0.0.1 255.0.0.0　　网关：202.0.0.254

（2）配置静态 NAT 映射。

```
R1(config)#ip nat inside source static 192.168.0.1 211.67.0.3
                                                  //定义静态映射一一匹配
R1(config)#int Fa0/0
R1(config-if)#ip nat inside                       //定义内部接口
R1(config)#int s0/3/0
```

```
R1(config-if)#ip nat outside                              //定义外部接口
R1#show ip nat translations                               //查看
```

4）验证测试

（1）R2#ping 211.67.0.3，结果：________________________________。

R2#ping 192.168.0.1，结果：________________________________。

（2）若要在外部用户 PC2 上测试，还需配置路由协议，如配置默认路由：

```
R1(config)#ip route 0.0.0.0 0.0.0.0 211.67.0.2
```

此时，在 PC2 也可 ping 到 PC1 映射后的 211.67.0.3。

2. 案例 2：配置 NAPT

背景描述：公司办公网需要接入互联网，公司只向 ISP 申请了一条专线。该专线分配了一个公网 IP 地址，配置实现全公司的主机都能访问外网，如图 5-40 所示。

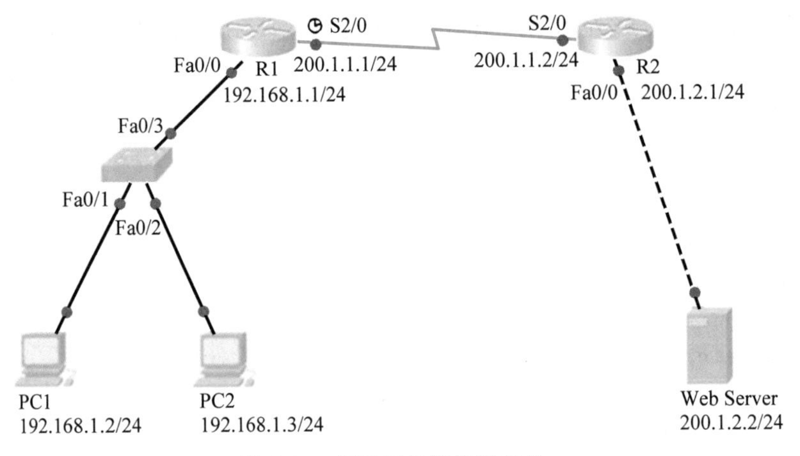

图 5-40　实验拓扑结构图(24)

温馨提示

```
R1(config)#int Fa0/0
R1(config-if)#ip nat inside
R1(config-if)#exit
R1(config)#int s2/0
R1(config-if)#ip nat outside
R1(config-if)#exit
R1(config)#access-list 1 permit 192.168.1.0 0.0.0.255      //定义访问控制列表
R1(config)#ip nat pool david 200.1.1.3 200.1.1.3 netmask 255.255.255.0
R1(config)#ip nat inside source list 1 pool david overload
```

若要实现 PC1、PC2 访问 Web 服务器，需要完成以下配置：

```
R1(config)#ip route 200.1.2.0 255.255.255.0 200.1.1.2      //配置静态路由
```

验证测试：

完成 NAPT 配置，PC1、PC2 ping 200.1.1.2，结果：________________________。

注意

完成 NAPT 配置，当内网 PC1、PC2 访问外网时，即转换成全局地址“200.1.1.3”。

自主练习部分

如图 5-41 所示，配置静态内部源地址转换 NAT，并调用路由协议，实现：在外部用户 PC2 上能打开 www.cjy.com（内部服务器）网页。

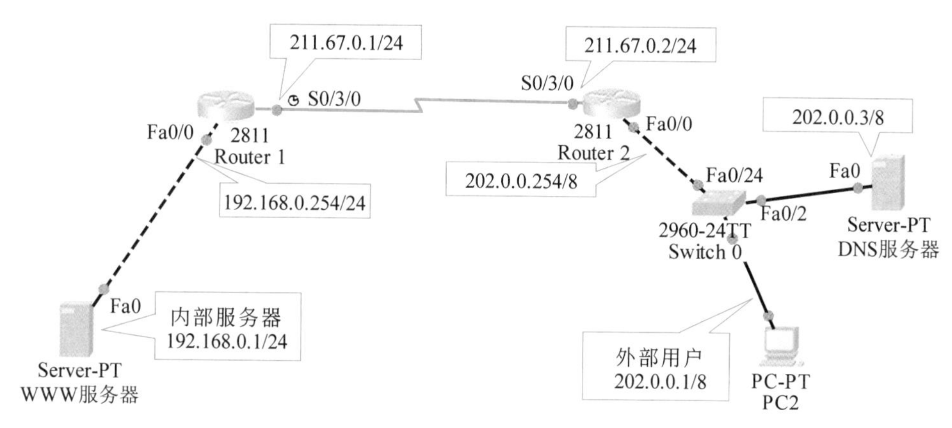

图 5-41 实验拓扑结构图(25)

在 Router 1 将内部服务器(WWW)的 IP 地址“192.168.0.1”映射为全局地址 211.67.0.3。
外网 DNS 服务器解析 www.cjy.com 至 IP 地址“211.67.0.3”。
将外部用户 PC2 的 DNS 设置为“202.0.0.3”。

参考文献

[1] 谢希仁. 计算机网络[M]. 7版. 北京：电子工业出版社，2017.
[2] 王秋华. 计算机网络技术实践教程——基于Cisco Dacket Tracer[M]. 西安：西安电子科技大学出版社，2019.
[3] 刘勇. 计算机网络基础[M]. 北京：清华大学出版社，2016.
[4] 王达. 深入理解计算机网络[M]. 北京：中国水利水电出版社，2017.
[5] 李永忠. 计算机网络测试与维护[M]. 西安：西安电子科技大学出版社，2018.
[6] 刘文林. 计算机网络技术[M]. 北京：化学工业出版社，2016.
[7] 韩立刚. 计算机网络实训创新教程[M]. 北京：中国水利水电出版社，2017.